JN493607

이해하기 쉬운

식생활관리

Meal Management

머리말

인간의 식생활이 추구하는 가치와 목적은 경제적으로 어려웠던 과거에는 생존의 기본요소로의 의미가 컸는데 비해, 현대에 와서는 더욱 다양하고 급속하게 변화되고 있다.

자연환경의 훼손, 서구 식생활 문화의 유입, 가공식품의 이용과 외식의 증가로 과학적이고 건강지향적 우리의 전통 식생활이 점차 약화되고 있다. 한편, 식생활에 관한 각종 과장·왜곡된 정보의 홍수로 인해, 소비자들은 정보의 취사선택에 어려움을 겪고 있다. 최근 비만, 암, 심혈관계질환 등 잘못된 식생활이 주원인인 만성질환이 크게 증가한 사실만 봐도, 건강에 미치는 영향 중에서 식생활의 비중이 매우 크다는 것을 알 수 있다.

이러한 여건에서 식생활관리자는 과학적이고 현명한 의사결정을 통해 경제 상태를 고려하여 식사 대상자의 기호를 충족하고 영양적으로 균형 잡힌 위생적인 식사를 능률적으로 제공하여, 건강에 보탬이 되는 바람직한 식생활관리를 해야 한다. 따라서 식생활관리자는 과학적이고 합리적인 식생활관리에 필요한 전문 지식과 기술을 습득하고 능력을 개발하여, 식생활 전반에 걸쳐 이를 실천하도록 해야 한다.

대학의 식생활 관련 전공 학생들은 식생활관리 능력을 배양하기 위해 '식생활관리'라는 과목을 배우고 있다. 그러나 이미 언급하였듯이 식생활과 관련된 환경과 가치관은 근래에 급속하게 발전하고 변화하고 있다. 따라서 이러한 변화에 입각한 미래지향적 새로운 교재의 필요성이 제기되어, 이에 공감하는 식생활 관련 분야 학자들이 모여 자료 수집과 열띤 토론을 거쳐 본 교재를 발간하게 되었다.

본 교재는 미래지향적 식생활관리의 길잡이로서의 역할에 충실하기 위해, 최신 통계자료를 이용하였으며, 다음과 같은 특징을 가지고 있다.

첫째, 식생활관리는 자연환경이나 사회환경과 매우 밀접한 관계에 있다는 인식이 매우 중요하며, 그 인식에서 출발한 실천방안을 강조하였다. 하나밖에 없는 지구를 온전히 후손들에게 물려주고, 현세의 우리도 더불어 건강하고 쾌적하게 생활하려면, 자원과 환경의 소중함과 사회적 가치관 변화에 입각한 식생활관리가 필요하기 때문이다.

둘째, 식생활관리에 있어 좀 더 실천적인 내용으로 구성하였다. 예를 들어, 식단 작성 시 생애주기별 특징에 맞게 식단을 구성하여 식단 작성의 실제 부분을 크게 강조하였고, 식품 구매 시 신선한 식품을 감별하는 실천방안을 구체적으로 제시하였다. 또한 위생 · 안전관리 요점을 조리단계별로 정리하여 실제 조리 시 도움이 되도록 하였으며, 식품 구입부터 보관, 조리, 뒷정리 등 각 과정에서 고려해야 할 사항들을 한눈에 알아보기 쉽게 그림과 설명으로 제시하였다.

셋째, 한국을 비롯한 각국의 식생활 문화의 특징과 테이블 코디네이션 부문을 추가하였다. 미래의 식생활은 더욱 세계화 · 국제화되어 갈 것이며, 또한 다양하고 아름답게 식생활을 관리하기 위해서는 외국의 식생활 문화에 대한 이해와 테이블 코디네이션에 대한 기본 지식이 필수적이다. 그러나 우리나라의 전통적인 식생활 문화에 대한 이해 없이는, 세계적으로도 손색없는 과학적이고 건강지향적 우리의 전통 식생활 문화를 계승할 수가 없어서이다.

넷째, 식생활교육의 중요성과 식생활교육자가 갖추어야 할 능력에 대하여 간략하게나마 제시하였다. 인간이면 누구나 스스로 인간다운 식생활을 영위하고 후세에게 우리의 자랑스러운 식문화를 계승할 힘을 가지고 있어야 하는데, 이것을 길러주는 식생활관리자의 식생활교육자로서의 사명감과 역할이 매우 중요하기 때문이다.

다섯째, 총 8개의 장으로 구성하여, 제2장과 8장은 각각 1.5주, 제4장은 2주, 제5장은 3주, 그 외의 장은 모두 1주 분량으로 하여, 한 학기 분량(실제 12주 분량)으로 과부족 없는 내용이 구성되도록 하였다.

또한 이 책은 2020 한국인 영양소 섭취기준과 2020 한국인 영양소 섭취기준 활용의 식사구성안, 식품구성자전거 관련 내용 및 최신 국민건강통계를 근거로 집필하였다. 저자들은 앞으로도 더욱 알찬 교재가 되도록 노력하겠으며, 미흡한 부분에 대한 개선점 등 많은 지적과 조언을 부탁드리는 바이다.

이 책이 나오기까지 아낌없는 지원을 해주신 파워북의 유제구 사장님을 비롯한 관계자 여러분께 깊은 감사를 드린다.

2022년 8월

저자 일동

차례

CHAPTER 1
식생활관리의 기본
김미리

1. 인간과 식생활 13
   1) 식생활의 성립요건 13
   2) 식생활의 기능 14
2. 식생활관리의 개념, 의의 및 목적 15
   1) 식생활관리의 개념 15
   2) 식생활관리의 의의 17
   3) 식생활관리의 목적 19
3. 식생활관리자의 역할 및 자세 22

CHAPTER 2
식생활의 과거, 현재 그리고 미래
권순자

1. 과거와 현재의 식생활환경 29
   1) 식생활에 영향을 주는 요인 29
   2) 식생활환경의 변화 29
2. 미래의 식생활환경 및 전망 47
   1) 미래 자연환경과 식생활 47
   2) 미래 사회환경과 식생활 48
   3) 바람직한 식생활 55
   4) 식생활 교육 61

CHAPTER 3

식생활관리의 목표

김종희

1. 영양면 67

1) 영양소 섭취 현황 67

2) 영양관리 목표 71

2. 기호면 72

1) 한국인의 기호 및 식습관 현황 73

2) 기호관리 목표 75

3. 경제면 77

1) 식생활비(식비)의 지출 현황 78

2) 경제관리 목표 79

4. 위생면 80

1) 식중독의 발생 현황 81

2) 식품 오염 82

3) 위생관리의 목표 - 식중독 예방 83

5. 능률면 86

1) 가사노동시간의 현황 87

2) 식생활관리에 사용되는 시간과 노력 88

3) 능률적인 관리 목표 89

6. 환경 보존면 91

CHAPTER 4
식생활의 영양관리
손정민, 이연경

1. 건강한 식생활을 위한 기본지침 97
1) 균형성 97
2) 다양성 98
3) 적절성 99
2. 한국인 영양소 섭취기준 101
1) 한국인 영양소 섭취기준의 제정 101
2) 식사계획을 위한 영양소 섭취기준의 사용 104
3) 영양소 섭취기준 106
3. 식사구성안 123
1) 우리나라의 식사구성안 123
2) 미국의 식사구성안 126
3) 일본의 식사구성안 127
4. 식생활지침 129
1) 한국인을 위한 식생활지침 129
2) 나라별 식사지침 137

CHAPTER 5
식단작성 및 평가
이연경, 정현아

1. 식단계획의 기본 143
1) 식단이란 143
2) 식단작성 시 필요한 기본지식 145
2. 식단작성 155
1) 식사구성안을 활용한 1일 식단작성 155
2) 생애주기별 1주일 식단작성 184
3) 웹사이트를 활용한 식단작성 196
4) 단가를 고려한 식단작성 202
3. 식단평가 205
1) 영양면 평가 205
2) 기호면 평가 209
3) 경제면 평가 210
4) 위생면 평가 210
5) 능률면 평가 210
6) 환경 보존면 평가 211

CHAPTER
6
식품구매 및 보관관리
최경숙

1. 식품의 바른 선택을 위한 정보 215
   1) 구매장소 215
   2) 구매 표시정보 219
2. 식품구매 절차 227
   1) 가정에서의 식품구매 절차 227
   2) 급식소에서의 식품구매 절차 230
3. 식품별 품질 감별 232
   1) 곡류 및 전분류 232
   2) 채소류 233
   3) 과일류 236
   4) 고기, 생선, 달걀 및 콩류 238
   5) 우유 및 유제품 240
   6) 견과류 240
4. 식품의 보관관리 241
   1) 실온 보관 241
   2) 냉장·냉동 보관 241
   3) 건조 보관 243
   4) 식품별 보관방법 244

CHAPTER
7
식생활의 위생 및 안전관리
김종희, 최경숙

1. 위생관리 251
   1) 주방의 위생관리 253
   2) 식생활관리자의 개인 위생 257
   3) 조리 전 단계의 위생관리 259
   4) 조리단계의 위생관리 260
   5) 조리 후 단계의 위생관리 260
2. 안전관리 262
   1) 가스관리 262
   2) 전기관리 264
   3) 안전사고 예방 및 대책 265
3. 음식물 쓰레기 관리 268
   1) 음식물 쓰레기 현황 268
   2) 음식물 쓰레기 감량 방안 270

CHAPTER

8

식생활문화와 테이블 코디네이션

김미리

1. 한국의 식생활문화 279
1) 한국의 자연환경과 사회환경 279
2) 한국의 식생활문화의 특징 279
3) 한국의 대표음식 282
4) 한국의 상차림 282
5) 한국의 식사예절 286
2. 중국의 식생활문화 287
1) 중국의 자연환경과 사회환경 287
2) 중국 식생활문화의 특징 287
3) 중국의 대표음식 290
4) 중국의 상차림 290
5) 중국의 식사예절 292
3. 일본의 식생활문화 293
1) 일본의 자연환경과 사회환경 293
2) 일본의 식생활문화의 특징 294
3) 일본의 대표음식 295
4) 일본음식의 양식 및 상차림 295
5) 일본의 식사예절 297
4. 서양의 식생활문화 298
1) 서양의 식생활문화의 특징 및 대표음식 298
2) 서양의 상차림 301
3) 서양의 식사예절 305
5. 테이블 코디네이션 307
1) 테이블 코디네이션의 정의 307
2) 테이블 코디네이션의 기본 308
3) 테이블 코디네이션의 실제 310

참고문헌 314
찾아보기 320

CHAPTER

1

식생활관리의 기본

1. 인간과 식생활
2. 식생활관리의 개념, 의의 및 목적
3. 식생활관리자의 역할 및 자세

학습개요

인간의 생명유지와 활동에 직접적으로 영양을 공급해 주고 활력을 주는 식생활의 성립요건 및 식생활의 기능에 대하여 살펴본다. 또한 식생활관리의 개념, 의의 및 목표를 알아보고, 식생활을 계획하고 관리하기 위해 필요한 바람직한 식생활관리자의 역할 등에 대해 학습한다.

학습목표

1. 식생활의 기능을 열거할 수 있다.
2. 식생활관리의 개념, 의의 및 목적을 설명할 수 있다.
3. 식생활관리자의 역할을 설명할 수 있다.

1. 인간과 식생활

인간 생존의 필수조건은 의식주이며 그중에서 식생활은 인간이 생명 유지 및 성장에 필요한 영양분을 섭취하기 위해 음식을 먹는 양식화된 행위이다. 또 식생활교육지원법(2021)에서 식생활은 식품의 생산, 조리, 가공, 식사용구, 상차림, 식습관, 식사예절, 식품의 선택과 소비 등 음식물의 섭취와 관련된 유·무형의 활동으로 정의하고 있다.

우리의 식생활은 배고픔을 면하고 살기 위해 먹던 시대를 거쳐 오늘날에는 풍부한 음식의 선택으로 식생활 자체를 즐기는 시대에 살고 있다. 식생활은 지리적, 문화적, 사회적 환경에 따라 변하고 있으며, 이러한 식생활의 변천은 인간의 생활과 건강에 좋은 결과를 이루었으나, 동시에 질병 발생 등의 문제도 일으키고 있으므로 현명한 식생활의 선택은 매우 중요하다.

1) 식생활의 성립요건

식생활이란 단순히 음식물을 섭취하는 것 외에, 식품의 생산부터 음식을 먹기까지의 모든 과정과 행동을 포함하는 포괄적 개념이다. 따라서 식생활을 관리하는 데는 영양학, 식품학, 생화학, 조리학, 식생태학, 식생활문화, 사회학, 경제학, 문화인류학, 심리학 등의 광범위한 학문이 관련되어 있다.

식생활은 음식물을 먹고 싶다는 욕구가 있을 때, 그것을 구체적으로 행동에 옮겨서 안전하고 맛있는 식재료를 선택하고 조리하여 만든 음식으로 식사를 구성하여 먹고, 또한 어떤 스타일로 먹을지 생각하며, 실제적으로 먹은 결과 어떠한 건강상태를 유지하는지, 또는 회복되는지가 통합되어 있다**그림 1-1**. 그러나 오늘날은 이와 같은 과정을 거치지 않고, 외식과 같은 식사형태에서는 '식욕'으로 음식을 선택하여 갑자기 '먹고 마심'의 과정을 취하게 되는 횟수가 매우 높아지고 있다. 한편, 건강을 잃은 사람 중에는 식욕이 생기지 않고, 먹는 일에 흥미나 관심이 없는

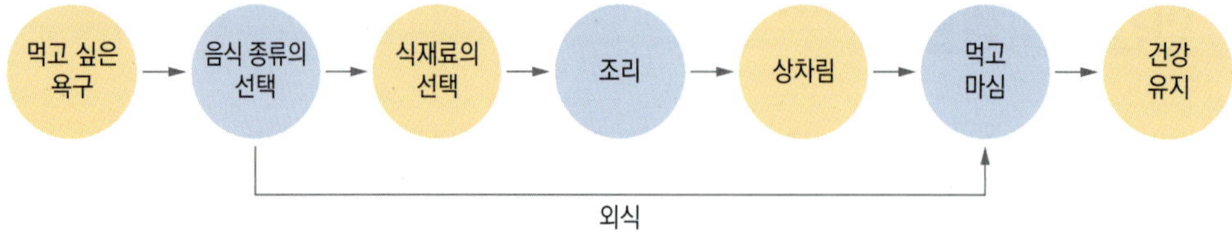

그림 1-1 식생활의 성립단계

사람도 있다. 이러한 경우에는 본인이 식욕이 없어 식사를 적극적으로 선택할 수 없으므로, 다른 사람이 적절한 식재료를 선택하여 식생활을 관리해 주어야 한다.

2) 식생활의 기능

사람은 일생동안 8만 회 정도의 식사를 하고 음료수를 포함한 100톤 이상의 음식물을 섭취하며 6,000만 kcal에 해당하는 에너지를 소비한다. 따라서 식생활에서 사람들은 식품에서 필요한 영양소를 적절히 섭취하여 최적의 건강상태를 만들고 유지해야 하며, 식생활의 건강 추구 이외의 목적으로도 잘 활용되어야 한다. 따라서 식생활의 기능은 그림 1-2와 같이 요약할 수 있다.

식생활은 성장과 건강을 유지하게 한다

식생활을 통해 영양소를 흡수하고 몸을 유지하며 건강을 확보한다. 이를 위하여 음식물은 좋은 영양을 포함하는 것뿐만 아니라 위생적이고 안전해야 한다.

식생활은 식욕과 기호성을 충족시킨다

사람들은 누구나 맛있는 음식을 먹고 싶어한다. 맛있다는 것은 맛뿐만 아니라 색, 외관의 아름다움, 향기, 질감의 종합적인 감각의 자극이다. 기호는 개인차, 지역차, 인종차가 있으며, 기호가 충족되는지의 여부는 육체적·정신적 상태에 의해 영향을 받는다.

식생활은 커뮤니케이션의 기능이 있다

아무리 맛있는 것도 혼자 먹으면 맛이 덜하며, 가족이나 친구 등 공감하는 공식자共食者가 있을 때 즐거움이 더해진다. 이러한 경우는 식사를 하면서 여러 가지 이야기를 하게 되어 인간관계를 더욱 원만하게 한다. 함께 먹는다는 것은 인간관계를 맺어주고 더 단단하게 하므로, 가정에서 가족이 함께하는 식사는 건강한 가정을 만드는 중요한 의미가 있으며, 가정의 식문화를 키우는 중요한 일이다.

따라서 우리는 식생활이 단지 에너지원을 공급받고 건강을 유지하는 측면뿐만 아니라 식사의 심리·문화적 기능을 잘 활용할 수 있도록 식생활관리를 창의적으로 해야겠다.

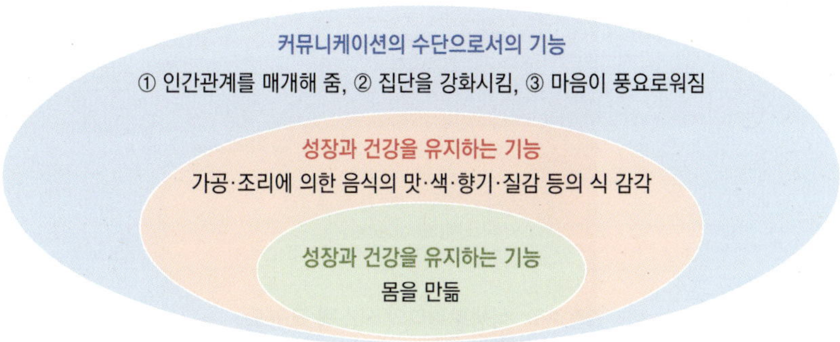

그림 1-2 식생활의 기능

자료 : 山本茂·奥田豊子, 2000

2. 식생활관리의 개념, 의의 및 목적

1) 식생활관리의 개념

(1) 식생활관리의 기본 요소

식생활관리meal management란 영양필요량, 식비 예산, 식사계획, 식품 선정과 구매, 조리, 상차림, 뒷정리 등 식생활 전반에 관계되는 여러 요소에 관한 의사 결정을 통해 계획하고 실행하며 평가하는 행위이다. 계획plan, 실행do, 평가see는 관리의 기본요소이며, 따라서 식생활관리도 경영관리이다. 이 세 가지 요소는 단독적으로 성립·실행되는 것이 아니라 서로 밀접한 관계를 가진 순환 체계를 이루며, 이것을 PDS cycle이라고 한다그림 1-3.

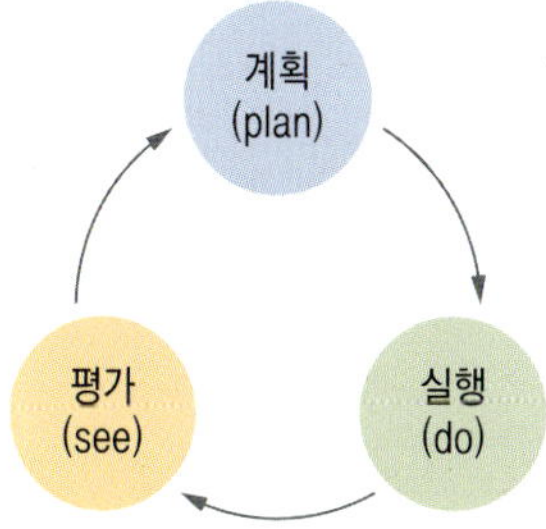

그림 1-3 관리의 PDS cycle

(2) 식생활관리의 시스템 모형

식생활관리는 투입, 변환과정, 산출로 이루어진 운영체계를 가지며, 다음과 같은 시스템 모형으로 나타낼 수 있다그림 1-4.

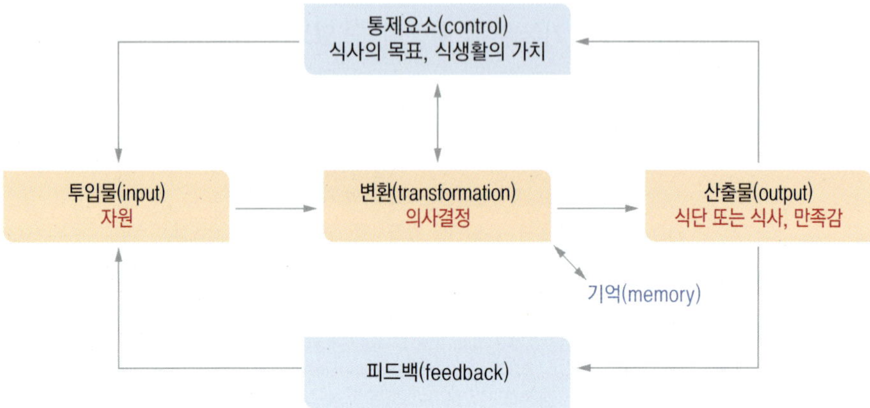

그림 1-4 식생활관리의 시스템 모형도

① 투입물input : 산출물output을 위해 투입되는 자원을 뜻하며, 자원의 종류는 표 1-1과 같다. 식생활관리자의 지식, 기술, 능력 등의 인적 자원을 어떻게 사용하느냐에 따라 물적 자원과 운영적 자원의 소비가 절약될 수 있다.

표 1-1 자원의 종류

물적 자원(physical resource)	인적 자원(human resource)	운영적 자원(operational resource)
재료(식품), 시설, 설비, 에너지 등	지식, 기술, 능력 등	시간, 돈, 정보 등

② 변환transformation : 투입물을 산출물로 변환시키는 의사결정 과정이다. 의사결정은 우리가 원하는 것이 무엇이며 얻어야 하는 것이 무엇인가를 합리적으로 신속하게 다루는 것이며, 인식, 모색, 비교, 선택의 네 단계로 이루어진다. 선택은 의사결정을 하는 과정에서 가치관, 자원, 능률 등 여러 가지 요인에 의해 영향을 받는다. 목표달성과 문제해결을 위해서는 의사결정 후에 '실행'

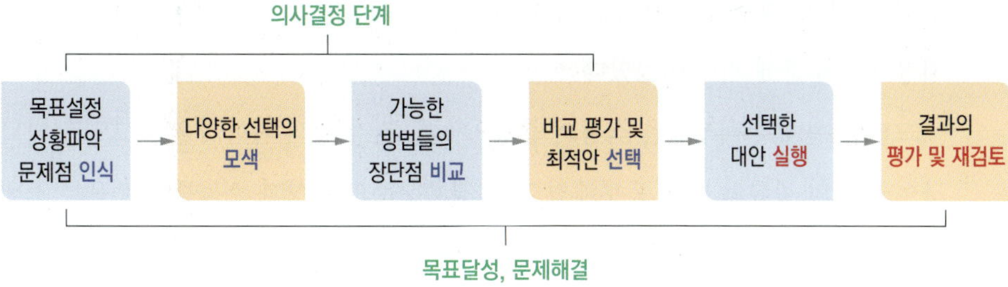

그림 1-5 의사결정과 목표달성/문제해결

과 '결과의 평가 및 재검토' 두 단계가 더 포함된다그림 1-5.

식생활관리자가 매순간 선택을 하는 의사결정에 포함되는 내용은 영양필요량, 식비예산, 식사계획, 기호도 반영, 식품구매, 조리, 상차림, 뒷정리, 식품의 저장, 위생관리, 주방관리 등 식생활 전반에 관계되는 요소들이다. 이러한 모든 의사결정은 목표 달성을 위해 깊이 생각하고 경험과 지식을 충분히 이용해서 합리적으로 해야 한다.

③ 산출물output : 식생활관리의 목적과 목표를 달성시킬 수 있는 식단 또는 식사와 만족감을 말한다.

④ 통제요소control : 시스템에 가이드guide를 제공해 준다. 즉 계획과 이행 결과가 서로 차이가 있을 때 조정해 주는 것을 말한다.

- 내부 통제 요소internal control : 식사의 목표, 식생활의 가치
- 외부 통제 요소external control : 식문화, 규범 등

⑤ 피드백feedback : 식사대상자에 의한 식사 평가를 반영하는 것을 말한다.

2) 식생활관리의 의의

과거에는 식량자원의 부족 및 종류의 제한으로 식생활의 대상이 단순하여 식생활관리의 중요성이 제기되지 않았을 뿐 아니라, 식생활관리 역시 매우 단순하고 용이하였다. 즉 어떤 것이 먹을 수 있는 것이고 어떤 것이 먹을 수 없는 것인가, 어

식생활관리의 의의
① 생리적·신체적 의의
② 심리적·정서적 의의
③ 사회적·문화적 의의
④ 환경보존적 의의

떤 것이 먹기 쉬우며 맛이 있는가를 결정하고, 획득한 식량을 평등하게 배분하고 저장하는 수준에 지나지 않았다.

그러나 현재의 식생활은 식량의 증산·가공·저장 등의 과학기술이 고도로 발달하여 식품의 종류와 양이 풍부해졌으며, 경제수준의 향상과 소득증대로 육류 소비량이 증가하였다. 이 때문에 비만·심혈관계질환 등 생활습관병의 증가와 환경변화에 따른 아토피 환자 및 식품알레르기 환자의 증가, 식중독 발생 등 식생활을 둘러싼 환경은 점차 악화되고 있다. 따라서 현대의 식생활관리는 개인, 가정, 사회가 상호 관련성을 가지고 대처하지 않으면 안 되는 상황이 되었다. 이 같은 여러 가지 복합적인 요소가 식생활관리의 필요성과 의의를 부여하게 되었으며, 식생활관리는 다음과 같은 의의를 지니고 있다.

(1) 생리적·신체적 의의

에너지란 일상생활을 영위할 수 있는 힘으로, 인간은 식생활을 통해 섭취한 음식으로 신체의 성장과 건강 유지에 필요한 영양소를 충족하고 가족이 함께 건강하게 생활할 수 있게 된다. 따라서 이러한 식생활을 관리한다는 것은 에너지와 영양소 공급 및 건강증진과 같은 생리적·신체적 의의가 있다.

(2) 심리적·정서적 의의

사람은 동물과 달라서 식생활을 통해 식욕을 채우는 것에 그치지 않고, 개개인이 심리적·정서적 안정을 얻어 생활의 폭과 깊이를 풍요롭게 하여 삶의 질을 높이고 있다. 따라서 식생활 관리는 심리적·정서적인 의의도 있다.

(3) 사회적·문화적 의의

기념일이나 특별한 날의 특별한 식사, 손님을 접대하기 위한 식사는 인간관계를 유지하는 매개로서의 역할을 하여 사교적인 의의를 지닐 뿐 아니라, 외국 귀빈 접대 시에는 문화를 전달하고 사회적인 의사 표현의 방식이 되기도 하여 사회적·문화적 의의가 있다.

(4) 환경 보존적 의의

식생활을 어떻게 관리하는가에 따라 지구환경에 미치는 영향은 달라진다. 예를 들어, 로컬푸드를 이용하거나 가온재배 대신 노지재배를 한 저탄소 농산물을 적극 활용하여 기후변화를 촉발하는 이산화탄소 배출량을 줄이고, 버려지는 식품이나 음식을 줄여 환경오염을 감소시키는 식생활관리는 환경 보존적 의의가 크다. 이에 따라 식생활지침에도 환경친화적인 실천이 강조되고 있다.

3) 식생활관리의 목적

식생활관리의 목적은 영양, 기호, 경제, 위생 및 능률을 충족시키고, 환경보호를 하는 데 있다. 즉 영양적으로 균형 잡힌 식사, 경제적이며 합리적인 식사, 위생적으로 안전한 식사, 기호와 식습관을 충족시키는 식사, 시간과 에너지 소비가 조화되어 능률적인 식사계획을 하고, 에너지와 자원을 절약하여 환경을 보전하는 데 그 목적이 있다.

식생활관리의 목적

① 영양 : 식사계획을 통한 균형 잡힌 영양 공급
② 기호 : 기호와 식습관에 충족된 식사 계획
③ 경제 : 경제적으로 예산에 맞는 합리적인 소비
④ 위생 : 위생적으로 안전한 식사 제공
⑤ 능률 : 계획된 식사준비와 조리, 후처리 및 정리에 시간과 에너지 절약
⑥ 환경보호 : 환경친화적인 식품구입·조리·뒷처리

(1) 영양면

인체는 살아있는 수많은 세포로 구성되어 있어 매일의 식사로 음식을 섭취하여 필요한 성분을 공급해 주어야 건강한 신체를 유지할 수 있다. 따라서 식생활은 한 개인의 건강을 결정한다고 할 수 있다. 특히, 태아기·유아기·청소년기 등 발육기의 영양은 일생의 건강을 좌우하므로, 이 시기에는 영양적으로 균형 잡힌 식사계획을 통하여 좋은 영양을 공급해 주어야 한다.

또한 현대를 살아가는 성인들은 끊임없는 긴장과 불안 속에 살고 있어, 긴장과 피로에 대처하고 해소할 수 있도록 질적으로 우수한 균형 잡힌 영양 공급이 요구된다. 더욱이 식생활의 서구화로 동물성식품과 가공식품의 섭취 증가로 생활습관병이 증가하여 균형 잡힌 영양에 대한 필요성이 매우 절실하다. 이를 위해서는 조리과정에서도 영양소가 손실되지 않도록 조리과학에 대한 지식과 기술을 적용해야 한다.

(2) 기호면

음식을 섭취하는 궁극적인 목적은 영양 공급에 있지만, 먹고 싶다는 동기를 일으키는 것은 기호이다. 영양적으로 균형이 잡혀 있더라도 먹는 사람에게 받아들여지지 못한다면, 즉 기호에 맞지 않으면 음식으로서의 가치가 없어진다. 음식에 대한 기호는 민족적 배경, 가족의 식습관, 살고 있는 자연환경, 사회·경제적 환경, 교육, 종교, 경험 등에 의하여 습득되어 굳어진 것이어서 쉽게 바뀌지 않는다.

어렸을 때의 음식섭취 경험이 장래의 기호에 중요한 영향을 미치므로, 음식에 대한 기호는 식습관에 의한 영향이 크다. 따라서 평소에 음식에 대한 수용도가 넓고 영양적으로 균형 잡힌 식습관을 갖게 하기 위해서는, 부모의 식습관이나 합리적인 식생활관리 태도가 매우 중요하다. 한편, 음식기호에 대한 지역적 차이는 교통수단이 발달되어 지역적인 거리감이 좁혀짐에 따라 점차 감소하는 경향이다. 그러나 같은 사람이라도 연령이나 심리상태에 따라 기호적 성향이 달라지기도 한다.

따라서 식사계획을 위한 식품선택 시 개인의 경험이나 기호, 사회적·정서적 만족감, 순응도, 식습관 등을 종합적으로 고려하여, 매일의 식사내용이 영양상 균형을 이룰 수 있도록 식품을 선택하고 배합하여 식단을 계획하여야 한다.

(3) 경제면

개인의 수입이나 집단급식소의 식비 예산은 한정되어 있으므로, 한정된 예산으로 좋은 식사계획을 세울 수 있어야 한다. 경제적으로 합리적인 식사를 계획하기 위해서는 식품의 선정, 구입방법, 조리법, 좋은 분위기 조성 등 여러 가지 요인을 종합적으로 고려해야 한다.

동일한 비용이라면 영양가가 많고 오염되지 않으면서 맛있는 식품을 선택하는 것이 좋다. 식품의 영양가와 기호도는 식품의 가격과 항상 비례하는 것은 아니므로, 같은 비용으로도 식생활관리자의 노력과 정성을 들이는 정도에 따라서 실제로 차려진 음식의 평가는 크게 달라질 수 있다. 따라서 식생활관리자는 물가와 시장에 대한 정보, 시판식품에 대한 신선도의 감별, 가공식품 상표의 감식 등에 관한 지식과 경험을 갖추어야 할 필요가 있다.

(4) 위생면

음식이란 사람이 먹기에 위생적으로 안전함이 전제조건이다. 따라서 식생활관리에서도 위생적으로 안전한 식사 제공은 기본 전제조건이라 할 수 있다.

최근 들어 위생에 대한 의식과 교육이 강화되어 위생수준이 많이 향상되었다. 그 결과 식중독 발생건수는 감소하고 있는 추세이나, 외식이나 급식으로 인한 발생 규모는 점차 대형화되고 있는 추세이므로, 식사 준비, 조리, 음식 제공 및 저장 시 식중독이 발생되지 않도록 주의를 기울여야 한다.

식중독의 원인은 매우 다양하다. 즉 병원성 세균 및 바이러스, 자연독, 잔류농약, 조리가공 중 생성된 유해물질, 의도적 또는 비의도적으로 첨가 또는 생성되는 유해물질, 조류 인플루엔자 등 가축전염병, 축산식품 중 잔류 수의약품 등이 다양한 식품원료 및 여러 경로를 통해 우리의 식탁을 위협하고 있다.

식중독의 증상은 급속히 나타나는 경우도 있지만 오랜 잠복기간을 거친 후에 발병되기도 한다. 후유증이 없는 경우도 있지만 심각한 증상을 초래하는 경우가 있는 등 매우 다양하며, 심하면 생명까지도 위협하여 사망에 이르게 한다. 따라서 위생관리를 철저히 해야 한다.

(5) 능률면

최근 전업주부보다는 직업이 있거나 사회활동에 참여하는 주부들이 증가하므로 시간과 에너지를 능률적으로 관리해야 한다. 전업주부라도 여가활동이나 삶의 질 향상을 위한 활동이 증가되고 있어, 식생활관리에서 능률적인 면이 강조된다.

식사관리에 소요되는 시간과 에너지 문제는 식단 계획, 식품 구입, 식사 준비, 뒷정리 등이 모두 관계된다. 식사 준비에 사용되는 시간은 가족 수, 식사의 수준, 음식기호, 주방 설비와 기기의 효율성, 식생활관리자의 지식, 기술, 능력, 식품 구입 예산 등의 요인에 의해 결정된다.

식사 준비시간을 단축하려면 가공식품이나 시판 조리식품을 이용할 수 있으나, 시간·가격·가족의 수용도 등의 여러 조건을 검토한 뒤에 결정하는 것이 좋다. 식단이 미리 계획되어 있고 식품 구입에 대한 지식과 정보가 풍부하면 장 보는 일이 즐겁고 시간이 단축된다. 또한 주방 설비와 기기가 능률적으로 구비되어 있고 식사시간에 가족이 함께 모여 식사를 하게 되면, 식사 준비나 뒷정리가 쉽게 끝날 수 있어 가족구성원의 에너지 소비가 적어진다.

(6) 환경 보존면

식품의 생산, 유통, 소비 전 과정에서 에너지와 자원을 사용하고 폐기물이 발생하게 된다. 즉 식품 생산 시 식물을 노지재배할 때보다 가온재배하면 에너지 사용으로 몇 배 많은 이산화탄소를 배출하게 되고, 식품 유통 시 장거리 농수산물의 경우에는 수송에 필요한 에너지 사용과 배출되는 이산화탄소가 로컬푸드 이용 시보다 훨씬 많다. 또한, 식품 소비 시 식생활을 계획적으로 잘 관리하지 않으면 음식물쓰레기 처리에 비용과 에너지를 사용하게 되어, 결국 대기 및 수질 오염을 과도하게 유발하게 된다. 따라서 식품 선택과 구입, 보관, 조리, 식사, 설거지라고 하는 식생활 전 과정에서 필요 이상의 폐기물은 만들지 않도록 하는 에코쿠킹58쪽 참고이 필수적이며, 환경친화적 식생활 실천방안이 중요하다.

이처럼 자원과 환경의 소중함을 인식하여 에너지와 자원의 낭비 없이 친환경적으로 지구를 온전히 후손들에게 물려주고 현세의 우리도 더불어 건강하고 쾌적하게 생활하려면, 식생활관리의 목적에서 환경 보존면이 강조되어야 한다.

3. 식생활관리자의 역할 및 자세

식생활관리자meal manager는 식사에 대한 책임을 지고 일하는 사람이다. 즉 식사에 관련된 모든 일의 계획에서부터 최적안의 선택에 이르는 모든 과정에 대해 의사결정을 하고 실행 및 평가 관리하는 사람이다.

식생활관리자는 관리하는 장소에 따라 가정에서는 주부 또는 가장, 외식 시에는 개인, 집단급식소에서는 영양사가 되며, 이러한 식생활관리자의 역할 및 자세는 다음과 같다.

> **식생활관리자의 역할**
> - 식사 제공 주체자
> - 영양사
> - 재무관리자
> - 식품구매자
> - 식생활교육자
> - 조리사
> - 테이블 코디네이터
> - 경영자
> - 위생감독관
> - 환경보호자

식사를 제공하는 주체자

식생활관리자는 식사대상자에게 식사를 제공하는 주체자 역할을 한다. 따라서 대상자에게 맞는 안전하고 균형 잡힌 식사를 제공하여, 그 식사를 통해 심신이 건강해지도록 총괄적으로 책임지고 배려하는 자세가 필요하다.

영양사

식생활관리자는 매일의 식사내용이 영양상 균형을 이룰 수 있도록 식품을 배합하여 식단을 계획하여야 하므로 영양사로서의 역할을 하여야 한다. 영양사는 질병 예방과 건강증진을 위해 급식관리 및 영양서비스를 수행하는 전문가를 말한다. 따라서 치밀하고도 자상한 자세를 가지고 있어야 하며, 영양학, 생애주기영양학, 식사요법 등에 관한 기본지식을 갖추도록 노력해야 한다.

재무관리자 및 식품구매자

한정된 예산 내에서 식사를 계획하고 준비해야 하므로 합리적 재무관리가 필수적이다. 그러나 무조건 예산을 줄이기보다는 현명한 식품구매로 비용을 절약하고, 동일한 비용으로 최상의 영양과 최고의 맛을 가진 가장 안전한 식사를 제공할 수 있는 식품구매자로서의 역할도 매우 중요하다. 따라서 식품재료학이나 식품위생학에 대한 지식과 물가 및 시장 정보, 식품의 신선도 감별, 가공식품의 식품표시와 영양표시의 감식 등에 관한 지식과 경험을 갖추도록 노력하는 자세가 필요하다.

식생활교육자

식생활관리자는 가정 또는 집단급식소에서 식사대상자에게 평소에 좋은 식습관을 갖도록 교육하는 식생활교육자로서의 역할을 해야 한다. 편식을 교정하고 다양한 식품이나 음식을 접할 수 있도록 노력하는 한편, 아토피나 식품알레르기 환자에 대해서는 원인식품을 파악한 후 식생활교육을 하는 등 더욱 세심한 배려가 필요하다.

조리사

아무리 잘 짜인 식단이라도 음식이 맛이 없어 식사를 충분히 하지 못하면 소용이 없다. 따라서 음식을 맛있게 조리할 수 있는 조리사로서의 역할 및 자세가 매우 중요하다. 영양소 손실은 적고 관능적으로 우수한 음식을 만들어야 하므로 조리과학, 식품학 등의 기본 지식에 더하여 조리기술 향상에 노력해야 한다.

테이블 코디네이터

현대인은 식사가 허기를 채우는 것만이 아니라 즐겁고 유쾌한 경험을 쌓는 교류의 장이 되기를 원하고 있다. 따라서 식생활관리자에게는 음식과 식탁을 아름답게 꾸며 식사대상자에게 심리적 만족감과 풍요함을 주는 테이블 코디네이터table coordinator로서의 역할도 주어지므로, 식문화나 테이블 코디네이트에 대한 지식과 예술적 감각을 익히는 자세가 필요하다.

경영자

식사계획에서부터 후처리 및 정리에 이르기까지 식사 준비시간과 에너지를 단축하려면 능률적인 면을 고려해야 한다. 즉 경영자 입장에서 우선순위를 정하고 가치를 결정해야 하며, 여러 가능한 선택 중에서 능률적인 면을 고려하여 선택해야 하는 경영자로서의 자세가 필요하다.

위생감독관

식품의 위생과 안전을 위해 식품 선택 및 준비 단계부터 완성된 음식의 제공 및 저장까지 끊임없이 모니터링하면서 안전한 식탁을 마련하도록 위생감독관으로서의 역할을 하여야 한다. 이를 위해서는 식품위생학, 미생물학, 독성학 등의 기본 지식을 갖추도록 노력하는 자세가 필요하다.

지속 가능한 발전을 위한 환경보호자

식생활 전 과정에서 에너지와 자원을 사용하게 되고 폐기물이 발생하게 되는데, 지속 가능한 성장을 하려면 에너지와 자원이 고갈되지 않고 환경오염을 최소화할 수 있도록 식생활관리자에게는 환경보호자로서의 역할이 요구된다. 이를 위해서는 저탄소 생성, 에너지 및 자원 절약, 환경오염의 최소화를 위한 환경친화적인 식생활 실천방안을 적극 도입하는 자세가 필요하다57~58쪽 참고.

요점정리

- **식생활** : 식품의 생산부터 음식을 먹기까지의 모든 과정과 행동을 포함하는 포괄적 개념으로 성장과 건강, 식욕과 기호성 충족 및 인간관계의 형성 등의 기능을 한다. 따라서 식생활관리는 영양학, 생리학, 조리학, 식생태학, 식문화, 사회학, 경제학, 문화인류학, 심리학 등 광범위한 학문과 함께 고려되어 창의적으로 운영되어야 한다.

- **식생활관리의 개념** : 식생활 전반에 관계되는 여러 요소, 즉 영양필요량, 식비 예산, 식사계획, 식품 선정과 구매, 조리, 상차림, 뒷정리 등에 관한 의사를 결정하고 실행하며 평가하는 행위이다. 합리적 의사결정에 의해 한정된 자원을 효율적으로 이용하여, 최적의 영양과 최고의 기호도 만족을 위하여 식생활관리를 해야 한다.

- **식생활관리의 의의** : 한정된 자원으로 최적의 영양과 최고의 기호도 만족, 예산을 고려한, 위생적으로 안전한, 그리고 능률적이고 친환경적인 식생활을 계획하고 실천하여 건강한 삶을 영위하는 데 그 의의가 있다.

- **식생활관리의 목적** : ① 균형 잡힌 영양 공급 ② 기호와 식습관을 충족시키는 식사 공급 ③ 경제적으로 예산에 맞는 합리적인 식품비 지출 ④ 위생적으로 안전한 식사 제공 ⑤ 시간과 에너지를 고려한 능률적인 식사 계획 및 준비 ⑥ 환경보호

- **식생활관리자의 역할** : ① 식사를 제공하는 주체자 ② 식사를 계획하는 영양사 ③ 식생활비 조정 재무관리자 ④ 식품구매자 ⑤ 식생활을 지도하는 식생활교육자 ⑥ 주방의 조리사 ⑦ 테이블 코디네이터 ⑧ 경영자 ⑨ 위생감독관 ⑩ 환경보호자

CHAPTER

2

식생활의 과거, 현재 그리고 미래

1. 과거와 현재의 식생활환경
2. 미래의 식생활환경 및 전망

학습개요

인간의 식생활에 영향을 미치는 요인은 무엇인지, 특히 자연환경과 사회환경 변화에 의해 인간의 식생활이 어떻게 변화되었는지를 알아보고, 미래에는 어떻게 변화될 것인지를 전망해 본다. 또한 우리나라의 식량 자급률 및 식생활 관련 정책에 대해 알아보고, 바람직한 식생활의 방향과 이를 위한 식생활 교육의 중요성, 나아가 식생활 교육을 담당하는 자에게 요구되는 능력 등에 대해 학습한다.

학습목표

1. 식생활에 영향을 미치는 요인에 대해 설명할 수 있다.
2. 현대인의 식생활 변화를 분석할 수 있다.
3. 최근 식생활에 대한 가치관의 변화를 설명할 수 있다.
4. 미래의 자연환경과 사회환경의 변화로 인한 식생활 전망을 분석할 수 있다.
5. 앞으로의 식생활이 나아가야 할 바람직한 방향을 제시할 수 있다.

1. 과거와 현재의 식생활환경

1) 식생활에 영향을 주는 요인

인간의 식생활은 개인의 기호나 영양, 음식에 대한 지식 등에 영향을 받고 있지만, 인간을 둘러싼 여러 환경 요인에 의해서도 크게 영향을 받게 되므로 이러한 요인이 변하면 식생활도 변한다. 인간의 식생활에 영향을 미치는 요인에는 자연적 요인, 사회적 요인, 경제적 요인, 문화적 요인, 생리적 요인, 심리적 요인 등이 있다표 2-1. 따라서 개인이나 집단의 건강문제는 단순히 식사를 통한 영양섭취가 어떤가라는 면만이 아니라 식생활을 환경 요인과 관련시켜 포괄적으로 다루어야 한다.

2) 식생활환경의 변화

(1) 자연환경 변화와 식생활

자연환경 중 인간의 식생활에 큰 영향을 미치는 것이 기후이다. 지난 수십 년간의 기후변화 지표를 보면 홍수, 가뭄, 산불, 태풍, 토네이도, 허리케인 등 모두 다 실제로는 감소 추세에 있다. 또한 지구는 약 300년 전에 소빙하기에서 간빙기로 접어들었기 때문에 지금은 지구 온도가 서서히 올라가고 있는 시기이다. 따라서 바닷물에 탄산의 형태로 녹아 있던 이산화탄소가 바닷물의 온도 상승으로 용해도가 감소하여 이산화탄소가 방출되어 대기 중 이산화탄소가 증가하고 있다. 이로 인해 식물의 생장이 더욱 촉진되어 위성사진에서 보듯이 지구는 더욱 푸르게 되었으며, 식량 생산도 계속 증가하고 있는 상황이다.

세계 곡물 생산량(백만 톤)

연도	생산량
2001/02	1,879
2011/12	2,344
2016/17	2,668
2018/19	2,632
2019/20	2,680
2020/21	2,724
2021/22 (5월 전망)	2,794

한편 풍족한 식생활을 보장하는 세 가지 근원적 요소인 토양, 수질 및 대기의 오염은 농업과 식품 경제에 필수 불가결한 요소인 자원의 순환을 손상시킨다. 이에 대한 대책으로 생태적 환경 조성에 노력하면서 식생활을 영위하는 것이 필수적이다.

① 토양 파괴와 오염

지구의 1/3 가량은 사막인데 사막 주변의 사막화가 진행되고 있다. 사막화의 원

표 2-1 식생활에 영향을 주는 요인

	자연적 요인	사회적 요인	경제적 요인	문화적 요인	생리적 요인	심리적 요인
식욕	날씨 기후 풍토	직업			소화흡수능력 질병 유무 체력 체위 성별 연령	식생활 의식 관심 성격 건강관 기호
식재료 구입 및 식단	날씨 기후 풍토 제철식품	산업구조 도시화 정도 식량생산·유통시스템 소매점포 라이프스타일 교통사정 조리설비 거주공간 가족구성	소득 지출 물가	정보 지식 교육 식사력 종교 생활환경		기호 가치관
조리		시간 장소 기구·설비 연료		기술 지식	소화흡수능력 질병 유무	기호
음식 섭취		생활활동 생활시간 행사 가족구성 식사 장소 식사시간 여가	소득 지출 물가	식사체험 식습관 지식 의식 종교 음주 흡연 풍속 인간관계 생활환경	건강상태 질병 유무 운동 식욕 공복 체질 수면	기호 가치관 성격 취미

자료 : 岡崎光子 편저, 식생활론, 光生館, 2001; 細谷憲政 외, 식생활론, 第一出版, 1989(저자 수정 보완)

인은 과잉 경작, 과잉 목축, 벌채 등 인위적인 요인에 의한 것이 87%이고, 나머지 13%는 자연적(기후) 요인이다. 단위 면적당 많은 농산물의 생산이나 저장 중 식량의 손실을 막기 위하여 사용한 화학비료나 살충제, 살균제와 같은 농약도 황폐화의 원인이다. 이에 병충해 또는 제초제에 강하고 품질도 우수한 농산물 재배를 위해 유전자변형 농산물GMO : Genetically Modified Organism을 개발하였으나, GMO 사료를 장기간 먹인 쥐 실험에서 암이 발생하였으며, GMO 재배 시 사용하는 제초제인 라운드업Roundup을 사용한 사람의 전신에 피부암이 발생하는 등 그 안전성에 대한 논란이 끊이지 않고 있다. 이러한 환경 보전과 건강 위협에 대한 대책으로 무농약·유기농 식품 등에 대한 요구가 날로 증가하고 있을 뿐 아니라그림 2-1, Non-GMO 식품에 대한 요구도 높아지고 있다. 이에 우리나라 소비자들도 GMO 완전표시제 도입을 촉구하고 있다.

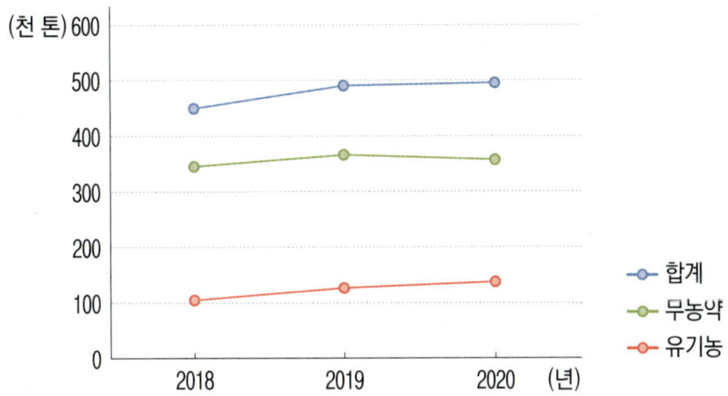

그림 2-1 친환경 농산물 생산량

자료 : 농림수산식품부, 농림수산식품 주요통계, 2021

② 수질오염

UN의 연구에 따르면 이제 전 세계의 어느 곳에도 자연 그대로의 담수는 더 이상 없으며, 북극 지방에서조차도 독성 화학성분의 흔적이 발견되고, 내륙의 수질뿐만 아니라 해안의 수질도 크게 오염되어 있다. 산업 폐기물, 축산업 폐기물, 화학비료와 살충제, 생활 폐기물표 2-4 참조 등이 오염원인이다.

③ 대기오염

토양과 수질 오염에 더해 대기오염까지 가세하여 지구 환경은 더욱 악화되고 있어, 세계 각국에서는 환경오염 문제에 큰 관심을 가지고 그 해결방법을 찾기 위해

GMO의 위험성

제초제에 대한 강한 내성을 가지도록 유전자조작 기술을 이용해 만든 GMO(유전자변형생물)는 제초제를 사용해도 잘 자라고 잡초만 제거됨. 즉 GMO를 이용하면 농사짓기가 수월해짐. 그러나 대표적인 제초제 성분인 글리포세이트(glyphosate,)를 처리한 식물은 1년 뒤에도 꽃가루의 생식능력이 1/3로 떨어져 불임을 유발하는 것으로 나타남. 한편 빌 게이츠가 출자한 임파서블 푸즈(Impossible Foods)에서 만든 인공 고기에는 최근 결과에 따르면 가장 가까운 경쟁업체보다 11배나 높은 글리포세이트 독성이 포함되어 있었음. 글리포세이트는 발암물질 2군A(Probably Carcinogenic)로 분류되며 암을 유발할 가능성이 있는데, 3개월 이상 GMO로 사육한 쥐 실험에서는 암이 유발된 것을 확인하였음

라운드업(Roundup)

글리포세이트(glyphosate)가 성분이며 고엽제보다 독성이 강한 제초제로 GMO 최대 회사인 몬산토(현 바이엘)가 개발했음. 몬산토의 모든 GMO에는 제초제 내성 유전자가 삽입되어 있으며, GMO와 라운드업을 세트로 판매하고 있음

GMO 완전표시제

완제품에 GMO 원료를 썼다면 GMO 유전자가 남아 있지 않더라도 표시하는 제도로, 현재 유럽연합이 시행하고 있음

대기오염의 원인
- 인위적 원인 : 연료의 연소 시 발생하는 여러 오염물질(공장, 운수교통, 일반 가정), 켐트레일
- 자연적 원인 : 화산의 분연이나 모래먼지 등

그린 택소노미(green taxonomy, 녹색분류체계)
- 지속 가능 재정 분류체계를 뜻함
- 2022년 2월 유럽연합(EU)이 원자력 발전과 천연가스 등을 '친환경' 에너지로 분류, 즉 그린 택소노미로 분류하는 최종안 제시

켐트레일의 주요 성분

알루미늄(Al), 바륨(Ba), 망간(Mn), 토륨(Th), 방사선 세슘(Cs), 구리(Cu), 티타늄(Ti), 갈륨(Ga), 실리콘(Si), 코발트(Co), 니켈(Ni), 철(Fe), 스트론튬(Sr), 카드뮴(Cd), 살충제 성분, 곰팡이, 박테리아, 폴리머 필라멘트, 내분비장애 환경호르몬인 프탈레이트(DEHP), 아황산가스 등이며, 심각한 대기·토양·수질오염의 원인이 되고 있음

켐트레일의 영향
- 열전도성이 매우 강한 알루미늄으로 인해 지구의 온실효과가 급상승해 북극의 빙하가 녹고, 오존층 파괴 현상도 심화
- 토양의 산성화로 식량생산량이 줄어들어 식량위기를 초래
- 인체에 지속적으로 노출되면 각종 암과 알레르기, 심뇌혈관질환, 알츠하이머, 파킨슨병, 모겔런스병, 홍역, ADHD 등의 질병 유발
- 토양 산성화와 지하수 오염 등으로 환경에 유익한 꿀벌과 지렁이가 사라질 위험

노력하고 있다. 연료의 연소 시 발생하는 여러 오염물질에 의한 대기오염을 최소화하기 위해 태양열이나 풍력을 이용한 그린에너지 기술 개발만이 필수적이라고 주장하는 것은 잘못된 주장이다. 왜냐하면 태양열이나 풍력의 발전역량은 일조량이나 풍량에 전적으로 의존하고 있기 때문에 발전 효율이나 에너지 효율도 매우 낮고, 시간이 지남에 따라 다량의 독극물 폐기물이 주기적으로 배출되어 토양이나 수질의 오염이 더욱 심해진다는 것이 전문가들의 견해이다. 따라서 지금까지의 모든 과학적 근거로 보면 원자력 발전이 가장 안전하고 효율적이며 경제적인 그린에너지라는 점을 인식해야 한다. 우리나라를 포함하여 탈원전을 시도했던 많은 국가가 결국은 탈원전을 철회하고 원자력 발전으로 회기하고 있다. 그 예로 2022년 2월 유럽연합EU은 원자력 발전과 천연가스 등을 친환경 에너지로 분류, 즉 그린 택소노미로 분류하는 최종안을 제시하였다.

한편 대기오염의 원인으로 새로이 주목받고 있는 것이 켐트레일chemtrail이다. 이는 지구온난화를 막는다는 미명하에 태양빛을 가릴 것으로 여겨지는 물질을 비행기로 공중에 살포하는 것인데, 파리기후협약 가입국에 살포되고 있다. 그러나 켐트레일의 성분이 인체에 해로울 뿐 아니라 공기, 토양, 수질오염의 원인으로 지목되고 있어 식량 생산에 악영향을 줄 위험이 크다.

(2) 사회환경 변화와 식생활

인간은 생산·획득한 식재료를 조리하여 식사를 하고, 또한 이들 재료를 보다 이용하기 편리한 형태로 가공하여 유통시키기도 한다. 인간의 식생활에 대한 기술이나 지식, 식사관, 음식기호는 식량 생산에 영향을 미칠 뿐 아니라 식사에도 영향을 미친다. 또한 생리적·심리적 상태는 인간의 식사에 영향을 미치며, 이렇게 형성된 식생활은 오랜 역사를 통해 전승된다그림 2-2.

사회·경제 발전과 더불어 가치관의 변화로 가족의 형태 및 관계도 다양화되어, 식생활에서 식사형태만이 아니라 지향하는 점들도 다양화되는 등 많은 변화가 이루어지고 있다. 이러한 변화로 식생활이 더욱 다양화되고 외부화가 확산되어 외식

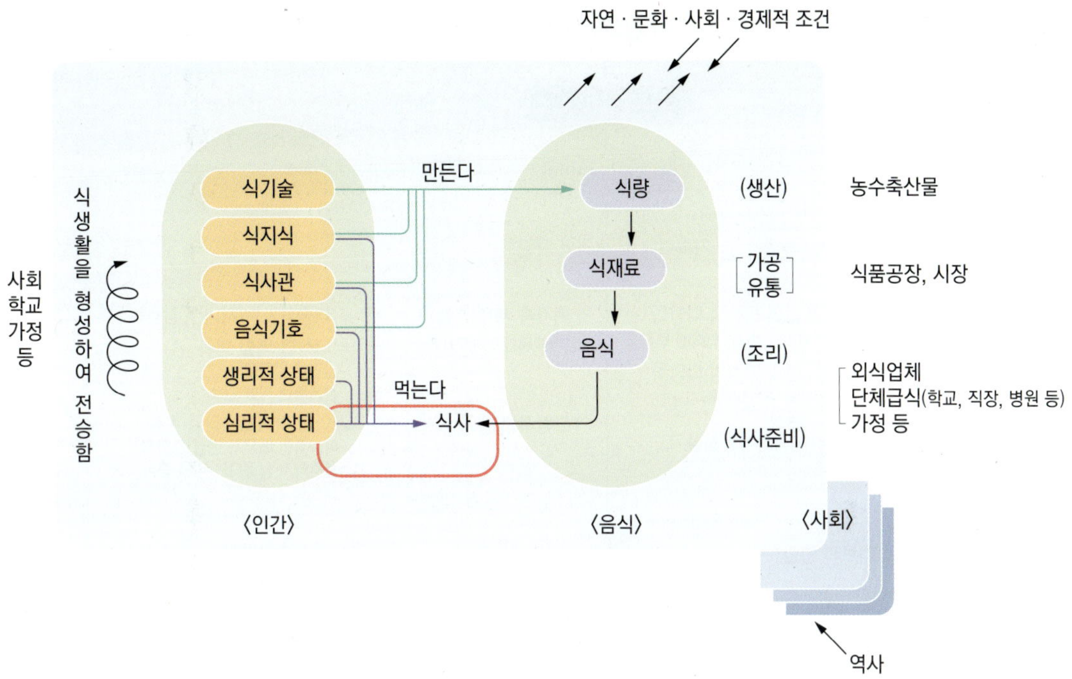

그림 2-2 사회 내에서의 인간과 음식과의 관련성

자료 : 足立己幸 편저, 식생활론, 医歯薬出版株式會社, 1988(저자 수정 보완)

및 중식 산업, 식품산업의 발달로 이어지고 있다그림 2-3.

① 간편 지향적 식생활

여성인력의 수요 증가, 교육 기회의 증대, 생활수준의 향상 욕구 등에 따라 주부의 취업이 증가하고 있는데, 취업주부인 경우 평일에는 식생활관리에도 충분한 시간을 할애할 수 없다. 따라서 주부의 가사노동을 경감시키기 위하여 식생활관리 시 단계마다 능률을 고려하여 간편성을 지향하고 있다. 요즘에는 취업주부만이 아니라 1인 가구나 전업주부를 포함한 거의 모든 사람들에게서 식생활의 간편성 지향이 늘고 있다.

식단계획 단계에서의 간편성 지향

식단을 미리 계획하여 식품 구입목록을 만들어 식품을 구입하면, 장 보기 횟수와 시간을 줄일 수 있고 조리과정을 미리 알 수 있으므로 식사 준비에 소요되는 시

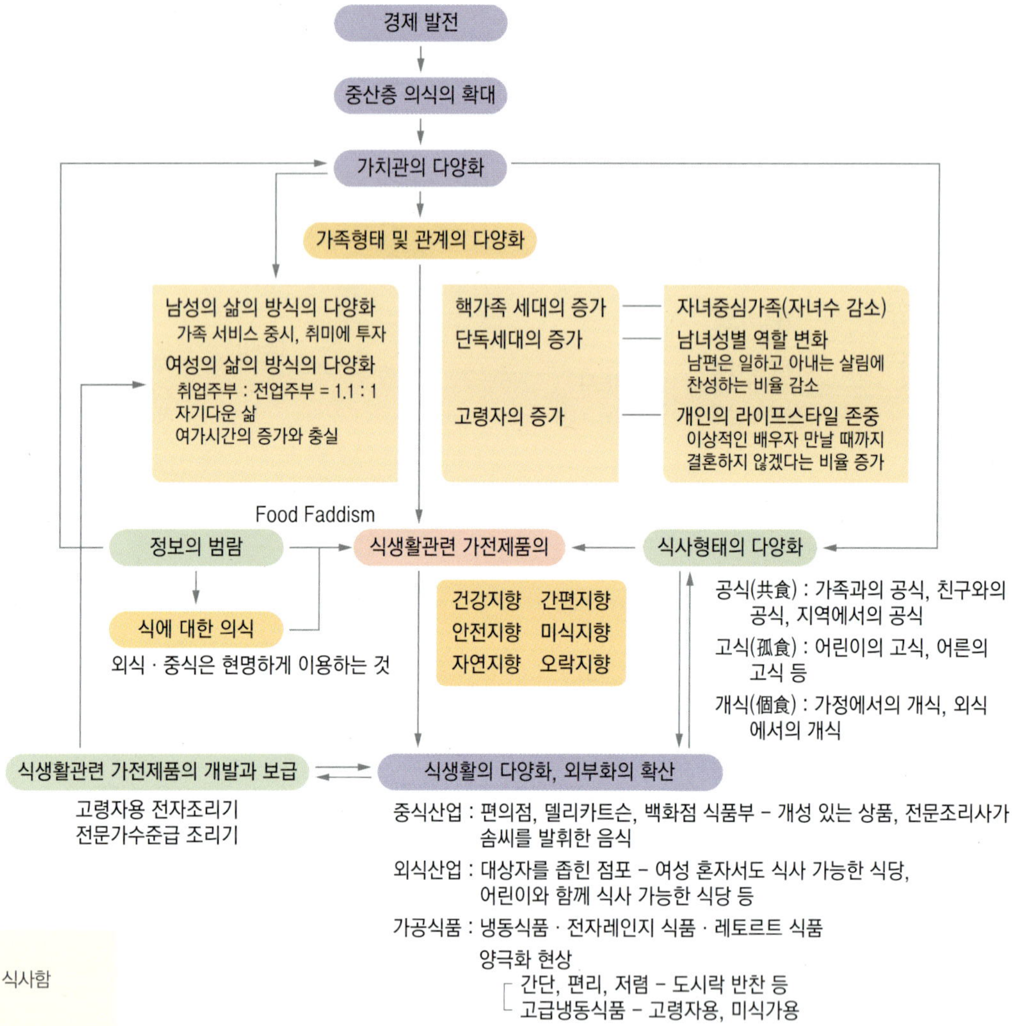

그림 2-3 가치관의 다양화와 식생활·환경의 변화

자료 : 福田靖子 외, 食育入門, 建帛社, 2005

공식(共食)
누군가와 함께 식사함

고식(孤食)
혼자 식사함

개식(個食)
함께 식사하되 각자가 먹고 싶은 것을 따로 먹음

델리카트슨(delicatessen)
서양에서는 조리된 육류나 치즈, 흔하지 않은 수입 식품 등을 파는 가게라는 뜻인데, 우리나라에서는 반찬가게라고 볼 수 있음

간을 절약할 수 있다.

구매 단계에서의 간편성 지향

식품 구매 시간을 절약하기 위하여 인터넷상으로 주문하는 형태가 증가하는 추세이다.

조리 단계에서의 간편성 지향

현대의 식생활에서는 시간이 걸리거나 조리법이 까다로운 음식 대신 각종 가공식품과 간편식, 완전조리식품의 이용이 증가하고 있다. 그러나 이러한 음식들은 시간이 많이 절약되고 편하기는 하지만 시간·가격·기호상의 수용도 등 여러 문제가 복합적으로 작용하므로, 상호 보완적인 관점에서 검토한 다음 결정하는 것이 좋다. 아울러 간단하게 맛을 바꾼다든지 다른 식품을 곁들여 이용하는 방법 등을 알아두면 유용할 것이다.

완전조리식품
조리 조작이 완료된 식품을 말하며, 조리냉동식품, 레토르트 식품, 반찬류, 도시락 등이 여기에 속한다.

외식의 문제점
① 영양 불균형
② 위생과 안전성
③ 식량 낭비- 음식물 쓰레기
④ 조미료의 과다 사용

또한 여성의 사회 진출 증가로 가정에서 조리를 하지 않고 외식이나 중식을 통한 식사가 늘고 있다. 식료품 지출비 중 외식비가 차지하는 비율은 해마다 증가하여 2014년에는 48.1%로 거의 반 가까이를 지출한 것으로 나타났다**그림 2-4**.

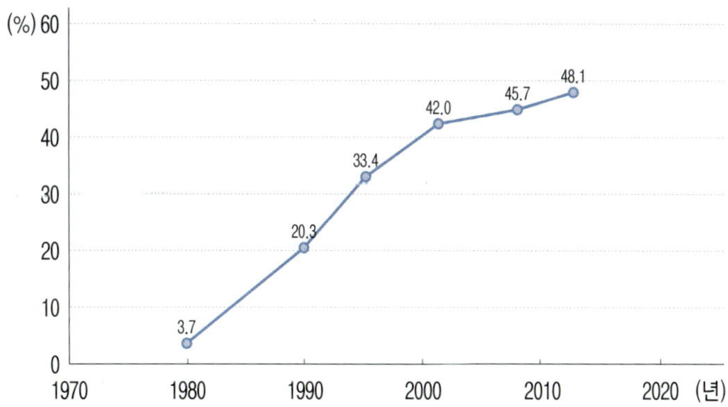

그림 2-4 식료품비 중 외식비 비율(전체 가구 평균)
자료 : 통계청, 가구원수별 월평균 가계수지, 2014

그런데 이후에 통계청의 항목 분류 변경으로 인하여 식료품비에 비주류 음료가 포함되었고, 외식비는 단독이 아닌 음식·숙박비로 합산하여 통계가 이루어져 있다. 이에 전국 가구당 식료품비(비주류 음료 포함)와 음식·숙박비의 추이를 각각 살펴보았다**그림 2-5**. 전체적으로 보면 식료품비(비주류 음료 포함)나 음식·숙박비 모두 증가하는 추세였으며 2017년에는 특이하게 많이 증가하였으나, 2020년 코로나19 팬데믹으로 인해 외식이나 여행을 줄임으로써 음식·숙박비는 감소한 것이

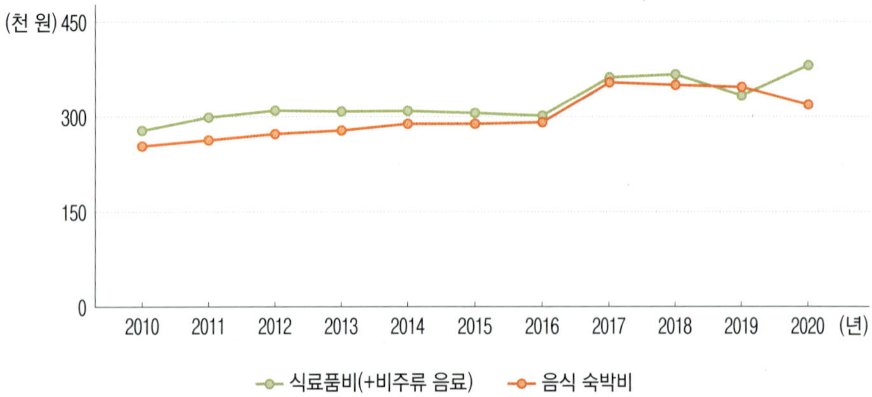

그림 2-5 전국 가구 식료품비와 음식·숙박비 추이

자료 : 통계청, 연간 지출 가계동향조사 결과 통계표, 2021

특징이라 할 수 있다.

식료품비(비주류 음료 포함) 대비 음식·숙박비 비율을 살펴보면 2010년 90.9%였던 것이 점차로 증가하여 2019년에는 104%로 음식·숙박비가 더 많이 지출된 것으로 나타났으나, 2020년에는 83.8%로 급격히 감소하였는데, 코로나19 팬데믹의 영향인 것으로 생각된다. 여행이나 외식을 자제하고 가정에서 식사하는 경우가 많아져서 음식·숙박비는 줄고 식료품비(비주류 음료 포함) 지출이 늘어난 것으로 보인다 그림 2-6.

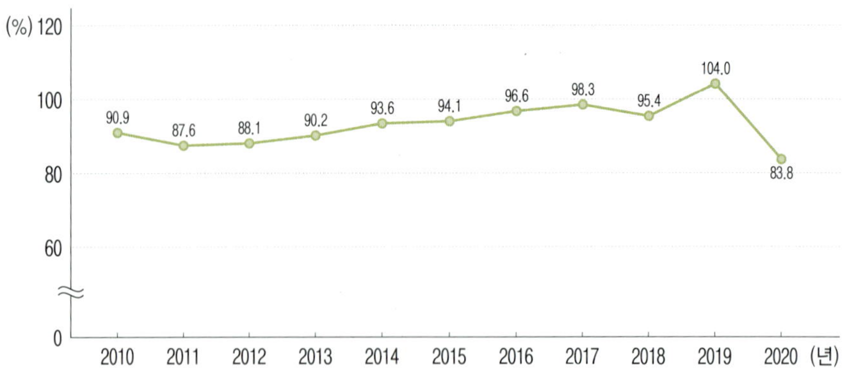

그림 2-6 식료품비 대비 음식·숙박비 비율

자료 : 통계청, 연간 지출 가계동향조사 결과 통계표, 2021년(식료품비에 비주류 음료 포함)

한편 먹기 간편한 치킨, 피자, 햄버거 등의 패스트푸드의 이용이 증가하고 있다. 세계에서 가장 풍요롭고 유구한 우리의 식문화가 패스트푸드로 대변되는 서구의 식문화에 의해 파괴되고 있다는 것은 큰 문제가 아닐 수 없다.

주방 설비와 기기 구입단계에서의 간편성 지향

식사 준비에 소요되는 시간은 주방의 설비와 기기에 따라서도 크게 좌우된다. 필요한 설비와 기기가 적합하게 구비되었을 때 일의 능률이 올라 시간과 에너지가 절약되기 때문이다.

1일 3식에서 2식으로의 간편성 지향

식사 패턴이 젊은층을 중심으로 1일 2식의 형태가 증가하고 있다. 또한 전통적인 식사형태인 주식과 부식의 개념도 나이가 어릴수록 구분이 명확하지 않은 현상이 나타나고 있다.

② 건강·안전·자연 지향적 식생활

친환경농축산물에 대한 수요 증가

생산량 증가나 저장 중 손실을 막기 위하여 사용하는 여러 농약은 인간의 건강을 위협하고 있어, 친환경농축산물에 대한 수요가 증가하고 있다**그림 2-1 참고**. 뿐만 아니라 유기농산물의 재배·생산 기준에 맞게 생산된 유기사료를 급여하면서 인증기준을 지켜 생산한 축산물인 유기축산물, 항생제·합성항균제·호르몬제가 첨가되지 않은 일반사료를 급여하면서 인증기준을 지켜 생산한 축산물인 무항생제 축산물**표 6-3 참고**의 소비도 많아지고 있다. 이들 식품이나 수입식품의 품질 보존을 위하여 필요한 규제를 마련하여 소비자가 믿고 사용할 수 있도록 하는 것이 바람직하다.

로컬푸드local food 운동 확산

세계화, 국제화로 인해 수입농산물 의존율이 더욱 높아지는 가운데, 푸드 마일리지food mileage라는 개념이 대두되었다. 이것은 농수축산물의 '산지에서 식탁까지'의 거리에 착안한 개념으로서, 가능한 한 가까운 곳에서 생산된 농수축산물을 소비하는 것이 식품의 안전성이 높으면서 수송에 따른 환경오염을 경감한다는 주

로컬푸드(근거리 농수축산물)
소비지로부터 일정한 거리 이내에서 생산된 농수축산식품

장이다. 근래에는 우리나라에서도 수입식품보다 안전하고 신선한 로컬푸드 소비를 장려하여 로컬푸드 장터를 활성화하고 있으며, '푸드 마일리지'를 업계에서 자율적으로 표시하는 캠페인을 전개하고 있다.

푸드 마일리지 개념을 도입한 목적 중 하나는 지구온난화를 늦추는 것이라고 한다. 하지만 사실 지구온난화는 인간이 발생시키는 이산화탄소가 원인이 아니라 지구의 장구한 역사에서 자연적으로 일어나는 현상이라는 것은 이미 앞에서 설명하였다29쪽 참고. 따라서 '지구온난화'라는 용어가 더 이상 과학적으로 설득력이 없게 되자, 지구온난화를 주장하던 사람들은 지구온난화 대신 '기후변화'라는 용어를 쓰기 시작했다. 그러나 기후변화는 자연적으로도 일어나지만, 인위적으로도 얼마든지 조절할 수 있는 과학기술이 이미 개발되어 있으며, 이를 군사 안보 등에도 활용하고 있다는 것이 밝혀졌다. 지진, 쓰나미, 태풍, 폭우, 폭설, 우박, 가뭄 등을 인공적으로 일으킬 수 있는 HAARP라는 과학기술이 존재함을 미국 의회 청문회에서 국방부가 인정한 바 있다. 따라서 기후변화라고 해서 모든 것을 단순히 자연적인 것으로 오인하면 안 되며, 기후변화에 따른 먹거리 관련 여러 대응은 정치적, 군사적, 사회적, 과학적으로 두루 고려하고 신중해야 한다.

슬로푸드slow food

말 그대로 패스트푸드에 대항하여 지역 특성과 수공업적 생산과 유통, 전통 맛과 문화를 살린 음식과 식생활 양식을 추구하는 운동으로서, 현재 국제 규모의 운동으로 전개되고 있으며 향후 더욱 확산될 전망이다. 현재 우리나라에도 슬로푸드인 전통음식의 상품화가 이루어지고 있으며, 전통음식을 맛보며 농촌현장을 체험하는 '슬로푸드 마을'이 관광지로 각광받고 있다.

로하스LOHAS : Lifestyles Of Health And Sustainability

건강·환경·사회정의·자기발전과 지속적인 삶에 가치를 두는 소비 집단의 라이프스타일을 칭하는 로하스는 웰빙적 생활과 공통점이 많으나, 단순히 웰빙을 추구하는 보보스BOBOS족과는 다른 의식 있는 중류층으로 구분된다. 로하스 소비자들은 보다 강도 높은 친환경적·생태학적·에너지 효율적인 제품을 소비하는 경향

푸드 마일리지
- 푸드 마일(food miles)은 식품 생산지에서 소비지까지의 이동 거리를 뜻하며, 푸드 마일리지는 생산지에서 소비지까지 식품 수송량(톤)에 수송 거리(킬로미터)를 곱하여 계산함
- 푸드 마일리지는 식재료가 생산, 운송, 소비되는 과정에서 발생하는 환경 부담의 정도를 나타내는 지표로 사용됨
- 푸드 마일리지가 크다는 것은 첫째, 식품의 신선도를 유지하기 위해 살충제나 방부제를 사용하는 경우가 많으므로 식품의 안전성이 떨어지고, 둘째, 장거리 운송을 하여 이산화탄소를 많이 배출하고 에너지 소비가 많다는 뜻임

국민 1인당 수입식품 푸드 마일리지
- 미국 : 약 500t·km
- 한국 : 약 3,330t·km
- 일본 : 약 4,000t·km

HAARP(High Frequency Active Auroral Research Program, 고주파활성오로라조사프로그램)
- 고층대기와 태양지구계물리학, 전파과학에 관한 공동연구프로젝트
- 미국 공군과 해군, 국방고등연구계획국(DARPA), 알래스카대학을 포함한 14개 이상의 미국 대학과의 공동연구
- 지구의 전리층과 지구 근방의 우주환경에서 발생하는 자연현상을 탐구하여 이해하는 것이 연구 목적으로 되어 있음
- 2011년 일본 후쿠시마 원전사고의 원인인 쓰나미를 몰고 온 동일본대지진도 HAARP가 일으킨 것으로 의심받고 있음

이 있다. 우리나라에서도 가정의 소득 증대와 교육수준의 향상에 따른 소비자들의 의식 변화가 빠르게 나타나고 있어, 앞으로 로하스적 생활이 증가할 것으로 예상된다.

건강식품health food

19세기 말 독일에서 건강 유지와 장수의 취지로 육식과 지나친 가공식품 섭취에서 탈피하고 생활습관을 개선하고자 건강식품이라는 용어를 사용하기 시작하였다. 우리나라 식품의약품안전처에서는 '건강기능식품의 표시기준'으로 기능을 명확히 표시하도록 규정하고 있지만, 건강식품이 의약품과 일반식품의 중간 위치에 있는 특성 때문에 논란의 대상이 되고 있다. 소비자들은 이들의 선택에 대한 올바른 지식을 갖춰야 한다.

기능성 식품functional food

식품은 1차 기능(영양소가 생체에 미치는 기능), 2차 기능(식품성분이 맛에 미치는 기능) 및 3차 기능(생체 조절 기능)을 지니고 있는데, 최근 3차 기능을 중요시하여 이 기능을 가지고 있는 식품을 기능성 식품이라고 한다.

특히 영양소가 부족하게 되면 결핍증을 일으키지만, 기능성 성분은 결핍 증상이 나타나지 않는다. 그렇지만 기능성 식품은 섭취함으로써 생체 기능을 높여줄 수 있어 향후 더욱 개발될 전망이다. 기능성 식품에는 특정 기능성 성분을 농축한 제품(올리고당 등), 질병의 예방이나 증세 완화에 도움을 주도록 특정 성분을 제거한 제품, 질병을 물리칠 수 있는 항체 함유 식품 등이 있다.

③ 미식 지향적 식생활

맛있는 음식을 즐기는 식생활

경제 성장과 더불어 인간이 음식에 바라는 바가 더 이상 허기를 채우기 위한 수단만이 아니라, 그 음식을 통해 행복한 경험과 좋은 추억을 만들기 위한 것도 추가되고 있다. 동물성식품과 튀김요리 등 고지방·고단백질식을 먹는 기회가 많아졌으며, 다양한 소스로 풍미를 더욱 좋게 하여 음식 자체에 대한 기호도를 향상시켜 만족도를 높이고 있다. 또한 맛있는 음식을 더욱 맛있게 즐기고자 음식의 담음새

BOBOS족
부르주아의 물질적 실리와 보헤미안의 정신적 풍요를 동시에 누리는 미국의 새로운 상류계급으로서 1990년대 젊은 부자를 상징하는 용어

로하스 소비자의 특징
① 친환경 제품 선택
② 환경보호에 적극적 참여
③ 재생 원료를 사용한 제품 구매
④ 지속 가능성을 고려해 만든 제품에 추가 비용 지불
⑤ 주변에 친환경 제품의 기대 효과를 적극 홍보
⑥ 지구 환경에 미칠 영향을 고려해 구매 결정
⑦ 재생 가능한 원료 이용
⑧ 타성적 소비를 지양하고 지속 가능한 재료를 이용한 제품 선호
⑨ 전체 사회를 생각하는 의식 있는 삶 영위
⑩ 지속 가능한 농법으로 생산된 제품 선호
⑪ 로하스 소비자의 가치를 공유하는 기업의 제품 선호

음식이 '맛있다'라는 느낌
감각기관인 미각·후각·시각·청각·촉각에 의한 복합적인 느낌에서 나오는 것이며, 그 중 미각과 후각은 가장 직접적인 반응을 나타냄

와 테이블 코디네이션, 인테리어 등에 관한 연구 등이 활발하다.

수입식품 및 외국음식 소비 증가

1980년대 후반부터 패밀리레스토랑 등 외국 외식업체들이 진출한 후, 서아시아나 동남아시아, 중남미 음식 전문점 등이 생기면서 새로운 맛의 외국음식 소비가 증가하고 식생활이 서구화·국제화되어 수입식품 이용이 늘고 있다. 또한 다양한 외국의 조리법을 받아들여 카레라이스, 스파게티, 커틀릿, 피자, 오븐구이 등을 가정에서도 조리하는 등 한국인의 식생활이 급격히 변화하고 있다.

한국인의 식사 에너지 구성비 중 지방의 에너지 섭취분율이 2005년에는 20.3%

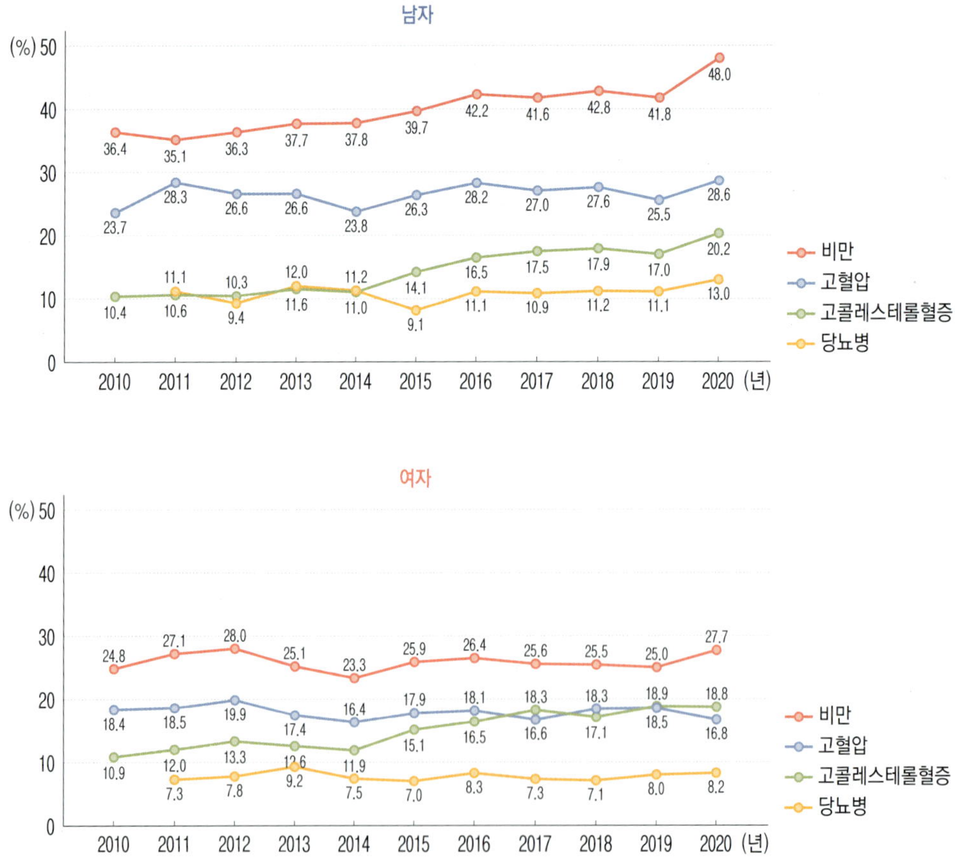

그림 2-7 만성질환 유병률 추이

자료 : 2020 국민건강통계, 국민건강영양조사 제8기 2차년도, 2020

이었던 것이 2015년에는 21.8%, 2020년에는 24.4%로 점차 늘어나, 식생활의 서구화가 더욱 가속화되어 서구사회에 만연한 만성질환 유병률이 점차 증가하고 있다그림 2-7.

(3) 식량 수급 및 정책의 변화

우리나라는 농어업과 식품산업 간 연계가 약하여 식량 자급률이 낮고, 식품 원료의 해외 조달 의존도가 높은 것이 특징이다. 식량자급률은 45.8%(2019년도)로 국내 생산 식량이 국민 소비량의 절반 이하이다. 하지만 주식인 쌀의 자급률이 충분하여 글로벌 식량전쟁에도 위기감은 덜한 편이다. 그러나 바이오연료 사용 확대 등으로 국제 곡물가 상승그림 2-8 등 해외 식품원료 조달의 위험요소는 증가하고 있어 적절한 정책 마련이 시급한 실정이다.

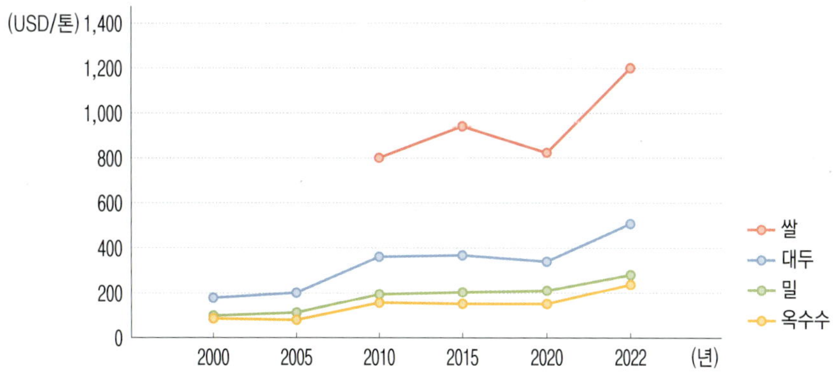

그림 2-8 세계 곡물 가격 동향(1월 기준)

자료 : 농촌경제연구원, 해외곡물시장정보, 2022(쌀 : 미국 캘리포니아 중립종 FOB)

① 곡물의 수급실태

곡물의 자급률그림 2-9 전체 평균은 1970년도 86.2%였던 것이 점차 감소하여 2020년도에는 45.8%였다. 서류(105.6%)와 쌀(92.8%)의 자급률은 좋은 반면, 보리쌀(38.2%), 콩(30.4%), 기타(14.2%), 옥수수(3.6%), 밀(0.8%)은 매우 저조한 편으로 대부분 수입에 의존하고 있어 미래 식량안보 차원에서의 대책이 요구된다.

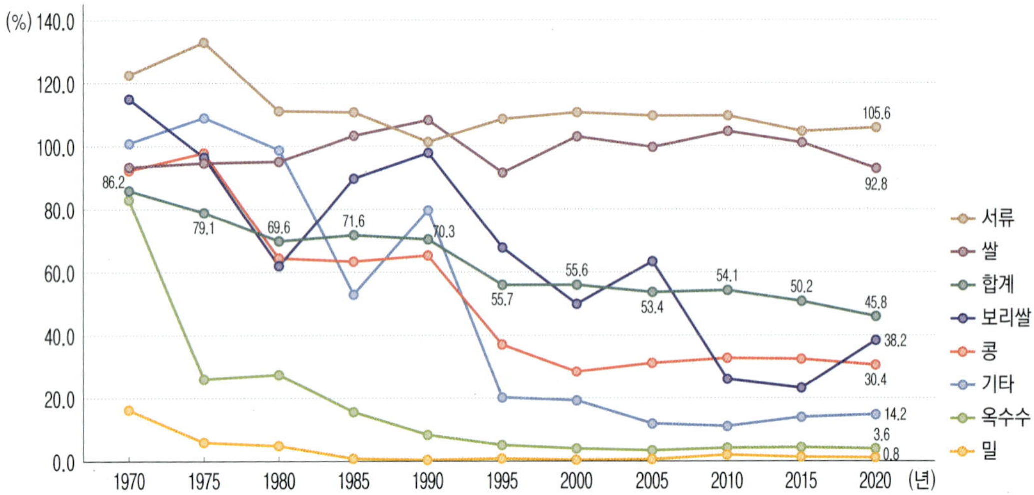

그림 2-9 곡물 자급률(사료용 소비 제외)

주 : 보리쌀은 맥주보리 맥아수입량 포함, 양곡년도(전년 11월 1일부터 당년 10월 31일까지) 기준임

자료 : 농림수산식품부, 식량원예정책국 식량정책과, 2021

② 농림축수산물 수출액 추이

수출액의 경우 농산물은 2016년도 55억 8,120만 달러였던 것이 점차 증가하여 2020년도에는 66억 7,520만 달러가 되었다. 수산물은 2016년도 21억 2,760만 달러였던 것이 2020년도 23억 440만 달러가 되었다. 축산물도 2016년도 4억 5,840만 달러였던 것이 2020년도 4억 9,570만 달러로 약간 증가하였다. 반면 임산물은 2016년도 4억 2,540만 달러였던 것이 증가하다가 다시 감소하여 2020년도 3억 9,340만 달러가 되었다그림 2-10.

③ 농림축수산물 수입액 추이

농림축수산물 모두 수출액에 비해 수입액이 훨씬 더 많은 것으로 나타났다그림 2-11. 농산물은 2016년도 176억 6,640만 달러였던 것이 점차 증가하여 2020년도에는 206억 6,940만 달러로 큰 폭으로 증가하였다. 축산물은 2016년도 58억 690만 달러였던 것이 2020년도 76억 2,690만 달러로 증가하였다. 수산물은 2016년도 47억 8,960만 달러였던 것이 다소 증가하여 2020년도 55억 9,660만 달러였다.

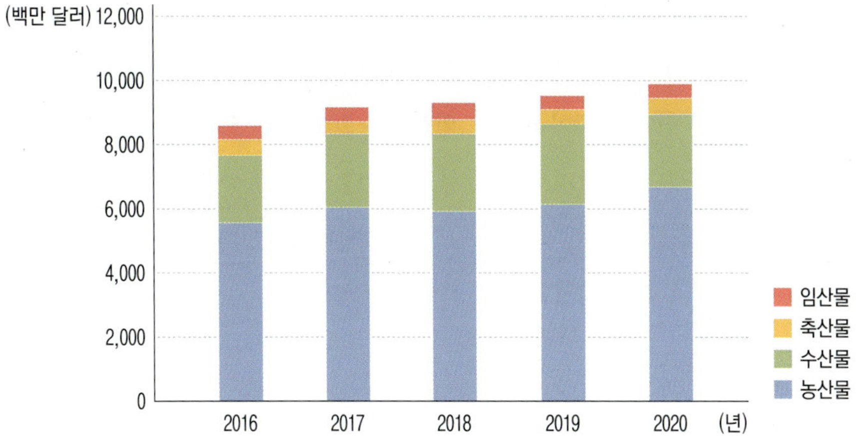

그림 2-10 농림축수산물 수출액 추이

자료 : 농림축산식품부, 2021 농림축산식품 주요통계

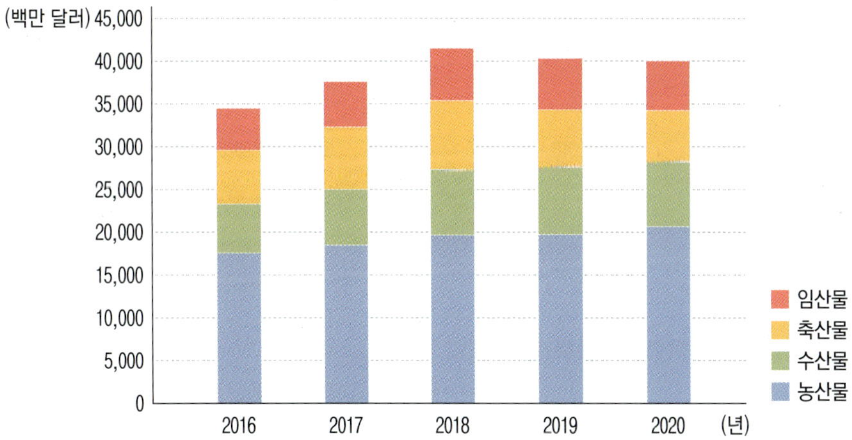

그림 2-11 농림축수산물 수입액

자료 : 농림축산식품부, 2021 농림축산식품 주요통계

반면 임산물은 2016년도 61억 9,960만 달러였던 것이 약간 증가하다가 2020년도 59억 8,260만 달러로 다소 감소하였다.

④ 농림축수산물 수출입액 차이(수입액 – 수출액)

수입액에서 수출액을 뺀 액수를 보면, 농산물은 2016년도 120억 8,520만 달러에서 2020년도 139억 9,420만 달러, 축산물은 2016년도 53억 4,850만 달러에서 2020년도 71억 3,120만 달러, 수산물은 2016년도 26억 6,200만 달러에서 2020년도 32억 9,220만 달러로 증가하였다. 임산물은 2016년도 57억 7,420만 달러에서 2020년도 55억 8,920만 달러로 약간 감소하였다. 이처럼 농림축수산물은 수출액에 비해 수입액이 훨씬 더 많았으며, 임산물을 제외하고는 그 차액이 점점 더 증가하고 있어 식량안보 차원에서 대책이 시급하다그림 2-12.

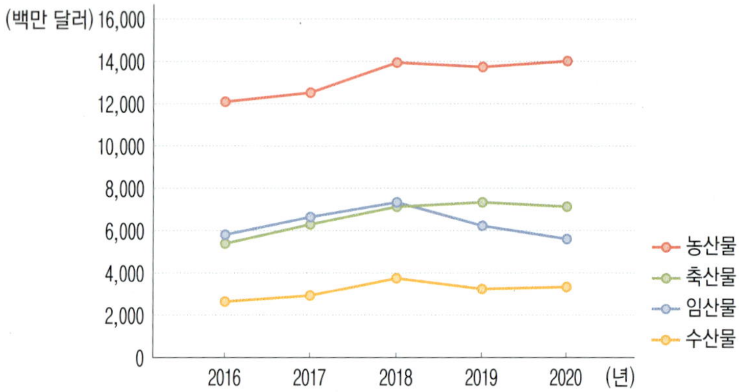

그림 2-12 농림축수산물 수출입액 차이(수입액-수출액)

자료 : 농림축산식품부, 2021 농림축산식품 주요통계

⑤ 식생활 관련 정책의 시대적 변화

우리나라 식생활 관련 정책의 시대적 변화

우리나라 식생활 관련 정책을 시대적 배경과 함께 살펴보면표 2-2, 식량사정이 좋지 않아 혼분식을 할 수밖에 없었던 1950년대까지에 비해 1960년대부터는 정부에서 적극적으로 미곡 소비를 억제하고 혼분식을 장려하는 운동을 전개하였다. 식생활 관련 정책 목적은 초창기의 단순한 기본 욕구 충족에서 점차 건강 유지를 위한 올바른 식생활 정립과 즐거움을 위한 식생활 여건 조성으로 변해 가고 있다.

표 2-2 연대별 시대적 배경 및 식생활 정책 수행 내용

시대 구분	시대적 배경 및 식생활 정책 수행 내용
1960년대	• 곡물의 공급량 절대 부족 → 전국 절미 운동, 양곡 소비 절약 운동 전개 • 가공식품 시장 형성 • 미곡 소비 억제를 위한 행정 명령 고시 → 분식장려 운동 전개, 소맥분의 공장별 생산 책임제도 • 한국 잠정 영양기준 마련 • 국민영양조사 시작
1970년대	• 식생활 개선 운동 전개 • 혼분식 장려 운동 전개 → 쌀 소비량 감소 • 식생활에서 편의식품의 비율 증가 • 쌀 소비 억제책 완화 • 빵 식중독 사건으로 학교급식 폐지 • 급식 실험학교 설치 운영
1980년대	• 식품산업, 식품 서비스산업, 외식산업 등의 발전 • 인스턴트 식품 및 가공식품의 섭취 증가 • 주문식 단체 급식 추진 • 학교급식법 제정, 공포
1990년대	• 국민의 식품·영양 섭취 증가 • 식생활 지침 작성 발표 • 좋은 식단제 실시
2000년대	• 음식에 대한 가치관 변화 • 식생활의 세계화, 외부화, 레저화, 간편화, 전통화 및 창의적 고감도화 • 개인 맞춤화 • 건강 웰빙의 추구화 • 식문화 융합(퓨전화)

자료 : 김현오 외 6인 공저, 식생활관리, 광문각, 2004(저자 수정 보완)

지속 가능한 농식품산업 기반 강화

앞에서 열거한 여러 변화에 대처하고 농식품산업의 국가 경쟁력을 키우기 위해 2018년 농림축산식품부에서는 지속가능한 농식품산업 기반 강화를 목표로 2018~2022 농업·농촌 및 식품산업 발전계획을 수립하였다**표 2-3**.

이 계획에는 첫째, 농식품 혁신성장 역량 강화, 둘째, 농업·농촌 일자리 창출, 셋째, 환경친화형 농축산업 육성이라는 3가지 과제가 있다. 첫째 과제인 농식품 혁신산업 역량 강화를 위해서는 스마트농업 육성, 농식품산업 혁신 인프라 정비, 재생에너지 관련 농가 경영 다각화가 필요하다. 둘째 과제인 농업·농촌 일자리 창출을 위해서는 청년농을 중심으로 미래인력 육성, 신성장산업 육성, 식품·외식 산업 육성이 필요하다. 셋째 과제인 환경친화형 농축산업 육성을 위해서는 친환경 농업 확산, 축산 사육환경의 근본적 개선, 축산업 경쟁력 제고가 필요하다. 이들 3가지 과제를 위한 2018년, 2019~2020년, 2021~2022년 로드맵이 각각 수립되어 있으며, 지속 가능한 농식품산업 기반 강화를 도모하고 있다.

표 2-3 2018~2022 농업·농촌 및 식품산업 발전계획

목표		지속가능한 농식품산업 기반 강화		
지표		• 스마트팜 확대(시설/축산) : ('17) 4,000ha / 790호 → ('22) 7,000 / 5,750 • 반려동물산업 시장 규모(조 원) : ('16) 1.7 → ('20) 5.8 → ('22) 6.0 • 식품·외식분야 취업자 수(만 명) : ('16) 254 → ('20) 270 → ('22) 289 • 친환경농산물 인증면적 비율(%) : ('17) 5.0 → ('18) 5.2 → ('22) 8.0		
과제		농식품 혁신성장 역량 강화	농업·농촌 일자리 창출	환경친화형 농축산업 육성
		• 스마트농업 육성 • 농식품산업 혁신 인프라 정비 • 재생에너지 관련 농가 경영 다각화	• 청년농을 중심으로 미래인력 육성 • 신성장산업 육성 • 식품·외식 산업 육성	• 친환경 농업 확산 • 축산 사육환경의 근본적 개선 • 축산업 경쟁력 제고
로드맵	구분	2018	2019~2020	2021~2022
	농식품 혁신 성장 역량 강화	• 스마트팜 창업보육 시범 운영	• 스마트팜 보육센터 설립 ('19~'20, 4개소) • 스마트팜 단지 조성('19: 4개소)	• 스마트팜 혁신밸리 조성('22: 4개소) • R&D 바우처방식 투자 확대
		• 4차 산업혁명 투자전략 마련 • 빅데이터 플랫폼 구축	• 시군 농업기술센터 리모델링('19: 60개소)	• 농식품 융합연구 확대 ('15: 32.6%→'22: 40) • 농식품 벤처·창업지원특화센터 확대 ('22:8개소)
		• 농업인 태양광발전사업 지원 법적 근거 마련 • 영농형 태양광사업모델 개발	• 한국형 바이오매스 발전사업 검토 ('18)	• 신재생에너지 시설 설치 확대 ('17: 1,240ha → '22: 1,461)
	농업·농촌 일자리 창출	• 한농대 입학정원 증원(550명) • 청년 영농정착 지원제 • 농업법인 취업 지원('18: 150명)	• 미래 농고·영농 특성화 대학 확대	• 공공 임대용 농지 매입 비축량 (~'22: 15천ha)
		• 농축산용미생물제품인증 지원사업 • 반려동물산업법 제정(안) 마련	• 농생명 소재 산업화기술 개발 사업 추진	• 농기자재 개발·보급(~'21: 30종) • 반려동물지원센터 설치 ('18: 4개소→'22: 15)
		• 구매보증보험제도 도입	• 국가식품클러스터 기업 유치('20: 160개) • 기능성식품산업육성법 제정('20)	• 한국술연구소 설립('21) • 가공용 농산물 생산단지 조성 (~'22: 6,400참여농가)
	환경 친화형 농축산업	• 무농약 가공식품 인증제 도입	• 친환경농산물이력제 도입('20)	• 친환경농업 신규 지구 조성 확대 (~'22: 100개소)
		• 밀식 사육 개선을 위한 축산법 시행령 개선 • 무허가 축사 적법화 지원	• 무허가 축사 적법화 농가별 맞춤형 관리 지속	–
		• ICT장비 표준화 • 쇠고기등급제 개편		• 원유가격 용도별 차등가격제 도입 • 식용란 선별포장처리업(GP) 유통 단계적 의무화

자료 : 농림축산식품부, 2018

2. 미래의 식생활환경 및 전망

1) 미래 자연환경과 식생활

(1) 자연환경오염과 식생활

1972년 로마클럽이 발간한 '성장의 한계'라는 보고서의 결론은 "현재의 인류 문명은 2020년 고비를 맞게 되고, 2040년에는 멸망의 길을 걷는다."이다. 그들은 인류를 위협하는 요인으로 과잉인구, 환경오염, 자원 고갈, 식량 부족을 들었으며, 인류가 지금과 같은 삶의 방식을 고집하는 한 인류 문명은 100년 밖에 존속하지 못한다고 경고했다. 그러나 석유, 천연가스 등 19가지 자원들은 2010년경에는 완전히 고갈될 것이라고 예측했는데도 오히려 과학발전으로 생산량과 매장량이 더 많아졌다. 식량 생산도 2배 이상 늘어나서 우려하던 기아 인구도 당시의 35%에서 16%로 크게 감소하여, 인류가 멸망할 것이라는 예측은 완전히 빗나갔다. 로마클럽 보고서가 간과한 것은 인간에게는 '지혜와 의지'가 있으며, 인간만이 '궁극적 자원'이라는 사실이다. 인간은 '지혜와 의지'로 지금까지 자연환경에 굴하지 않고 개선하였으며, 환경오염을 줄이는 과학기술도 발전시켰고, 식량 생산을 획기적으로 증가시켜왔다. 게다가 지구에는 아직 인간의 거주와 식량 생산에 사용할 수 있는 땅의 여유가 많다.

지구 온도는 태양의 활동(흑점), 해류, 구름 등에 의해 크게 영향을 받으며, 이산화탄소나 메탄가스 등 온실가스의 영향은 극히 미미하다고 밝혀졌다. 즉 탄소 배출을 제로로 하더라도 지구는 지금 간빙기에 있으므로 지구온난화를 막을 수는 없다. 그런데도 온실가스 배출을 감축한다는 미명하에 각국 정부는 유엔기후변화협약에서 정한 '2050년 탄소 중립'이라는 목표 달성을 위해 ESG 등을 도입하여 탄소 배출량을 관리하고 있다. 이로 인해 앞으로 기업은 물론이고 개인의 생활, 특히 식생활에서 육류 섭취에 큰 영향을 미칠 것으로 전망되고 있다.

'메탄가스나 이산화탄소가 지구온난화의 원인'이라고 믿는 사람들은 가축 사육

온실가스

- 이산화탄소(CO_2)
- 메탄(CH_4)
- 아산화질소(N_2O)
- 수소불화탄소(HFCs)
- 과불화탄소(PFCs)
- 육불화황(SF_6)

ESG

- Environment(환경), Social(사회), Governance(지배구조)의 머리글자
- 기업 활동에 친환경, 사회적 책임 경영, 지배구조 개선 등 투명 경영을 고려해야 지속 가능한 발전을 할 수 있다는 철학을 담고 있음
- 그러나 실상은 환경을 위해 탄소중립을 요구하는 등 비과학적이고 실현가능성이 희박한 요소들이 포함되어 있어서, 기업들로부터 세금을 더 걷기 위한 수단이며 기업경영의 발목을 잡는다는 비판이 일고 있음

을 줄이고 대체육이나 곤충 단백질을 소비해야만 지구환경을 살릴 수 있다고 생각할 것이다. 그러나 이것은 과학적 근거가 희박하다. 그러니 거대 글로벌 식품기업들이 특허기술로 만들어 장려하고 있는 이들 대체육(인조고기)과 곤충 단백질에는 어떠한 정보가 들어 있는지를 생각해야 한다. 물론 식생활 분야에서 지구환경을 보존하려는 합리적인 노력은 바람직하며, 자세한 것은 57~59쪽의 '(2) 자원과 환경을 소중히 생각하는 식생활'을 참고하기 바란다.

(2) 환경적 요인으로 인한 물가 상승(에코플레이션)

에코플레이션ecoflation은 폭염·가뭄·한파 등 환경적 요인에 따른 물가 상승을 말하는 것으로, 향후 소비재들의 가격 상승세를 이끌면서 장기적으로 전 세계 경제에 영향을 미칠 것으로 우려된다. 따라서 환경오염을 유발하는 온실가스 배출량을 줄이기 위해 되도록 로컬푸드를 이용하도록 하고, 폭염·가뭄·한파 등에 미리 대비하는 체계적인 노력이 필요하다. 그런데 온실가스라고 불리는 것들에 의한 지구온난화 효과는 극히 미미한 것으로 드러나서, 이들 '온실가스'를 지구온난화의 주범으로 부각시키는 것은 잘못이다.

2) 미래 사회환경과 식생활

과학기술의 발달과 가치관 및 사회환경 변화는 미래의 식생활에 많은 영향을 미칠 것이다.

(1) 과학기술의 발달과 식생활

과학기술의 발달로 식문화는 국가 경계가 모호해져 융합되고, 웰빙이 식생활의 주제로서 현재보다 더욱 확고하게 자리매김하게 될 것이다. 또한 생명공학과 산업발달로 인해 개인 맞춤형 식생활을 추구하고, 식생활의 외부화가 더욱 확산되어 식품산업과 외식·급식 산업이 더욱 발전할 전망이다.

① 사이버밀에 의한 주문식 식생활

사이버밀cybermeal이란 인터넷을 이용하여 가정에서의 식재료 주문 및 배달, 음식점 예약과 주문까지 할 수 있으며, 또한 소비자의 기호와 취향에 맞는 식단, 식재료, 조리법 등을 제공받을 수도 있는 푸드시스템이다. 원하는 서비스와 정보를 제공받을 수 있는 곳을 잘 선택하여 적절히 활용하면 만족도 높고 풍요로운 식생활이 가능할 것이다.

사이버밀에서 제공하는 서비스
- 건강 및 요리 정보
- 음식 사진
- 전문가와의 Q&A
- 관련 사이트의 링크 서비스
- 식재료 주문

② 미래의 식품 전망

과학기술의 힘을 빌어 세계의 식량문제 해결과 현대인들의 요구를 충족시키기 위해 새로운 식량자원과 품종 개발이 더욱 활발해질 것이다. 또한 더욱 새로운 형태의 가공식품들이 나올 것이며, 인간의 건강지향적 욕구로 기능성 식품에 대한 연구와 개발이 지속되어 미래의 식생활은 더욱 다양한 식품을 사용하게 될 전망이다.

그러나 바이오테크놀로지biotechnology에 의해 제조된 식품의 안전성 문제가 끊임없이 제기되고 있으며, 특허를 가진 특정 기업들에 의한 식량 생산 독점도 인류의 식량문제에 심각한 위협이 되고 있다. 이에 관한 가능한 위험성은 다음과 같다.

종속種屬을 뛰어넘은 유전자변형식품GMO의 기본적인 문제

유전자 간의 정보 전달 장해나 발현 단백질의 유해성으로 알레르기 유발성 물질 생성, 새로운 유독성분의 생성, 기존의 유독성분 증가 등이 우려된다. 또한 영양성분이 변화하여 기존의 영양가를 얻지 못할 수도 있다.

유전자변형미생물이나 품종의 환경 생태계에의 영향

새로운 품종의 유전적 안전성 문제와 새로운 미생물에 의한 식품 및 환경오염 문제가 있으며, 반응에 사용한 효소 또는 미생물에 의한 식품오염도 일어날 수 있다. 즉 생물반응기bioreactor 내 효소 또는 미생물 세포가 생물반응기에서 분리하여 식품을 오염시킬 가능성도 있다는 것이 문제이다.

특정 대기업에 의한 식량 생산 독점의 위험

식품 생산에 필요한 바이오테크놀로지 기술 특허와 자본을 가지고 있는 특정 대기업만이 해당 식품 생산과 이익 창출을 독점할 우려가 있어, 소비자로서는 이 점이 매우 우려된다. '지구온난화'는 얼마 전부터 '기후변화'라는 화두로 바뀌었다. 기후변화의 해결책으로 '탄소중립'을 실천해야 하며, 그 방법으로 기업경영에 있어서 비재무적 요소인 ESG47쪽 참고를 도입하고 온실가스를 방출하는 가축 사육을 줄여야 한다고 주장하고 있다. 그리고는 육류 소비를 억제하고 대신에 특허기술로 만드는 대체육이나 곤충 단백질 섭취를 유도하고 있다. 즉 거대 글로벌 식품회사의 식량 생산 독점은 물론이고 수익 창출 독점의 위험까지도 있다.

또한 인위적으로 기후변화를 일으킬 수 있는 HAARP38쪽 참고에 의해 식량위기가 초래될 수도 있다. 따라서 특정 기업들과 거대 투자자들에 의한 식량자원 독점으로 인해 장차 일어날 수도 있는 전 세계적 식량위기는 인류의 건강은 물론이고, 인위적인 인구 감축 등 여러 면에서 위협이 될 가능성이 매우 크다.

③ 개인 맞춤식 식단 개발

미래에는 개인의 DNA 유전자정보 검사 결과를 바탕으로 개인의 체질과 질병에 맞는 맞춤형 식단을 개발하여 제공함으로써 질병 예방과 치료에 도움이 클 것으로 예상된다. 그러나 개인의 DNA 유전자정보는 만일 악용될 경우에는 치명적인 위협이 될 문제점을 가지고 있다.

④ 미래형 주방과 식생활

서스테이너블 키친sustainable kitchen, 유비쿼터스 키친ubiquitous kitchen, 스마트 키친smart kitchen, 히든 키친hidden kitchen 등으로 불리는 미래형 주방은 최근 다양한 이름으로 관련 업체에서 혁신적으로 개발하여 선보이고 있다. 주방 전체 공간 설계나 디자인만이 아니라 주방기기에도 첨단 기능을 장착하여, 주방을 가족의 공간으로 변화시켜 새로운 주거공간으로 거듭나고 있다.

미래형 주방의 5가지 디자인 트렌드는 보이지 않는 기능Invisible Function, 심리스 스위치Seamless Switch, 도모틱스Domotics, 지능형 농기구Inrelligent farming appliance, 이동식 모듈Modular이다. 도모틱스는 주방에 필요한 모든 기능을 유지한 체 공간을 절약해 주는 '홈 오토메이션' 또는 '가정 자동화'를 말하는데, 주방 디자인에서는

'도모틱스'라는 용어를 주로 사용한다. 지능형 농기구는 가정용 수경재배기를 IoT로 연결하여 유기농 식물을 편리하게 재배할 수 있도록 관리해 준다(예 : 키친 나노가든). 이들 5가지 주방 디자인 트렌드의 목적은 주방의 모든 기능을 최대한 숨기려고 하고 주방에서의 활동 시의 효율성을 극대화하려는 것이다.

전체 공간 설계 및 디자인에서의 혁신성

기존의 주방 형태인 '一자형'이나 'L자형' 등 벽에 의존하던 것과는 달리 집 안 어디에나 설치할 수 있고, 앞뒤 구분 없이 어느 쪽에서나 사용할 수 있는 등 더욱 다양한 형태로 변하고 있다. 곡선 디자인이 많고 예술적 장식 효과까지 있어, 사용을 하지 않을 때에는 주방이라는 느낌이 전혀 나지 않는다.

주방가구의 기능성과 재질에서의 혁신성

우선 기능성에서는 조리를 시작하면 사용자에 맞게 높이 조절이 자동으로 되며, 작동 중 신체 일부가 닿았을 때 자동으로 멈추는 인공지능 안전터치 기능도 있고, 후드도 자동으로 내려온다. 또한 친환경 재질을 사용하여 아토피 피부염 등 극도로 환경에 민감한 사람을 위해 세균 번식을 원천적으로 차단하여 청결이 유지된다.

주방기기의 기능성에서의 혁신성

- **미래형 냉장고** : 냉장고 문에 착탈식 무선 디지털 TV를 설치하여 TV·DVD 시청, 음악 청취, 사진 감상, 게임, 인터넷 등을 할 수 있고, 가족의 일정관리, 가족 간 편지기능, 디지털 메모판 등 다양한 홈 매니지먼트home management 기능을 제공한다.

  식품 생산자가 출하 시 생산시점, 유통기한, 보관방법 등 관련 정보를 소형 칩에 저장한 전자태그RFID : Radio Frequency Identification를 부착한 식품을 소비자가 구입하여 냉장고에 넣으면, 내장된 센서가 자동으로 해당 정보를 전송받게 된다. 그리하여 냉장고에 보관한 식품들의 유통기한과 보관 위치, 있는 식재료로 가능한 음식과 조리법, 부족한 재료를 알려준다.

  장을 볼 때 어떤 식품을 사야 하는지 휴대폰으로 전송하는 기능도 탑재되어 있다. 이러한 기능을 위해서는 RFID 인프라 구축 및 표준화 등 혁신적인

공간설계 및 디자인이 돋보이는 미래형 주방

- 클레버 키친Clever Kitchen : 좁은 공간의 효율적 사용과 완벽한 기능을 원하는 싱글 혹은 딩크족을 위한 원통형 미래형 주방이며, 가장 큰 사이즈의 지름이 169cm에 불과해 1평도 차지하지 않는다. 흰 원통형 '기둥'의 문을 양쪽으로 밀어 열면 냉장고, 오븐, 전자레인지, 선반, 서랍, 심지어 쓰레기통까지 갖춘 180도 회전하는 '회전형 원형 주방'이 드러나는데, 문을 닫아놓으면 조형미도 뛰어나다.

- 파드리빙Pod-Living : 한가운데 있지만 평소에는 주방이라고는 짐작도 못하고 그 자체로 훌륭한 인테리어 요소가 되는 모던한 구조물인데, 그것의 사면(四面)의 문을 열면 화장실과 주방, 세탁기, 옷장이 드러난다. 최고 수준의 디자인과 기능을 완벽하게 갖춘 아담한 공간을 원하는 뉴욕의 젊은층을 겨냥하여 디자인된 것이다.

- 쉐르 키친Sheer Kitchen : 은은한 빛의 아름다운 조명 인테리어 기능도 겸한 큰 공 모양의 조각품은 버튼 조작으로 둘로 분리되어, 위의 반구는 조명과 후드가 되고 아래 반구는 싱크대와 조리대, 수납공간, 와인 쿨러cooler까지 갖춘 주방가구로 변신한다. 몸체는 알루미늄보다 가볍고 철에 비해 탄성과 강도가 뛰어난 탄소섬유로 제작되었다. 벽 쪽에 세워 놓는 부분은 냉장고, 오븐, 식기세척기, 선반, 조리기구 수납장 등이며, 사용하지 않을 때는 전면을 TV 스크린으로도 활용할 수 있다.

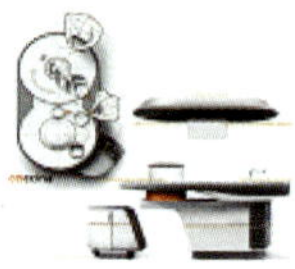

- 코치나Coccina 08 미래형 주방 : 싱크대 및 조리대가 360도 회전 가능하여 조리대와 싱크대 위치를 수시로 바꿀 수 있고 의자에 앉아서 주방 일을 할 수 있는 사람 중심의 디자인이다. 좁은 공간에도 쉽게 설치할 수 있는 크기이며, 멀티미디어 디스플레이 및 주방 기능을 조종할 수 있는 최첨단 시스템 등을 갖추고 있다.

- 유 아일랜드U-island : 'U자형'으로 디자인하여 작업동선을 최대한 줄였다. 모서리를 곡선화하여 활동량이 많은 어린이나 작업하는 주부들이 다칠 위험을 줄였고, 외관상 미래적인 느낌도 준다. 대면형 주방(조리대와 싱크대가 거실을 향한 설계)에 식탁까지 일체화된 디자인이어서 음식 준비를 하면서도 아이들과의 눈 맞춤 가정학습이나 손님과의 대화가 가능하다.

기술이 동원된다.

- 스마트 오븐 : 스마트 오븐은 바코드 인식 기능이 있어 식품의 바코드에 내장된 조리법을 스캔하면 자동으로 조리시간과 온도까지 맞춰주기 때문에 간편하게 조리가 가능하다.
- 인터넷 전자레인지 : 전자레인지가 인터넷으로부터 조리 정보를 제공받아 자동으로 조리하고, 즐겨찾기 기능으로 식품회사 사이트를 찾아 최신 식품 정

보를 얻을 수 있으며, 메뉴별로 조리법을 저장시켜 두고 사용자가 원하는 조리법을 찾아 이용할 수 있도록 고안된 홈네트워킹 전자제품이다.

- 미래형 식기세척기 : 세척에 사용한 물을 저장하였다가 다시 정화한 뒤 화장실 양변기 용도로 재활용할 수 있다.
- e테이블 : 주방에 가족 공용 컴퓨터인 e테이블을 설치하여 식생활만이 아닌 온가족의 생활 중심 공간으로 활용한다.
- 터치식 수도꼭지 : 손만 대면 물이 나온다.

(2) 가치관 및 생활양식의 변화와 식생활

① 전통 식생활 계승의 약화

식문화는 각기 다른 가정의 서로 다른 식생활이 어우러져서 형성되었는데, 앞으로의 가정에서는 가공 시판 양념을 사용하거나 각자 좋아하는 완전조리식품을 개봉하여 먹거나 하여, 세대를 거치면서 전해 오던 그 집만의 손맛이 사라지고 가정 고유의 식문화가 쇠퇴할 것이다. 우리의 전통식품을 동일한 맛을 내는 가공식품으로 식탁 위를 장식하거나 외래 식문화만 선호한다면, 계승할 전통 식생활도 없어져 획일화된 식문화만이 존재하게 될 것이다.

가치관 및 생활양식의 변화
① 전통 계승의 약화
② 자연 친화적
③ 장수·건강 지향적
④ 개성 지향적
⑤ 개인 지향적
⑥ 간편 지향적
⑦ 고급 지향적

② 자연 친화적 식생활

최근 패스트푸드 식품의 발원지인 미국에서는 패스트푸드가 미국의 목장, 농장, 식생활 및 식문화, 건강, 음식산업 분야의 마케팅 전략 등 사회 전반에 걸쳐 악영향을 끼친 주범으로 지목되고 있다. 이로 인해 대량생산, 규격화, 산업화, 기계화한 '패스트푸드'에 대항하여 자연친화적 가치관이 더욱 고조되어, 슬로푸드slow food 운동이나 로컬푸드 운동, 로하스38~39쪽 참고가 전 세계적으로 확산되고 있으며, 향후 더욱 가속화될 전망이다.

③ 장수·건강 지향적 식생활

점점 고령화가 더욱 진행될 것으로 예상되며, 이에 따라 건강을 유지하면서 오래 살아가는 것이 큰 관심사가 되어 식생활에 영향을 미칠 것이다. 고령자의 영양과 생리적 특징에 대한 연구가 활발해져 노인 식단, 특별한 건강식, 건강에 도움이 되는 기능식, 여러 가지 질병에 적합한 병인식이 개발되고, 고령자를 위한 새로운 식품들이 다양하게 출현할 것이다. 또한 앞서 제시한 슬로푸드 운동, 로컬푸드 운동, 로하스적 삶도 모두 결국은 장수·건강 지향적 가치관과도 연관이 있다.

④ 개성 지향적 식생활

대량생산과 모호해진 지역적 특성으로 형성된 획일적인 식문화와 신속함, 편리함 뒤에 자리하는 동일한 식품들에 대한 저항감이 개성 있는 식품들에 대한 추구로 이어져 개성 있는 식품이 더욱 다양해질 것이다.

⑤ 개인 지향적 식생활

가공식품과 외식의 증가로 가정 내 식생활의 기능이 약화되어 부모의 식습관 전승은 점점 어려워지고, 그 대신 각자가 먹고 싶은 것을 원하는 시간에 먹게 되는 식생활의 개인주의화가 예상된다. 따라서 남녀노소를 불문하고 개개인이 균형잡힌 영양 섭취를 위한 기초 영양지식과 합리적인 조리방법을 습득할 수 있도록 교육하고, 1인 단위의 레시피 마련과 외식메뉴의 영양적 개선 등 사회적 시스템을 갖추어 올바른 식생활 영위를 위해 준비하도록 한다.

⑥ 간편 지향적 식생활

식생활의 획일화와 맛의 획일화

앞으로는 바쁜 일상생활로 인한 가공식품이나 인스턴트식품 등의 간편식의 이용, 전 세계의 모든 식재료의 용이한 구입, 가정간편식HMR : Home Meal Replacement의 활성화로 식생활의 지역성과 식문화의 특색이 사라져 식생활의 획일화와 맛의 획일화 추세가 더욱 가속화될 것이다. 현행 일반적인 가정에서의 식사 준비 형태가 소그룹 또는 집단 단위의 공동 식사 준비로 형태가 다소 변형될 것으로 예상된다.

> **가정간편식**
> - 식품의약품안전처 식품공전 기준의 가정간편식 범위는 즉석섭취·편의식품류가 보편적임
> - 이는 다시 신선편의식품, 즉석섭취식품, 즉석조리식품, 간편조리세트(밀키트)로 분류됨
> - 소비자가 별도의 조리과정 없이 그대로 또는 단순조리 과정을 거쳐 섭취할 수 있도록 제조·가공·포장한 것을 말함

주식 대용 식품의 증가

한국인은 주식으로 세 끼 모두 밥을 먹는 것이 전통이었지만, 기호성이나 간편성 때문에 서서히 타 식품으로 대처하는 경향이 많아졌다. 2021 식품소비행태조

사 통계보고서(한국농촌경제연구원)에 의하면 밥을 먹지 않는 이유 또는 횟수가 감소한 이유로는 '빵, 면 등 다른 먹거리가 더 좋아서'(32.6%), '밥상을 차리기 번거로워서'(31.9%), '다이어트를 위해'(29.1%) 순으로 많았다. 주로 먹는 아침식사 종류(1순위)로는 밥(73.1%), 빵/샌드위치(10.7%), 시리얼(2.9%), 죽/누룽지(2.7%), 선식/미숫가루(2.1%) 순이었으며, 경제수준이 높을수록 교육수준이 낮을수록 밥을 먹는 비율이 높았다. 한국농수산식품유통공사에 의하면 2019년 1년간 국민 1인당 라면 소비량이 평균 74개로, 점심이나 저녁 식사로 라면 섭취도 꽤 있는 것으로 보인다.

⑦ 고급 지향적 식생활

간편 지향적인 식생활로 인해 각종 가공식품, 간편식, 반조리식품, 완전조리식품, 외식 메뉴 등이 범람하고 있는 가운데, 부유한 층에서는 식품이나 음식에서도 고급 지향적 추세가 일고 있다. 따라서 기업에서는 최상의 식재료를 사용하여 각종 가공식품, 간편식, 반조리식품, 완전조리식품, 외식 메뉴 등을 고급으로 만들어 고급 지향 소비자를 더욱 공략할 것이다. 또한 자녀수의 감소는 분유나 이유식, 어린이의 먹을거리에 유기농 식품을 사용하는 등 고급화에 큰 영향을 미치고 있다. 최근에는 가정간편식도 고급화되는 경향이 있다.

3) 바람직한 식생활

(1) 건강을 우선시하는 식생활

건강을 유지하고 증진하기 위해서는 적절한 영양 섭취, 적당한 운동, 적절한 휴식, 이 세 가지의 균형을 잘 유지해야 한다. 일반적으로 적절한 영양 섭취는 평균 수명을 증가시키는 것으로 알려졌다. 서양에 비해 우리나라 전통 상차림은 훨씬 균형 잡혀 있으므로 전통 상차림을 적극 활용하도록 한다.

바람직한 식생활
- 건강을 우선시
- 자원과 환경을 소중히
- 조리를 즐기고 가족애 교류
- 전통음식 활용·계승

① 적절한 열량과 균형 잡힌 식사

사람과 동물은 열량 소비량에 알맞은 음식을 섭취하는 자동 조절능력을 태어날

> **수명과 식사량**
> 미국 텍사스 대학의 연구에 의하면 생후 6주경 쥐를 이용하여 포식과 위의 8부 정도를 먹는 것이 수명에 어떻게 영향을 주는가를 비교한 결과, 평생을 8부 정도 먹고 보낸 군과 중년기 이후에 위의 8부 정도 식사를 한 군에서 장수를 하였기 때문에, 장수하려면 어린 시기에는 포식하든 위의 8부 정도를 먹든 무관하나, 중년기 이후에는 위의 8부 정도로 적게 먹는 것이 중요하다는 결론임

때부터 가지고 있는데, 운동 부족이 되면 열량 섭취량이 자동적으로 조절되는 능력이 발휘되지 못하여 비만해진다. 따라서 열량 섭취량을 적절히 조절하면서 살아가기 위해서는, 매일 땀을 흘리는 생활을 하여 '절식(공복)-식사(만복)-절식(공복)'이라는 규칙적인 리듬을 확립하는 것이 좋다.

② 포화지방산보다 불포화지방산 섭취 권장

육류보다는 등푸른 생선이나 식물성기름이 불포화지방산 섭취에 유리하다. 관상동맥질환 발생 위험을 줄여준다고 알려져 세계적으로 각광을 받고 있는 지중해식 식사에서 많이 섭취하는 올리브유에는 동물성기름은 물론 다른 식물성기름보다 불포화지방산이 훨씬 많이 함유되어 있다. 불포화지방산 중에서도 ω-3와 ω-9 계열의 불포화지방산이 심혈관계질환 예방에 좋다. 이와는 반대로 ω-6계열의 불포화지방산은 혈관 수축, 혈전 생성, 염증 생성 등 오히려 심혈관계 질환에 악영향을 미친다. 그러나 카놀라유, 대두유, 옥수수유는 대부분 GMO로 만들기 때문에 오히려 건강에 악영향을 끼칠 우려가 있으니 조심해야 하며, 대두유나 옥수수유에는 ω-6 계열의 불포화지방산이 많이 함유되어 있어, 식물성 기름이라고 해서 무턱대고 동물성 기름보다 더 좋다고 하기가 어렵다.

③ 충분한 채소·과일 섭취

채소와 과일에는 비타민, 무기질, 폴리페놀, 식이섬유가 풍부한데, 식이섬유는 변비 예방, 대장암 예방, 혈중 콜레스테롤이나 혈당 저하 기능이 있으므로 꾸준히 섭취하도록 한다. 채소와 과일에는 항산화비타민 외에도 폴리페놀화합물, 알릴화합물 등 다양한 식물생리활성물질(피토케미컬)이 많이 함유되어 있다.

④ 혈당지수가 낮은 식품 권장

설탕과 정제된 밀가루, 콩가루, 옥수수가루 등 가루로 된 전분 가공식품은 전곡류로 섭취할 때보다 혈당을 급격히 상승시켜 인슐린 저항성을 유발하여, 체지방 합성과 저장률을 높여 비만을 초래하기 쉽다. 따라서 곡류는 되도록 전곡류로 섭취하도록 한다.

⑤ 충분한 칼슘 섭취

우유 및 유제품을 기피하는 우리나라 사람들의 식습관으로 말미암아 영양소 가운데 특히 부족한 것이 칼슘이다그림 3-4 참고. 칼슘 부족이 직접적 원인인 골다공증은 수명이 짧았던 과거에는 문제되지 않았으나, 수명이 연장되면서 건강한 노후를 보내기 위해서는 유의해야 한다. 그러나 최근에는 대량사육 시에 사용하는 항생제나 호르몬 주사 등으로 인한 영향을 우려하는 기능의학 분야 전문가들의 의견이 있다.

⑥ 나트륨 섭취 감량

소금의 구성성분인 나트륨은 식물성식품보다 동물성식품에 더 많이 함유되어 있고, 간장, 된장, 고추장 등 우리나라 기본 조미료의 주성분으로 갖가지 음식에 사용되고 있어 충분섭취량을 3배 가까이 섭취하고 있는 실정이다그림 3-4 참고.

또한 각종 가공식품에 첨가되는 안정제, 방부제, 팽창제, 베이킹파우더, 중조 및 발색제 등은 구성성분이 나트륨이므로, 가공 과정에서 식품의 나트륨 함량이 크게 증가하기때문에 가공식품 대신 자연식품을 권장하는 이유도 된다. 그러나 소금은 우리 몸에 필수적인 물질이므로 무조건적인 저염식보다는 적절한 소금 섭취를 하는 적염식適鹽食을 권장하고 있다.

⑦ 자연식품의 섭취 권장

식생활의 간편화와 식품의 품질 향상을 위해 식품 가공은 필요한 것이지만, 최근 미국이나 유럽에서는 자연식품으로의 회귀현상이 나타나고 있다. 자연의 시간에 맞추어 정성껏 키운 재료들로 시간과 정성을 다해 만든 음식을 즐기며, 삶에 대한 여유를 찾고자 하는 것이 앞서 제시한 슬로푸드 운동이다38쪽 참고.

(2) 자원과 환경을 소중히 하는 식생활

① 친환경농축산물 이용

농약과 화학비료의 사용은 토양과 수질 오염뿐 만아니라 인간의 건강까지도 해친다. 따라서 농약과 화학비료를 일체 사용하지 않거나 적게 사용한 농산물과 유

기능의학

- 전통적인 서양의학의 치료법과 함께 대체의학 혹은 통합 의학에서 제시하는 방법도 고려하여 최상의 치료방법을 도출
- 영양이나 식이요법 그리고 운동을 통하여 건강을 증진시키고 질병의 예방에 중점을 둠
- 최신의 검사방법과 진단기술을 이용하며, 치료방법으로 약물 처방, 생약 이용, 식이요법, 해독 프로그램, 스트레스 조절 방법도 사용

만성질환위험감소섭취량

나트륨 2,300mg/일
(소금으로는 5.75g/일)

저염식은 오히려 위험

- 2011년 미국 의학협회(American Medical Association) 보고에 따르면, 뇌졸중과 심장마비의 확률은 하루 4~6g의 소금을 섭취한 사람들에게서 가장 낮았으며, 4g보다 적거나 6g보다 더 많이 섭취해도 뇌졸중과 심장마비의 확률이 증가하였음. 또한 저염식이 조기 사망률을 낮추고 생존율을 증가시킨다는 어떠한 연관성도 찾지 못했음
- 저염식은 콜레스테롤과 중성지질, 레닌 등의 수치를 높임
- 저염식은 인슐린 저항성을 불러오며, 저염식을 한 당뇨병(제2형) 환자들은 심혈관질환으로 조기 사망할 확률이 높아짐

기축산물, 무항생제축산물 등의 친환경농축산물표 6-3 참고을 이용하여 건강도 지키고 지구의 환경오염도 최소화해야 한다.

② 에코쿠킹 Ecocooking

공업화와 산업화로 자원 사용량이 증가하고, 나아가 대량 생산과 대량 소비생활은 토양·하천·해양·대기 오염과 쓰레기 문제 등을 야기하여 자연환경까지 파괴하고 있다. 식생활에 수반되는 주방 폐수를 보더라도, 무분별하게 버리는 오염물질을 희석하여 물고기가 살 수 있는 물로 만들기 위해서는 막대한 양의 물이 필요하게 된다표 2-4.

표 2-4 실제 폐기량으로부터 구한 주방 폐수의 하천 오염

오염 물질	1일 1인당 실제 버리는 평균 양(mL)	물고기가 살 수 있는 물로 만드는 데 필요한 깨끗한 물의 양(L)	오염 물질	1일 1인당 실제 버리는 평균 양(mL)	물고기가 살 수 있는 물로 만드는 데 필요한 깨끗한 물의 양(L)
우유	1.6	24	튀김기름	0.9	177
된장국	6.9	48	쌀뜨물	135g의 쌀을 씻은 물	400

자료 : 재단법인 雜賀技術研究所(일본) 조사

환경을 소중히 하는 식생활인 에코쿠킹은 식품 선택과 구입, 보관, 조리, 식사, 설거지라고 하는 일련의 식행동에 '필요 이상의 폐기물은 만들지 않는다'라고 하는 너무나 당연한 일인 3R을 실천함으로써 이루어진다그림 2-13.

자원의 효율적 이용을 위한 3R
- Reduce : 폐기하는 양을 최대한 줄임
- Reuse : 한 번 사용한 제품이나 그 일부분을 적정하게 사용
- Recycle : 회수된 것은 재사용

③ 로컬푸드local food **이용**

앞서 제시한 바와 같이37쪽 참조 가능한 한 가까운 곳에서 생산된 농수축산물인 로컬푸드를 소비하는 것이 식품의 안전성도 높고 수송에 따른 환경오염을 경감시키므로 적극 이용하도록 한다.

(3) 조리를 즐기고 가족애를 교류하는 식생활

① 식생활이 가족의 최우선 관심사

가정에서 부모가 식생활에 관심이 많다면 자녀들도 자연스럽게 식생활에 적극적인 관심을 나타내고 정성을 기울이게 될 것이다. 부모가 건강에 도움이 되고 맛이 좋은 음식 등 식생활에 관한 화제를 자주 가족과 함께 공유한다면 자연스럽게 가족의 단란함이 형성될 것이다.

② 주방은 식생활 교육과 가족애 교류의 장

현대는 성별 역할 분담이 사라져 주방은 더 이상 주부만을 위한 독립된 공간이 아니라 가족 모두의 공간이어야 한다. 따라서 주방의 조리대를 가정의 중심 영역에 배치하여 가족 중 누구든지 조리작업을 하기 쉽도록 정리해 둘 필요가 있는데, 이것이 바로 앞으로 지향하는 미래형 주방이다.

자녀들은 식재료 준비로 자연스럽게 다양한 식재료의 특성들을 파악하게 되고, 가족에 대한 사랑과 배려로 먹기 좋고 소화 흡수되기 쉬운 조리방법을 모색하게 되어 '조리는 즐거운 일'이 될 것이다. 또한 식탁은 영양이나 건강, 식품첨가물, 잔류농약, 가족이 창조해 낸 음식의 맛과 모양 등에 대해 이야기하는 장이 되기도 하므로 가정 내 식생활은 식생활 교육과 가족애를 느낄 수 있는 교류의 장이 된다.

(4) 전통음식을 활용하고 계승하는 식생활

지역에 따른 향도음식, 계절에 따른 시절식, 일생을 통한 의례식 등의 전통음식은 간편성과 서구화에 밀려 생략되고 잊혀가는 위기를 맞고 있다. 시대는 변했지만 '오늘은 무슨 날'이니 '무슨 음식을 먹는 날' 등을 기억하여 바쁜 생활 중에도 그날의 전통음식을 즐기는 식생활이 필요하다.

이를 위하여 고유 음식을 간편화하여 활용률을 높이고 계절에 따라 절식을 즐기며 지낼 수 있도록 가정과 사회에서 공동으로 노력하는 한편, 전통음식과 그 정신이 계승되도록 노력해야 한다.

이상과 같이 건강, 자원, 환경, 전통을 생각하는 바람직한 식생활그림 2-13을 위해, 우리나라에서는 한국인을 위한 식생활지침을 마련하였다표 2-5.

표 2-5 한국인을 위한 식생활 지침

구분	한국인을 위한 식생활 지침
식품 및 영양 섭취	1) 매일 신선한 채소, 과일과 함께 곡류, 고기, 생선, 달걀, 콩류, 우유 및 유제품을 균형 있게 먹자.
	2) 덜 짜게, 덜 달게, 덜 기름지게 먹자.
	3) 물을 충분히 마시자.
식생활 습관	4) 과식을 피하고, 활동량을 늘려서 건강체중을 유지하자.
	5) 아침식사를 꼭 하자.
	6) 음식은 위생적으로, 필요한 만큼만 마련하자.
식생활 문화	7) 음식을 먹을 때에는 각자 덜어 먹기를 실천하자.
	8) 술은 절제하자.
	9) 우리 지역 식재료와 환경을 생각하는 식생활을 즐기자.

자료 : 보건복지부, 2021

4) 식생활 교육

여러 선진국에서는 '음식은 곧 문화'라는 인식에서 차세대로 계승하기 위해 초등교육 단계부터 '올바른 식생활관리를 위한 교육'에 적극적인 노력을 기울이고 있다. 우리나라에서도 2009년에 식생활교육지원법이 제정되었고, 한국인을 위한 식생활지침이 국민 공통 식생활지침(2015)을 기본으로 하여 2021년 개정되어, 어린이를 위한 식생활 지침표 4-20 참고도 마련되어 어린이들의 식생활 교육에 활용하도록 하고 있다.

(1) 가정, 학교, 지역사회가 연계한 체계적인 식생활 교육

선진국처럼 우리도 미래 지향적 안목으로 가정과 학교와 지역사회가 연계한 체계적인 식생활 교육에 보다 적극적인 노력을 기울여, 식생활에 관한 올바른 지식

❶ 식단을 계획할 때
- 균형 잡힌 전통식단 활용
- 제철음식 활용
- 절식, 시식, 향토음식 등 활용

❷ 식품을 보관할 때
- 적절한 상온 · 냉장 · 냉동 보관
- 정기적인 냉장고 정리 및 청소
- 적재적소에 보관하여 냉장고 문을 여닫는 횟수를 최소화
- 내용물이 보이는 용기에 보관

❸ 설거지할 때
- 친환경 세제 사용
- 물을 계속 틀어놓고 씻지 말고 물에 담가 불린 후 씻어 절수하기

❹ 조리할 때
- 음식이 남지 않도록 적절한 양만큼만 만들기
- 폐기 부분을 최소화
- 사용하는 물과 열을 최소화(예: 조림이나 삶기는 미리 불을 끄고 신문지나 천으로 싸서 여열 이용)
- 지나치게 짜거나 맵지 않게 조리
- 튀김보다는 찌거나 삶는 조리법 이용
- 음식을 태우지 않고 적절히 가열
- 가족이 함께 즐기며 조리

❺ 식품을 구입할 때
- 장바구니 사용
- 직거래 장터 이용
- 원산지 표시 확인 및 근거리 농산물 구입
- 쓰레기를 최소화하는 장보기
  - 기한 내 사용 가능한 양만 구입
  - 일회용 및 과대 포장된 식품 줄이기
- 다양한 제철식품 구입
- 자연식품이나 가공이 덜 된 식품 구입
- 식품표시를 확인하여 식품첨가물이 적은 것 고르기
- 친환경 농산물 구입

❻ 쓰레기를 버릴 때
- 종이 상자나 종이 팩은 재활용
- 음식쓰레기는 퇴비로 만들어 땅에 되돌려주기
- 물기를 제거하고 버리기

★ 이 밖에도 할 수 있는 것을 생각해 봅시다!

그림 2-13 건강, 자원, 환경, 전통을 생각하는 바람직한 식생활

자료 : 식생활정보서비스센터, 일본

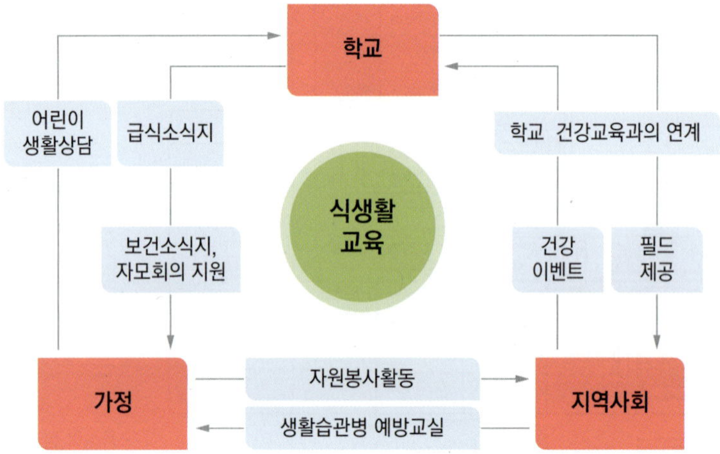

그림 2-14 가정, 학교, 지역사회가 연계한 식생활 교육
자료 : 山本茂·奧田豊子 편저, 2000

함양만이 아니라 실생활에서 실천할 수 있도록 해야 하겠다그림 2-14.

특히 학교에서는 관련 교과목 시간에 농산물의 재배나 이를 수확하여 조리하는 등의 체험학습을 통하여 식생활에 대한 관심을 갖게 하는 것이 중요하다. 또한 급식시간에 바람직한 식습관과 식사예절 등을 교육하고, 선택식단을 활용하여 영양 균형이 잡힌 식사가 되는 음식들을 선택하는 힘도 길러주도록 한다. 나아가 식단에 향토음식이나 시절음식 등의 전통음식과 지역 산물을 적극 도입하여 지역의 풍토나 식생활 문화에 흥미를 갖도록 한다.

이러한 학교에서의 식생활 교육은 급식 소식지나 보건 소식지, 학부모회의 지원을 통해 가정과 연계하는 한편, 학교 건강교육과 연계한 장을 지역사회에 제공함으로써 지역사회와 연계한 체계적인 식생활 교육을 시행한다.

(2) 식생활 교육 담당자에게 요구되는 능력

식생활 교육의 목적은 인간을 대상으로 그 사람이 보다 인간다운 식생활을 영위하고 후세에게 우리의 자랑스러운 식문화를 전할 수 있는 힘을 길러주는 것이다. 이를 위해 식생활 교육 담당자에게는 기초적인 이해력, 폭넓은 지식, 미적 감각과 창조력, 올바른 세계관·인간관·인생관, 인간애 등을 바탕으로 식사를 만들고 교육하는 기술, 식생활에 관한 전문지식, 식생활 향상에 대한 한결같은 마음과 열정, 의식 등 다양한 능력이 요구된다그림 2-15.

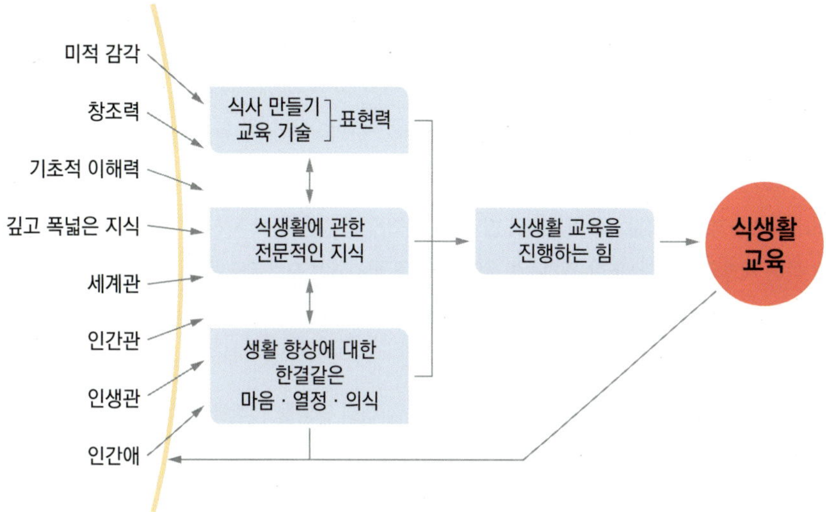

그림 2-15 식생활 교육 담당사에게 요구되는 능력

자료 : 足立己幸 편저, 1998

요점정리

- **인간의 식생활에 영향을 미치는 요인** : 자연적, 사회적, 경제적, 문화적, 생리적, 심리적 요인 등 다양한 요인이 식생활에 영향을 미치므로 식생활 관련 문제는 환경 요인과 관련시켜 포괄적으로 해결해야 한다. 토양과 수질, 대기 오염 등 자연환경 변화만이 아니라 사회 · 경제 발전에 따른 가치관과 가족 형태 및 관계의 다양화 등 사회환경 변화로 인해, 식생활에서도 간편성, 안전성, 건강성, 미식성 등을 지향하고 다양화되어 많은 변화를 초래하고 있다.

- **미래 자연환경과 식생활** : 자연환경오염은 생활환경 악화만이 아니라 물가 상승(에코플레이션) 요인으로도 작용하므로, 로컬푸드나 노지 재배 농산물을 적극 활용하도록 노력해야 한다.

- **미래 사회환경과 식생활** : 과학기술의 발달로 사이버밀과 같은 푸드 시스템, 새로운 식품, 미래형 주방 등이 개발되고 있다. 또한 가치관도 자연 친화를 중시하여 슬로푸드 운동, 로컬푸드 운동, 로하스적 삶이 대두되고 있으며, 장수와 건강, 개성, 개인, 간편, 고급을 지향하고 있다.

- **바람직한 식생활**

  ① 건강을 우선시하는 식생활 : 적절한 열량과 균형 잡힌 영양을 섭취하고 자연식품을 이용하며 밥과 반찬이 고루 갖춰진 한국 전통식단을 활용한다.

  ② 자원과 환경을 소중히 하는 식생활 : 에코쿠킹이 되도록 3R(Reduce, Reuse, Recycle)을 실천하며, 로컬푸드를 적극 이용한다.

  ③ 조리를 즐기고 가족애를 교류하는 식생활 : 주방을 가정의 중심 영역에 두어 조리를 즐기며, 식생활 교육의 장, 가족애를 느끼는 교류의 장으로 활용한다.

  ④ 전통음식을 활용하고 계승하는 식생활 : 전통음식을 간편화하여 활용률을 높이고 계절에 따라 절식을 즐기며 지내는 등 전통음식을 계승하도록 노력한다.

CHAPTER

3

식생활관리의 목표

1. 영양면
2. 기호면
3. 경제면
4. 위생면
5. 능률면
6. 환경 보존면

학습개요

바람직한 식생활관리를 위하여 영양적으로 균형 잡힌 식사, 가족이나 구성원의 기호를 고려한 식사, 가계의 경제적 상태를 고려한 식사, 위생적으로 안전하고 시간과 에너지 사용이 효율적이며 환경 친화적인 식사를 잘 계획하고 실천할 수 있어야 한다.

학습목표

1. 바람직한 식생활을 위한 식생활관리의 목표를 열거할 수 있다.
2. 균형 잡힌 영양을 공급하면서 기호를 만족시킬 수 있는 식생활관리를 할 수 있다.
3. 식품비 예산에 알맞은 식사를 계획할 수 있다.
4. 위생면을 고려하여 식생활을 관리할 수 있다.
5. 능률면과 환경 보존면을 고려하여 식생활을 관리할 수 있다.

1. 영양면

식사의 가장 으뜸되는 목표는 우수한 영양을 공급하여 구성원의 건강을 유지할 수 있게 하는 것으로, 그 외의 가치나 만족은 오히려 부수적이라 할 수 있다. 특히 성장기 아동을 포함한 구성원의 경우, 올바른 성장·발육을 위해서 반드시 우수하면서도 균형 잡힌 영양을 공급해 주어야 한다.

1) 영양소 섭취 현황

(1) 식품 섭취 실태

우리나라 국민이 섭취하는 식품의 총량은 1인 1일 평균 1,472.7g(2020 국민건강통계). 이 중 식물성식품이 1,102.1g(74.8%), 동물성식품 370.6g(25.2%)로 동물성식품의 섭취비율이 1998년부터 현재까지 약 20% 정도를 안정적으로 나타내고 있다.

식품군별 섭취량의 변화 추이를 보면 가장 폭발적인 증가를 보인 것은 음료·주류·양념류 섭취량이다. 이는 1998년도 섭취량과 비교하면 2020년에는 8배가량 증가한 359.3g이다. 곡류 섭취량은 1980년에 약 500g이었으나 지속적인 감소 추세를 보이다가 2000년대 이후 300g을 유지하였으나 계속 감소하여 2020년 현재 1일 300g도 안 되는 269.7g을 나타냈다. 채소류는 큰 변화가 없이 2000년대에 들어와서 2014년까지는 약 300g 정도를 유지하였으나, 2020년에는 247.7g으로 감소를 나타냈다.

동물성식품군에서는 육류와 우유류의 섭취량이 1980년도 이후 현저한 증가 추세를 보이고 있다. 그중 육류는 1980년 섭취량이 20g 미만이었으나, 2020년에 140.3g으로 약 7배 증가하였으며, 우유류도 1980년 20g 미만이었으나 지속적으로 증가하여 2020년 현재 105.8g으로 약 5배 증가하였다. 또한, 어패류는 1990년 이전까지 우리나라 국민의 거의 유일한 단백질 급원이었으나 육류 섭취가 증가하면서 감소하게 되었다. 그러나 2010년도부터 기호성이 좋은 어패류의 수급이 좋

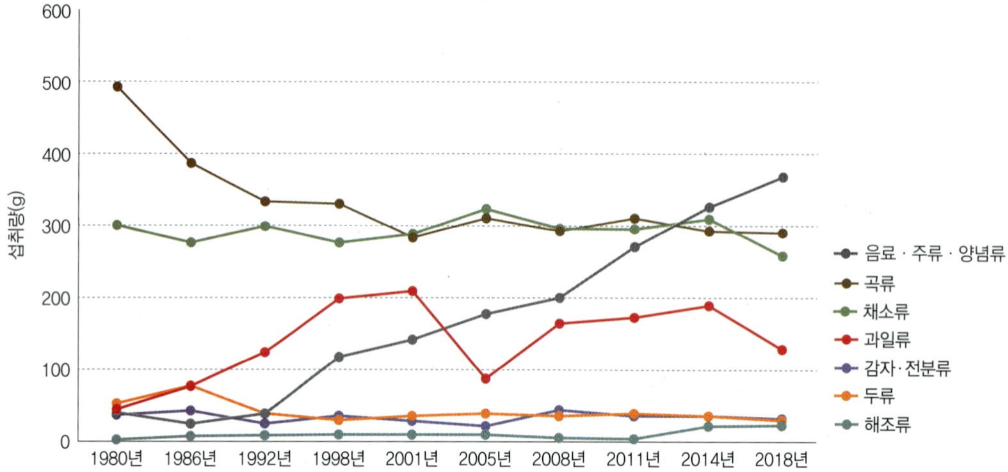

그림 3-1 식물성 식품군별 섭취량의 변화 추이(전국)

자료 : 질병관리청, 2020 국민건강통계, 2022

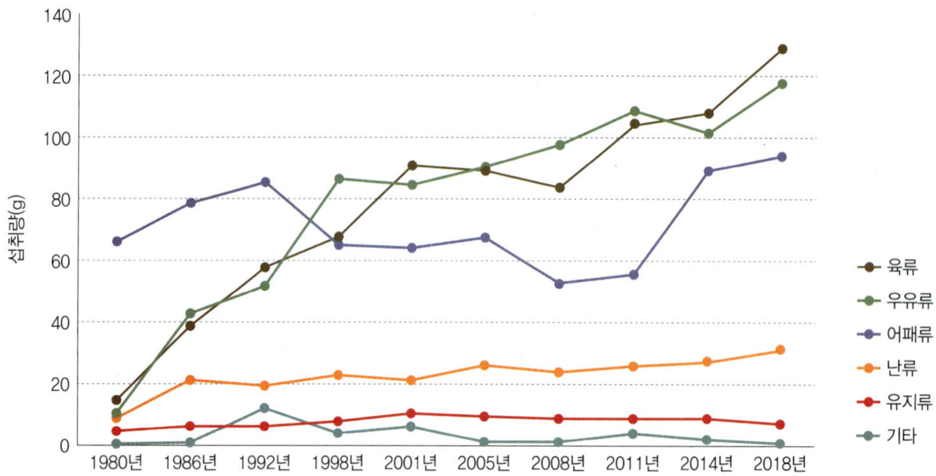

그림 3-2 동물성 식품군별 섭취량의 변화 추이(전국)

자료 : 질병관리청, 2020 국민건강통계, 2022

아지면서 섭취량이 계속 증가하고 있다**그림 3-1, 그림 3-2**. 난류는 1980년 섭취량이 10g 미만이었으나 2020년 33.9g으로 섭취량이 조금씩 증가하고 있다.

(2) 영양소 섭취 실태

섭취 에너지의 3대 영양소 구성비율

2020년 우리나라 국민(만 1세 이상)의 1인 1일 평균 영양소 섭취량은 에너지 1,894.8kcal, 탄수화물 264.9g, 단백질 715.5g, 지방 51.7g을 섭취한 것으로 나타났다. 이는 열량 영양소의 에너지 구성비율이 탄수화물 : 단백질 : 지방이 60.0 : 15.6 : 24.4로 나타났다. 이는 국민건강영양조사 이래, 당질 섭취는 계속 감소하여 2020년 현재 60.0%를 나타냈다. 단백질은 1990년도 후반부터 현재까지 15% 내외를 나타내며 2020년 현재 15.6%이다. 지방은 탄수화물이 계속 감소하고 있는 것과는 반대로 계속 증가하고 있으며, 2011년부터는 20%를 초과하고 있다**그림 3-3**.

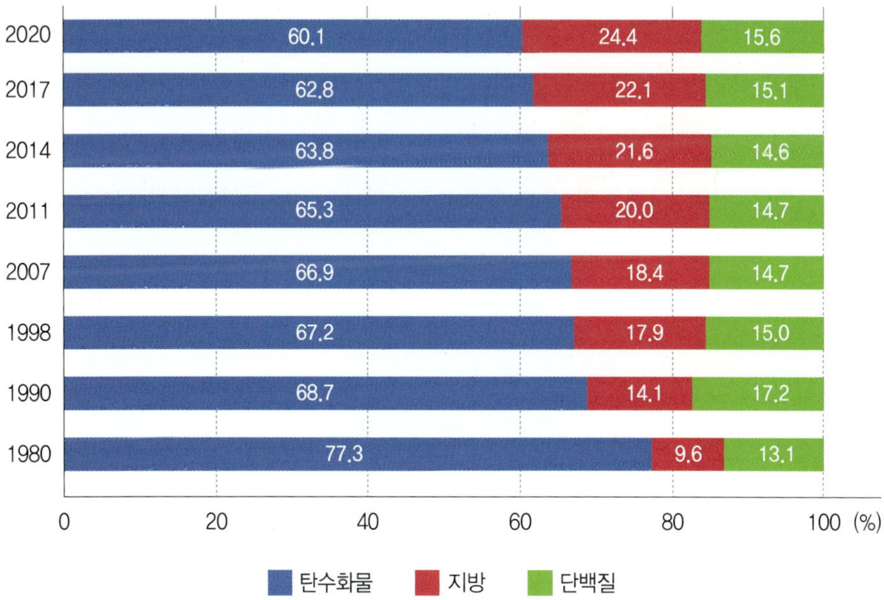

그림 3-3 섭취에너지의 3대 영양소 구성비율

자료 : 질병관리청, 2020 국민건강통계, 2022

영양소 섭취기준에 대한 섭취비율

각각의 영양소 섭취량을 영양소 섭취기준에 대한 섭취비율(2020 국민건강통계)과 비교한 결과, 그 평균치는 대부분 해당 영양소의 섭취기준을 만족하나, 비타민 A(59.1%), 칼슘(64.6%), 비타민 C(70.8%)와 칼륨(76.9%)의 경우 섭취기준에 대한 섭취비율이 낮은 것으로 나타났다. 또한, 1일 에너지섭취량은 2010년부터 2,000kcal 이상을 섭취하여 100% 이상의 평균섭취비율을 나타내었으나 2020년 현재 91.5%로 섭취기준에 약간 부족한 결과를 보였다. 이를 좀 더 상세히 남녀의 평균에너지 비율로 보면 남성의 경우 96%로 충족된 반면, 여성의 에너지가 86.9%로 부족한 것에 기인함을 알 수 있다. 세대별로 보면 남녀 모두 70세 이상 노인층에서 에너지 부족 비율이 가장 높았다. 그리고 근사한 차이로 그 다음 부족한 세대가 남녀 동일하게 19~29세의 젊은 세대였다. 또한, 영양섭취 부족자 비율이 가장 많은 세대는 남성의 경우 10~18세였고, 여성의 경우는 19~29세로 젊은 세대에서 에너지와 영양소 전반의 섭취량 부족을 나타내었다. 철의 경우도 영양섭취량을 만족한 듯 보이나 남성의 경우 121.8%이고, 여성의 경우는 83.6%로 부족한 상황이였다. 반면, 나트륨의 경우 충분섭취량의 166.8%나 섭취하고 있으나, 이는

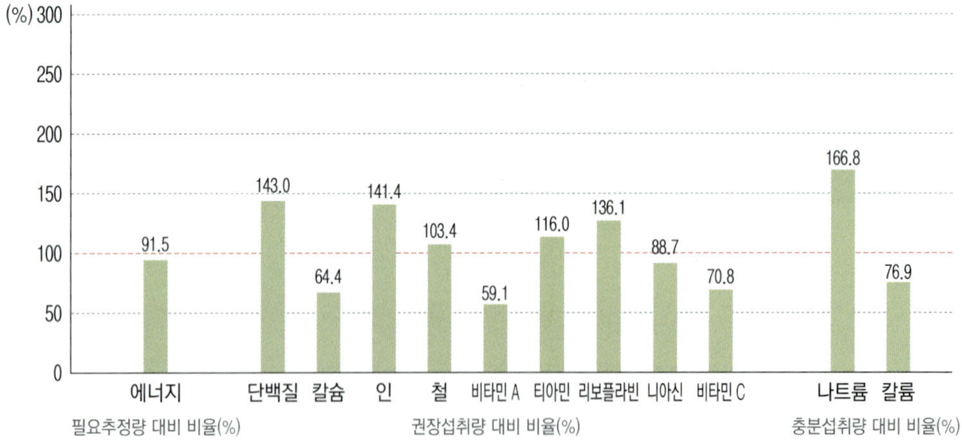

그림 3-4 영양섭취기준에 대한 섭취비율

※ 영양섭취기준 대비 개인별 영양, 만 1세 이상 섭취비율

자료 : 질병관리청, 2020 국민건강통계, 2022

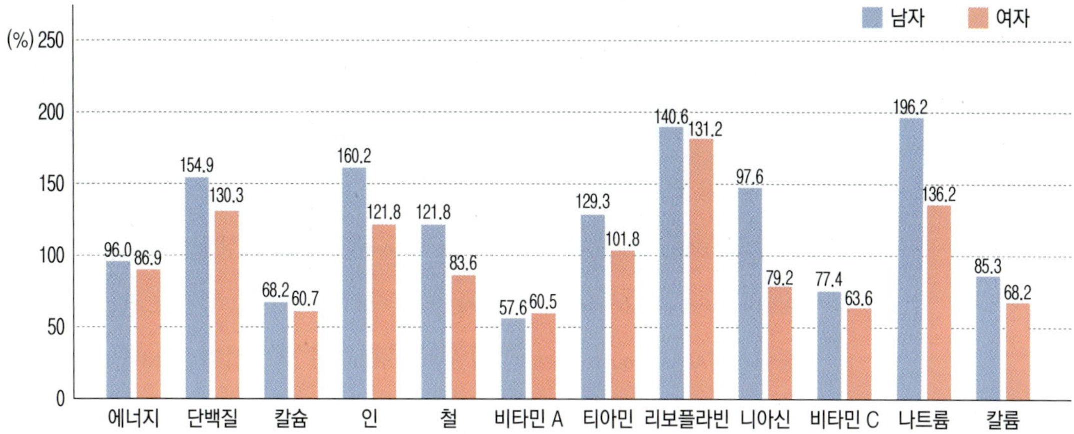

그림 3-5 남녀의 영양소별 평균섭취비율

※ 영양섭취기준 대비 개인별 영양, 만 1세 이상 섭취비율

자료 : 질병관리청, 2020 국민건강통계, 2022

2010년 253.7%에 비교하면 현저히 감소한 양이지만 지속적인 나트륨 저감화가 필요하다그림 3-4, 그림 3-5.

2) 영양관리 목표

균형 있는 영양소 섭취를 위해서는 이상적인 영양소의 적정 섭취기준이 필요하다. 우리나라는 1962년부터 국민 영양 결핍을 예방하기 위한 목적으로 영양소섭취기준인 '영양권장량RDA : Recommended Dietary Allowance'을 제정하여 사용하였다.

영양권장량이란 성별, 연령별로 건강한 인구집단의 97~98%의 영양필요량을 충족시키는 수준으로, 섭취하는 식사의 적절성을 평가하고, 영양정책 수립, 식사계획, 식사의 질 평가, 식사지침 개발, 영양표시의 기준값 등으로 활용되었다. 그러나 최근 다양한 식생활의 변화로 인해 새로운 영양소 섭취기준이 세계적으로 필요해졌다. 이에 따라 우리나라는 2015년에 한국인 영양섭취기준KDRIs : Dietary Reference Intakes for Koreans을 제정하였으며, 2020년에 개정하면서 한국인 영양소 섭취기준으로 이름을 바꾸었다.

영양권장량의 활용

① 섭취하는 식사의 적절한 평가
② 영양정책 수립
③ 식사계획
④ 식사의 질 평가
⑤ 식사지침 개발
⑥ 영양표시의 기준값

(1) 영양소 섭취기준의 구성

한국인 영양소 섭취기준은 각 영양소별 평균필요량, 권장섭취량, 충분섭취량, 상한섭취량으로 구성되어 있으므로 식생활을 보다 정밀하게 평가하고, 식사를 계획하는 데에 활용할 수 있다4장 참조.

① 평균필요량EAR : Estimated Average Requirement : 집단을 대상으로 사용

② 권장섭취량RNI : Recommended Nutrient Intake : 개인의 영양소 섭취량 기준에 사용

③ 충분섭취량AI : Adequate Intake : 평균필요량EAR과 권장섭취량RNI을 설정하기 위한 과학적 근거가 충분하지 않을 때 설정

④ 상한섭취량UL : tolerable Upper intake Level : 과잉섭취의 위험이 있을 때 설정하는 기준값

(2) 영양소 섭취기준의 활용

영양소 섭취기준은 다양한 목적에 적절히 활용할 수 있다. 즉 국가나 지역사회의 인구집단에서 영양섭취의 적절성 평가, 국가나 지역사회의 영양정책 수립, 개인과 단체의 식사계획 및 식사의 질적 평가, 단체 및 개인의 영양교육, 일반인과 특정 질환의 위험을 감소시키기 위한 식사지침 개발, 가공식품의 영양 표시 및 영양소 강화를 위한 기준값 제시 등 다양한 분야에 응용할 수 있다.

영양소 섭취기준을 식사계획에 이용할 때 권장섭취량이 정해지지 않은 영양소의 경우, 충분섭취량을 사용할 수 있으나 상한섭취량을 초과하지는 않아야 한다. 또 영양소 섭취기준은 건강한 일반인을 대상으로 하는 것이므로, 영양불량이나 영양소 소모가 많은 질병을 앓고 있는 경우에는 적용할 수 없다.

2. 기호면

아무리 영양이 풍부한 식사라 하더라도 맛이 없으면 음식을 잘 먹지 않게 된다. 그러나 식품과 음식에 대한 기호는 여러 요인에 의해서 변하므로 영양이 좋

은 식사이면서도 각 개인의 기호에 적합한 식사를 구성하는 것은 쉬운 일이 아니다. 일반적으로 기호도란 인간이 태어난 후에 음식에 대한 경험에 의해서 형성되어 18~20세에는 거의 고정된다고 한다. 그 후는 연령에 따른 생리적인 변동은 있어도 기본적인 경향은 바뀌기가 어렵고, 특히 어릴 때 가정에서 경험한 맛의 인상은 일생을 통해서 유지되기 쉽다. 그러므로 어린이들을 중심으로 특정 식품에 대한 편식이 증가되고 있는데, 이는 균형적인 영양 섭취를 저해할 뿐만 아니라 이들의 일생에 걸쳐 영향을 미칠 수 있으므로, 이 시기에 올바른 식습관을 바탕으로 한 기호도를 형성하도록 하는 것이 중요하고, 모든 생애주기에서 기호도를 향상시키고 식생활관리를 하는 것은 개인은 물론 국가적 차원에서도 절대적으로 필요하다.

기호를 변화시키는 요인
- 성별
- 연령
- 건강상태
- 개인이 처한 환경

1) 한국인의 기호 및 식습관 현황

(1) 한국인의 기호의 변화

식환경의 변화와 외국의 식문화가 유입되면서, 오랫동안 곡류를 중심으로 한 우리의 전통적인 식생활 패턴과 기호는 전반적으로 서구화 또는 세계화되고 있다. 한편 우리의 전통음식이나 조리법은 대외적으로 건강음식으로 알려지면서 국제적인 교류가 활발하게 이루어지고 있다. 이러한 변화로 '퓨전 푸드'라는 용어가 생겨났는데, 이는 동서양의 식재료의 조화, 조리법의 호환 등을 통해 새로운 맛을 창출할 수 있다. 이러한 기호의 추구는 젊은 세대들의 시대적 요구이며, 앞으로 더욱 발전해 나가리라 생각된다.

식습관의 구성요인
- 하루 식사의 횟수
- 식사하는 시간
- 식사 장소
- 식사할 때 사용하는 그릇이나 식탁
- 서빙 방법
- 식사를 같이 하는 사람
- 음식 종류의 선택

(2) 식습관의 특성

식습관은 매일의 식사에서 반복되는 행동으로 어려서부터 몸에 익혀지는 것이므로 변화시키기란 매우 어렵다. 특히 식습관이 고정되는 시기가 학동기와 청소년기이므로, 이 시기에 올바른 식습관이 몸에 배도록 하는 것이 매우 중요하다.

식습관에서 가장 기본이 되는 것은 하루 세 끼 식사를 규칙적으로 하는 것이다. 그러나 최근 이러한 식사 패턴이 바뀌어 하루 두 끼 또는 한 끼의 식사로 변하고 있어 우려되는 바가 크다. 2020년 보건복지부의 국민건강영양조사에 의하면, 전국적으로 아침 결식 비율이 30.9%로, 2011년 아침 결식률이 21.7%에서 2020년 현재까지 계속적으로 아침 결식률이 높아지고 있다. 따라서 지속적으로 아침식사뿐만 아니라 하루 세 끼 식사의 필요성에 대한 인식도를 높이는 것이 필요하다.

또한 아침 결식률은 지역별 차이가 거의 없이 높아졌다. 연령으로 볼 때에는 19~29세에서 58.2%로 가장 높아서 2명 중에 한 명은 아침을 굶고 있다. 다음으로는 12~18세 청소년기에서 46.2%로 높았다. 그리고 5세 이하 영유아의 결식률도 지속적으로 증가하고 있다표 3-1.

표 3-1 아침식사 결식률(지역별, 연령층별, 1세 이상) (단위: %)

구분	끼니 / 연도	아침			
		2011	2014	2018	2020
지역별	전국	20.5	22.5	26.2	30.9
	동	22.0	24.7	29.0	34.6
	읍면	18.8	21.1	27.1	34.8
연령층별	3세 미만	7.4	8.2	5.5	8.4
	3~5세	9.5	9.7	8.1	12.1
	6~11세	9.9	11.5	15.0	17.7
	12~18세	30.3	31.0	37.4	46.2
	19~29세	37.2	41.0	50.1	58.2
	30~49세	24.5	28.1	33.3	39.1
	50~64세	10.8	13.5	16.7	21.8
	65세 이상	4.6	5.4	5.7	7.0

※ 아침식사 결식률 : 조사 1일 전 아침식사를 결식한 분율(만 1세 이상)

※ 2005년 추계인구로 연령 표준화

자료 : 보건복지부, 2020 국민건강통계, 2020

결식하는 이유는 시간이 없어서가 많고, 청소년의 경우는 학습량이 과다한 것이 문제로 나타나고 있다. 그러나 먹을 수 있는 음식을 준비해서, 특히 결식률이 높은 아침식사를 반드시 먹도록 하는 것이 중요하다. 즉 하루에 필요한 음식 섭취량을 세 끼에 고루 분산시키지 않고 한꺼번에 많은 양을 섭취하면, 위장장애가 생기기 쉽고 비만이나 졸음으로 인해 정신집중이 어렵다. 한편 시간이 부족하여 스낵이나 과자류 등과 같이 먹기 쉬운 간식으로 대체하는 경우가 많은데, 이때에는 섭취하는 영양소가 편중되어 영양 불균형을 초래하게 된다. 특히 아침을 결식하면 두뇌활동에 필요한 에너지 공급량의 부족으로 두뇌활동이 활발하지 못하게 된다. 결국 아침 결식은 청소년기에 학습 효과를 떨어뜨리는 원인이 된다. 그러므로 세 끼의 식사를 하는 것이 매우 중요하며, 식사시간의 간격을 일정하고 규칙적으로 하는 것도 매우 중요하다.

경제적으로 여유가 생기면서 외식하는 빈도도 높아지고, 외식의 종류도 다양해지고 있다. 2020년 하루 1회 이상 외식률이 1세 이상 전체에서 24.9%로 높게 나타났다. 외식의 장단점을 고려하여 적절하게 전체적인 식사계획안에 외식을 포함시켜 활용함으로써 좀 더 변화 있고 즐거운 식생활을 영위할 수 있도록 하는 것이 바람직하다.

2) 기호관리 목표

(1) 기호도에 영향을 주는 요인

① **색**Color

식품을 처음 접하고 선택할 때 색은 직관적인 영향을 가장 크게 미친다. 식욕을 자극하는 붉은 색상은 보기만 해도 먹고 싶다는 욕구를 불러일으킨다. 하지만 검은색과 같은 계열의 색은 오히려 보기만 해도 식욕을 떨어뜨린다. 따라서 맛이 같은 식품일지라도 색에 따라 식품이나 음식 선택에 영향을 주게 된다.

기호도에 영향을 주는 요인

- 색
- 향미
- 맛
- 질감

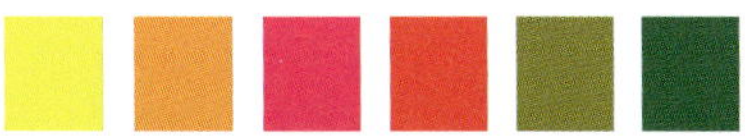

밝고 따뜻한 색 : 맛 있어 보임

대체적으로 밝고 따뜻한 계열인 빨강, 주황, 노랑 등은 부드럽고 달콤한 것을 연상시켜 음식이 보다 맛있어 보이는 느낌을 준다.

탁하고 차가운 색 : 맛 없어 보임

대체로 탁하고 차가운 계열인 파랑, 보라, 검정 등은 쓰고 떫은맛을 연상시켜 음식의 맛을 감소시키는 역할을 한다.

식품 기호를 높이기 위한 고려사항

- 일반 사람들이 좋아하는 음식을 반영함
- 여러 가지 맛에 익숙하게 함
- 식품 재료를 다양하게 함
- 식품과 조리방법을 다양하게 함
- 식품의 종류에 따라 모양, 크기, 양을 변화시킴
- 서로 다른 색깔의 식품을 어울리게 사용함

② 향미Flavour

향미는 생리적 감각을 통하여 코와 입으로부터 느껴지는 복합적 느낌이다. 즉 음식을 먹기 전에 느낄 수 있는 향 또는 냄새, 그리고 음식을 먹을 때 느낄 수 있는 맛과 향 등을 모두 포함한다. 이것은 개인마다 다르고 건강상태와 시간에 따라서도 다르게 나타난다. 냄새는 맛에 비하여 한계값이 약 10,000배나 낮은 농도에서도 인지할 수 있는 반면, 둔화현상은 빠르게 나타나고 회복속도는 상대적으로 늦다. 즉 냄새의 감각기관은 예민한 반면 반복적인 자극에 적응되면 감각능력을 상실하게 되므로, 비슷한 향미의 식품과 양념 등을 한 가지 식사에 반복해서 사용하는 것은 좋지 않다. 특히 재료 자체의 맛을 내야 하는 경우에는 냄새가 강한 향신료의 사용을 제한하여야 한다.

③ 맛Taste

맛 또한 여러 요소가 관련되어 느껴지는 복합적인 감각으로 미뢰에서 맛을 느끼며 단맛, 짠맛, 신맛, 쓴맛, 감칠맛의 5가지 기본맛과 매운맛, 떫은맛과 같은 미각세포 이외에서 수용되는 맛과 그 외에 냄새, 입 속의 촉감도 관계한다.

음식의 온도는 맛과 향에 크게 영향을 주는 조건으로, 사람에 따라 다르지만 일반적으로 신맛은 25°C, 단맛은 35°C, 짠맛은 37°C에서 가장 강하게 느껴진다. 따라서 음식마다 맛이 가장 좋게 느껴지는 온도가 있다. 예를 들면 맥주는 10°C, 포도주는 15°C, 커피나 홍차는 65°C에서 가장 맛이 좋다. 맛에 대한 온도의 영향을 고려하여 뜨거운 음식은 뜨겁게, 찬 음식은 차게 대접하여 음식의 제 맛을 느낄 수 있게 하고, 실제 조리에 맛의 상호작용을 적절하게 응용하도록 한다. 또한 먹을 때 나는 소리도 맛에 영향을 주어 아삭아삭한 채소의 씹는 소리나 찌개 끓는 소리 등은 음식에 대한 기호도를 높인다.

④ 질감Texture

음식의 질감은 주로 입 안에서의 촉감을 말하며, 바삭바삭하고, 아삭아삭하고, 쫄깃하고, 부드럽고, 물컹하고, 질기고, 딱딱하고, 푸석거리고, 끈적거리는 등 음식의 종류나 상태에 따라 여러 가지로 다양하게 표현될 수 있다.

음식은 조리방법에 따라 다양한 질감을 보이며, 기호에 큰 영향을 준다. 기호도가 높은 고유의 질감을 살리려면 조리 시 일어나는 변화를 최소한으로 해야 한다.

질감을 결정하는 요소

1) 식품적 요소
① 기계적 요소
② 물성학적 요소
③ 구조적 요소
2) 인간의 감각적 요소
① 촉각
② 온도감각
③ 통각
④ 근육운동
⑤ 지각
⑥ 청각

(2) 기호관리 목표

위에서 설명한 음식 기호에 영향을 미치는 요인들을 고려하여 영양상으로 양호하면서 개인의 기호를 만족시킬 수 있는 식사구성을 계획하도록 한다.

3. 경제면

영양적으로 균형 잡힌 식단을 작성했을지라도 비용이 많이 든다면 계획한 식단대로 실천하기가 힘들다. 각 가정의 식생활비(식비) 규모는 가족 수와 수입에 따라 달라지므로 식단 작성과 경제적 측면은 밀접한 관계가 있다. 그러므로 각 가정의 경제 상태에 맞춰 식생활비에 대한 적절한 계획을 세워야 균형 잡힌 식단을 작성할 수 있다. 특히 구매력에 제약을 받는 저소득층의 경우 식생활에 대한 과학적인 관리가 이루어지지 않으면 건강상의 문제를 초래할 수 있다.

그러므로 값싸고 구하기 쉬운 식품의 종류를 알아두어 소득에 알맞은 식품을 선택하도록 한다. 또한 물가에 따라 해마다 값싼 식품의 종류에는 차이가 있으므로 물가 변동을 고려해야 한다. 이렇듯 현명한 경제적인 식생활관리를 한다면 경제적 형편에 적합하면서도 각 구성원의 기호와 영양을 충족시킬 수 있는 식생활 계획이 가능할 것이다.

1) 식생활비(식비)의 지출 현황

식생활비는 소득수준과 가족 수에 따라 차이가 나고 식품의 양과 질적인 면에도 영향을 미친다. 계획적이고 영양이 풍부한 식생활을 하기 위해서는 식생활비를 미리 정하고, 그 내용을 충분히 검토한 후 식단을 작성해야 한다. 가족의 수입에 따른 식생활비가 결정되면 주식비, 부식비(간식 및 후식 포함), 외식비로 나누어 계획한다. 주식비는 가족 수에 따라 결정되며, 소득이 많고 적음과는 그다지 상관없으나 부식비는 소득에 많은 영향을 받는다. 즉 소득이 증가할수록 부식비도 증가하며, 특히 값이 비싼 동물성 단백질 식품의 소비가 증가하게 된다. 간식비, 외식비 등도 소득수준과 밀접한 관계가 있다.

엥겔지수(%)
$$= \frac{\text{식비}}{\text{소비지출}} \times 100$$

소비지출 중 식비가 차지하는 비중인 엥겔지수는 소득수준의 향상으로 1980년 42.9%에서 2000년에는 27.4%로 20년간 크게 감소하였고, 그 후 2015년까지 27.0%대를 유지하였으나, 2021년 현재 28.5%로 약간 더 증가한 결과를 나타내었다표 3-2.

식비 중에서 차지하는 주요 식품의 구성비를 비교해 보면, 1980년 이후 곡류의 식비 비율이 계속 감소하고 있고, 육류의 식비 비율은 감소하다가 증가하는 추세이다. 외식의 식비 비율이 1990년도부터 급격히 증가하였으나, 2020년, 2021년에 약간 감소하는 추세이다. 이러한 데이터는 우리의 식생활 패턴이 어떻게 변화했나를 보여주며, 1995년경부터 외식비 지출이 빠른 속도로 급상승하여 2021년 현재 식비 지출의 절반 가까이를 외식비로 소비하고 있다. 주식인 곡류의 구입비율 현재는 식비 전체의 5.3% 정도이고, 육류는 11.7% 이다표 3-2.

표 3-2 월 평균 총 소비지출 중 식비 구성비(2인 이상 가구)

연도	소비지출 (천 원)	식비 (천 원)	엥겔지수 (%)	곡류	육류	외식
				천 원(식비에 대한 비율 %)		
1980	180.5	77.5	42.9	27.3(35.2)	7.8(10.1)	2.9(3.7)
1990	685.7	220.8	32.2	44.9(20.3)	26.2(11.9)	44.8(20.3)
1995	1,265.9	363.1	29.0	46.7(12.9)	42.2(11.6)	115.7(31.9)
2000	1,632.3	447.0	27.4	56.7(12.7)	45.0(10.1)	176.0(39.4)
2005	2,018.2	544.8	27.2	48.3(8.9)	39.7(7.3)	253.9(46.6)
2010	2,386.9	657.7	27.6	41.4(6.3)	58.5(8.9)	316.4(48.1)
2015	2,717.1	725.9	27.0	42.8(5.9)	68.3(9.4)	352.8(48.6)
2020	2,910.3	828.3	28.5	44.9(5.4)	95.8(11.6)	359.5(43.4)
2021	3,018.8	866.2	28.7	45.6(5.3)	101.6(11.7)	378.7(43.7)

자료 : 통계청, 2021

한편 가족 수별 식비 지출을 보면, 가족 수가 증가할수록 식비 지출은 늘어났으나 가족 수가 증가할수록 1인당 식비 지출은 감소했다표 3-3.

표 3-3 월 평균 가족 수별 식비 지출(도시, 1인 이상)

가구원 수별	소비지출 (천 원)	식비 (천 원)	엥겔지수 (%)	식비 중 외식비 (%)	1인당 식비 지출(천 원)
1	1,447.8	737.9	51.0	46.2	737.9
2	2,211.7	431.1	19.5	56.2	215.5
3	3,162.3	680.3	21.5	39.9	226.8
4	3,918.7	915.8	23.4	46.4	228.9
5인 이상	4,306.5	1,062.2	24.7	45.5	212.4
평균	2,554.7	1,149.1	45.0	43.3	324.3

자료 : 통계청, 2021

2) 경제관리 목표

(1) 식품계획

식품계획food plan이란 영양소 섭취기준을 만족시키면서도 각 가정의 소득수준에 따라 합리적인 식품 구입을 계획하는 것을 말한다. 미국의 농무성USDA은 가정의 소득수준에 차이가 있더라도 현명한 식품 선택으로 가족에게 필요한 영양소섭취을 만족시킬 수 있는 식품계획을 마련하여, 국민들이 식생활 계획에 활용하도록 제공하고 있다.

식품계획의 종류

식품계획은 소득수준에 따라 절약계획thrifty plan, 저가격계획low cost plan, 적정가격계획moderate cost plan, 여유가격계획liberal cost plan으로 나누어 계획한다. 절약계획은 저가격계획보다 식품비를 25~33% 낮게 책정하고, 적정가격계획은 저가격계획보다 약 25% 높게, 여유가격계획은 저가격계획보다 약 50% 높게 계획한다.

식품계획 시 식품비 책정(저가격계획 시 100% 기준)
- 절약계획 : 67~75%
- 적정가격계획 : 125%
- 여유가격계획 : 150%

식품계획에 따른 유의사항

절약계획은 영양소 섭취기준을 만족시킬 수 있도록 하고, 여유가격계획은 식품 선택을 다양하고 자유롭게 하여 식사 만족도를 높일 수 있도록 한다. 같은 쇠고기를 선택하더라도 여유가격계획인 경우에는 값비싼 부위와 등급을 사용할 수 있지만, 저가격계획인 경우에는 값싼 부위와 등급을 사용해야 한다.

(2) 경제성을 고려한 식품 선택

가정의 소득수준에 따라 식생활비를 결정하고 주식비, 부식비, 간식비, 외식비 등을 계획한다. 예산 내에서 식품을 구입하려면 대체식품을 적절히 활용할 필요도 있다. 즉 식품에 따라 주된 영양소 함량이 다르고 가격에서도 차이가 많으므로, 주요 영양소별 식품군에서 그 가정의 소득에 적합한 대체식품을 선택하도록 한다. 일반적으로 단백질 식품은 가격이 비싼 편이므로 가정 경제에 맞는 적절한 식품 선택이 필요하다. 예를 들어 같은 단백질 식품군 내에서 달걀은 쇠고기에 비해 단백질 1g당 가격이 훨씬 저렴하므로, 이러한 대체식품을 적극적으로 이용한다 표 3-4. 또한 영양도 풍부하고 저렴한 계절식품을 잘 활용하는 것도 매우 유익한 식품선택이라 할 수 있다.

표 3-4 단백질 대체식품의 가격 비교

품명	1인 1회 분량(g)	단백질 함량(g)	단백질 1g당 가격(원)
달걀 (달걀 30개 가격 6,745원)	50	6.25	36.0
쇠고기(한우 등심) (1kg 1등급 103,450원)	60	12.5	496.6

자료 : 농림축산식품부, 농축산물소비자 가격동향(2022년 7월 하순 기준)

4. 위생면

식품위생관리 시 중요한 요인
- 식품 취급시간
- 식품 취급온도
- 조리인의 위생상태
- 주방기기의 위생상태
- 저장공간의 위생상태

안전한 식사를 제공하기 위해서는 식품을 시장에서 주방까지 운반할 때 혹은 주방에서 식탁에 오르기까지 식품을 위생적으로 취급하고 안전하게 관리해야 할 것이다. 그중 가장 중요한 요인이 식품을 취급하는 시간과 온도 관리이다. 식품은 박테리아가 성장하는 데 필요한 영양소와 수분이 풍부하여 몇 시간만에도 놀랍도록 증식하여 문제를 일으킬 수 있기에 철저한 위생관리가 필수적이다. 이렇듯 식중독을 예방하기 위해서는 식품의 취급 시간 및 온도 관리와 함께 조리인의 위생상태, 주방기기와 저장상태도 안전하게 관리할 수 있어야 한다.

1) 식중독의 발생 현황

식중독이란 음식물을 통해서 병원균이나 유해한 화학물질 등이 인체에 들어와 발생되는 질병 중 하나이다. 특히 식품에 식중독을 일으키는 미생물의 부착·증식이나 독성물질의 혼입 혹은 잔류에 따른 건강상 장해이면서 2차 감염의 우려가 없는 경우를 말한다. 이 점에서 2차 감염의 우려 때문에 법정감염병으로 관리되고 있는 식품매개 감염병과는 구별된다.

식중독의 원인에 따른 분류

세균성 식중독, 자연독 식중독, 화학적 식중독으로 나누는데, 전체 식중독 중 세균성 식중독이 80% 이상을 차지한다.

발생 시기

세균의 증식이 왕성한 4~9월에 80% 정도가 발병한 것으로 나타났다. 그러나 최근에는 난방이 잘 되어 겨울철에도 식중독이 발생하고 있는 추세이므로, 계절에 구분 없이 식중독 예방대책이 더욱 필요한 실정이다.

식중독의 증상

일반적으로 복통, 구역질, 구토, 설사, 발열, 두통, 피로감 등의 증상이 나타난다. 그러나 보툴리누스 식중독의 경우에는 복시, 시력저하, 발성 곤란, 연하 곤란 등 신경마비를 일으키며 치사율이 매우 높다.

식중독의 발생 현황

우리나라의 식중독 발생을 최근 20년간 현황을 살펴보면, 발생건수는 2007년 510건으로 최고 발생건수 이후 2009년 228건, 2013년 235건, 2017년 336건,

노로바이러스
사람에게 장염을 일으키는 바이러스 그룹이다. 증상으로는 메스꺼움, 구토, 설사, 복통, 두통, 오한, 근육통 등이 나타남

2019년 286건, 2020년 164건으로 발생건수가 최근 2년동안 줄어들고 있는 경향이 있다. 환자수는 2006년 10,833명, 2007년 9,686명, 2009년 5,999명, 2013년 4,958명으로 감소하는 경향을 나타내다 2018년 11,504명으로 최근 20년동안 최고의 환자발생수가 나타났으나 2019년 4,075명, 2020년 2,534명으로 최근 2년간은 줄어들고 있는 경향을 나타내고 있다**그림 3-6**.

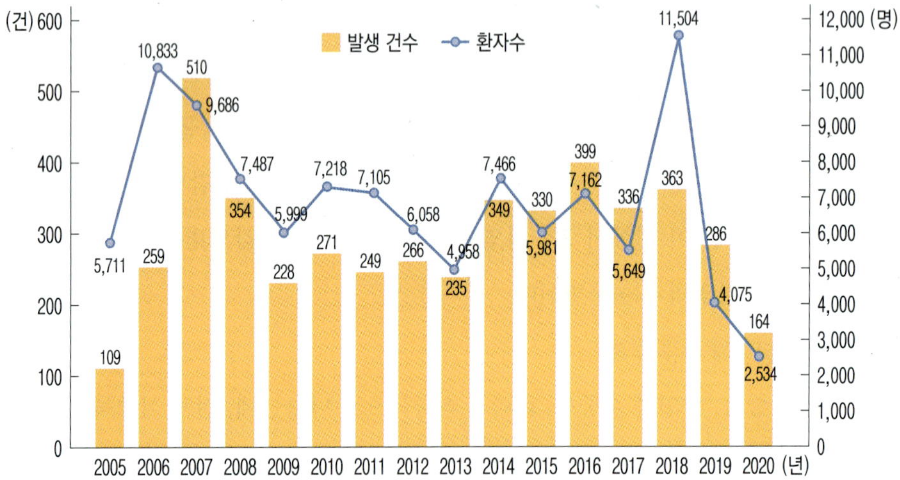

그림 3-6 연도별 식중독 발생 현황

자료 : 식품의약품안전처, 2020

2) 식품 오염

산업의 발전으로 생활은 편리해진 반면, 많은 환경오염이 일어나 그 결과 다음과 같은 경로를 통해서 식품이 오염되어 우리의 건강을 위협하고 있다.

농약에 의한 식품 오염

농약에 오염된 식품을 장기간에 걸쳐 섭취하게 되면 만성중독을 일으킨다. 더 나아가 살포된 농약은 물이나 토양을 오염시켜 전 먹이사슬에 축적되어 결국 우리가 섭취하게 된다.

항생물질에 의한 식품 오염

본래 가축의 질병 치료나 예방을 위해 사용한 항생물질이 우유나 식육 등에 잔류하여 문제가 되고 있다. 항생제 사용으로 생긴 가축의 내성화된 균은 식품을 통하여 사람에게 감염되었을 때 질병 치료를 어렵게 할 수 있다.

3) 위생관리의 목표 – 식중독 예방

식중독은 원인에 따라 미생물에 의한 식중독과 화학물질에 의한 식중독으로 나뉜다. 구체적으로는 미생물에 의한 식중독은 세균성과 바이러스성으로 구분하고, 화학물질에 의한 식중독은 동물, 식물, 곰팡이에 의한 자연독과 식품첨가물, 잔류농약, 유해성 금속 화합물, 납, 비소 등의 화학물질로 구분한다. 이 중 식중독을 일으키는 대표적인 원인이 되는 세균성, 바이러스성 원인균에 의한다.

조리 전후의 식품이나 음식의 부적절한 취급과 보관으로 식중독을 일으키는 세균이 단시간 내에 기하급수적으로 늘게 되면 쉰 맛이 나거나 조직의 변화로 먹을 때 물컹한 느낌을 주는데, 이것은 증식한 세균이 음식을 분해하고 있기 때문이다. 증식속도는 세균마다 다르나 일반적으로 40°C 정도에서 가장 빠르며, 습도가 높을수록 빨리 진행된다. 이에 기상청은 식품의약품안전처와 공동으로 홈페이지 www.weather.go.kr/w/theme/daily-life/health-weather-index.do를 통해 '식중독서비스'를 제공하고 있다.

(1) 식중독지수

식중독 원인균의 최적의 성장 조건(40°C, pH=6.5~7.0, 수분 활성도=1~0.99)에서 식중독을 유발할 수 있는 시간과 특정 온도에서 식중독을 발생시킬 수 있는 시간에 대한 비율을 백분율로 표시한 것을 식중독 지수라고 한다. 지수가 71 이상일 때 '식중독 경고', 86 이상이면 '식중독 위험'을 예보한다. 표 3-5에 단계별 대응요령을 제시했다.

표 3-5 식중독지수 단계별 대응요령

단계	지수범위	대응요령
위험	86 이상	• 식중독 발생 가능성이 매우 높으므로 식중독 예방에 각별한 경계가 요망됨 • 설사, 구토 등 식중독 의심 증상이 있으면 의료기관을 방문하여 의사 지시에 따름 • 식중독 의심 환자는 식품 조리 참여를 즉시 중단하여야 함
경고	71 이상 86 미만	• 식중독 발생 가능성이 높으므로 식중독 예방에 경계가 요망됨 • 조리도구는 세척, 소독 등을 거쳐 세균 오염을 방지하고 유통기한, 보관방법 등을 확인하여 음식물 조리, 보관에 각별히 주의하여야 함
주의	55 이상 71 미만	• 식중독 발생 가능성이 중간 단계이므로 식중독 예방에 주의가 요망됨 • 조리음식은 중심부까지 75℃(어패류 85℃)로 1분 이상 완전히 익히고 외부로 운반할 때에는 가급적 아이스박스 등을 이용하여 10℃ 이하에서 보관 및 운반
관심	55 미만	• 식중독 발생 가능성은 낮으나 식중독 예방에 지속적인 관심이 요망됨 • 화장실 사용 후, 귀가 후, 조리 전에 손 씻기를 생활화

*식중독지수는 상관없이, 겨울에는 집단식중독 발생 가능성이 있으므로 요식업 종사자는 화장실 이용 시 손 씻기 요망

*식중독지수는 기상청, 식약처, 국민건강보험공단, 국립환경과학원이 공동으로 개발한 지수

자료 : 식품의약품안전처, 2021

식중독 위험도란?

식품의약안전처에서 제공하는 식중독 확진 건수와 기상청에서 제공하는 지상기상관측정보, 한국환경공단에서 제공하는 대기오염통계정보, 민간의 소셜미디어 정보의 분석을 통해 지역별 식중독 위험 발생 확률을 예측하여 이를 식중독 발생지수(0~100) 값으로 산출하여, 지역별로 식중독에 대한 발병 가능성 및 유행 정도 등의 예측 정보를 관심, 주의, 경고, 위험 4단계로 알려주는 척도이다.

식중독예측지도(http://poisonmap.mfds.go.kr/#nolink)를 통해 지역별로 위험도를 상세히 알 수있다.

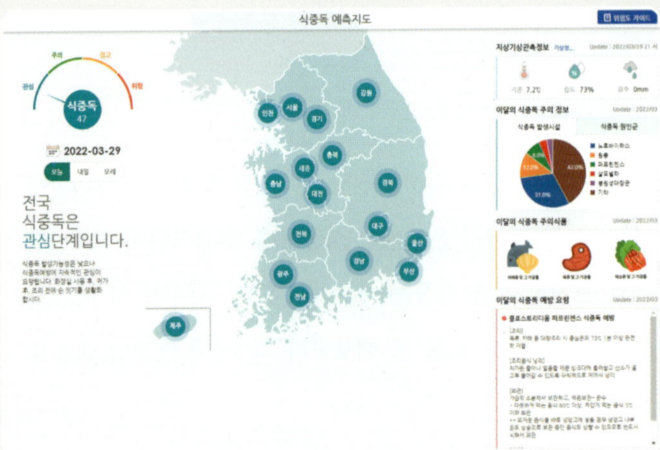

자료 : 식품의약품안전처 홈페이지(http://poisonmap.mfds.go.kr/#nolink)

(2) 식품안전관리인증기준

최근 식품 위생관리를 위해 종합적인 자율규제 방법으로 HACCPHazard Analysis and Critical Control Point 시스템이 이용되고 있다. 우리나라에서는 1962년에 식품위생법이 제정되었으며, 그 후 여러 번의 개정을 거쳐 2022년에 개정한 것을 현재 시행하고 있다.

HACCP은 최종 제품만이 아니라 식품의 생산 유통, 소비의 전 과정을 통하여 지속적으로 관리하여 식품의 안전성, 건전성 및 품질을 확보하기 위한 계획적 관리시스템이다.

HACCP 적용 품목(31개)

1. 어육가공품 중 어묵류
2. 냉동수산식품 중 어류 · 연체류 · 패류 · 갑각류 · 조미가공품
3. 냉동식품 중 기타 빵 또는 떡류 · 면류 · 일반가공식품의 기타가공품
4. 빙과류
5. 집단급식소의 조리식품
6. 도시락류
7. 비가열음료
8. 레토르트식품
9. 김치절임식품 중 김치류 · 절임류 · 젓갈류
10. 특수영양식품 중 영아용(성장기용) 조제식, 영 · 유아용 곡류조제식, 기타 영 · 유아식(주스류)
11. 두부류 또는 묵류
12. 저산성 통 · 병조림 중 굴통조림
13. 건포류
14. 드레싱
15. 빵 또는 떡류 중 빵, 케이크류
16. 생식류
17. 고춧가루
18. 면류 중 국수 · 냉면 · 당면 · 유탕면류
19. 신선편의식품
20. 단순 전처리 식품(자연 상태의 농 · 임산물 또는 박피 등을 거친 농 · 임산물을 세척, 절단 등의 가공 공정을 거쳐 포장한 식품을 말한다)
21. 기타가공품[자연 상태의 농 · 임산물 또는 박피 · 세척 · 절단 등의 가공 공정을 거친 농 · 임산물을 식품첨가물을 사용하여 소독 등의 공정을 거쳐 포장한 식품이거나, 자연상태의 농 · 임산물 또는 박피 · 세척 · 절단 등의 가공 공정을 거친 농 · 임산물을 가열(삶은 공정 포함) · 건조 등의 공정을 거쳐 포장한 나물류 등을 말한다.]
22. 냉장수산물가공품(수산물을 내장 제거, 세척, 절단 등의 가공 공정을 거쳐 냉장한 식품을 말한다.)
23. 기타 식품판매업소 판매식품
24. 식품접객업소(일반음식점 · 휴게음식점 · 제과점)의 조리 · 제조식품
25. 식품소분업소의 소분식품(HACCP 적용 품목을 소분한 경우에 한한다.)
26. 과자류
27. 음료류
28. 다류
29. 주류(탁주)
30. 건강기능식품
31. 집단급식소식품판매업소의 단순전처리식품(자연 상태의 농 · 임산물 또는 박피 등을 거친 농 · 임산물을 세척, 절단 등의 가공 공정을 거쳐 포장한 식품을 말한다.)

안전한 식품 조리를 위한 10대 원칙(WHO, 국제보건기구)

① 안전을 위하여 가공식품을 선택한다 : 신선식품의 섭취가 좋으나, 생 · 과채류는 위해 미생물 등에 의한 오염도 있을 수 있기 때문에 적절한 방법으로 살균되거나 청결히 세척된 제품을 선택한다.

② 적절한 방법으로 가열, 조리한다 : 식중독 등을 유발하는 위해 미생물을 사멸시키기 위해서는 철저히 가열하여야 한다. 고기는 70℃ 이상에서 익혀야 하고 뼈에 붙은 고기도 잘 익도록 해야 하며, 냉동한 고기는 해동한 직후에 조리하여야 한다.

③ 조리한 식품은 신속히 섭취한다 : 조리한 식품을 실온에 방치하면 위해 미생물이 증식할 수 있으므로 조리한 음식은 가능한 한 신속히 섭취한다.

④ 조리식품을 저장, 보관할 때에는 주의를 한다 : 조리식품을 4~5시간 이상 보관할 경우에는 반드시 60℃ 이상이나 10℃ 이하에서 저장하여야 하고, 특히 먹다 남은 유아식은 보관하지 말고 버린다. 조리식품의 내부온도는 냉각속도가 느리기 때문에 위해 미생물이 증식할 수 있으므로 많은 양의 조리식품을 한꺼번에 냉장고에 보관하지 않는다.

⑤ 저장하였던 조리식품을 섭취할 경우 재가열한다 : 냉장보관 중에도 위해 미생물의 증식이 가능하므로 이를 섭취할 경우 70℃ 이상의 온도에서 3분 이상 재가열하여 먹는다.

⑥ 조리한 식품과 조리하지 않은 식품이 서로 접촉되어 오염되지 않도록 한다 : 가열조리한 식품과 날 식품이 접촉하면 조리한 식품이 오염될 수 있으므로 서로 섞이지 않도록 한다.

⑦ 손은 철저히 씻는다 : 손을 통한 위해 미생물의 오염이 빈번하므로 조리 전과 다른 용무를 본 후에는 반드시 손을 씻어야 한다.

⑧ 조리대는 항상 청결을 유지한다 : 부엌의 조리대를 항상 청결하게 유지하여 위해 미생물이 음식에 오염되지 않도록 하여야 하며, 행주 · 도마 등 조리기구는 매일 살균, 소독, 건조한다.

⑨ 쥐 및 곤충 등이 접근하지 못하도록 음식 보관에 유의한다 : 곤충, 쥐, 기타 동물 등을 통해 위해 미생물이 식품에 오염될 수도 있으므로 동물의 접근을 막을 수 있도록 주의하여 보관하여야 한다.

⑩ 깨끗한 물로 조리한다 : 깨끗한 물로 세척하거나 조리하여야 하며 의심이 날 경우 물을 끓여 사용하여야 하고, 유아식을 만들 때에는 특히 주의한다.

5. 능률면

식생활관리 시 식단의 계획, 식품 구입, 식사 준비, 식사 뒤처리에 이르는 전 과정에서 시간과 노력이 소요된다. 또한 소요되는 시간과 노력은 가족의 수, 식사수준, 식품비 예산, 식품 기호, 주방의 설비, 식생활관리의 지식과 기술 등의 요인에 의해 결정된다.

1) 가사노동시간의 현황

주부가 가사노동에 얼마나 많은 시간을 소비했는가는 시대에 따라 다르게 나타난다. 1960년대에는 집에 같이 거주하는 가정부가 있었고, 1970년대에 들어서면서 그들의 도움을 받을 수 없게 되어 주부들의 가사노동시간도 늘게 되었다. 1990년대에는 경제적으로 풍요해져 편이식품 구입과 외식이 늘어나 실제 가사노동시간은 줄었다. 2019년도 한국 여성의 가사노동 평균시간은 1990년대부터 지속적으로 줄고 있다. 이는 편리한 생활환경과 효율적인 가전기구의 활용이 큰 몫을 담당하고 있다. 또한 가사노동을 돕는 성인 남자의 비율과 평균시간도 전체적으로 증가하고 있다(통계청, 2020).

맞벌이 가구의 주부는 가사노동시간이 3시간 7분으로 비맞벌이 가구 5시간 6분보다 1시간 59분을 적게 사용하고 있었다**표 3-6**.

표 3-6 한국 여성의 가사노동시간

가사노동 \ 연도		1999년	2004년	2009년	2019년
맞벌이 가구[1]		3 : 42	3 : 28	3 : 20	3 : 07
비맞벌이 가구[2]		6 : 42	6 : 25	6 : 18	5 : 41
주말	전업주부	-	5 : 50	5 : 40	5 : 06
	취업주부	-	4 : 00	3 : 56	3 : 43

*가사노동시간은 가정관리와 가구원 돌보기 시간을 합하여 산출한 결과임
주말은 토요일과 일요일의 평균값을 산출한 결과임
자료 : 통계청, 2020

전업주부는 평일에 가사노동시간이 많고 주말에 감소하는 반면, 취업주부는 이와 반대로 주말에 가사노동시간(3시간 43분)이 평소보다 늘어남을 알 수 있다.

우리나라에서 주부(전업, 취업 주부 평균)의 가사노동시간 중 식사와 관련된 노동에 평일에는 1시간 41.5분을, 토요일에는 1시간 48분, 일요일에는 1시간 49분을 소비하는 것으로 나타났다(통계청, 2020).

한국, 미국, 독일 여성의 가사별 노동시간을 비교해 보면 독일 여성이 가정관리와 쇼핑 및 서비스에 가장 많은 시간(4시간 8분)을 들이며, 한국은 3시간 13분으로 3시간 17분인 미국 여성보다 약간 덜 소비하였다표 3-7.

표 3-7 각 국가의 가사별 노동시간

가사노동 분류 \ 국가	한국	미국	독일
맞벌이 가구[1]	2 : 50	2 : 20	3 : 12
비맞벌이 가구[2]	0 : 23	0 : 57	0 : 56
합계	3 : 13	3 : 17	4 : 08

자료 : OECD Gender Data Potal, 2020

2) 식생활관리에 사용되는 시간과 노력

다음은 우리가 식생활관리에 시간과 노력을 사용하는 방법을 하나의 예로 나타낸 것이다.

① 식단 작성 : 책이나 잡지, 인터넷 등을 통해 아이디어를 찾는 시간도 포함한다. 장 보기 전부터 시작하여 장을 본 후에도 계속될 수 있으며, 물론 장 보는 중에도 일어날 수 있다.

② 장 보기 계획 : 이것은 어느 곳에서 어떤 품목을 구입할 것인가에 관한 정보, 특별할인, 경품권, 아이디어를 위해 가게 광고를 보고 선택하는 데 소비하는 일체의 시간을 포함한다.

③ 장 보기

④ 식품에 대한 관리와 저장

⑤ 조리 : 조리법을 찾는 데 소비된 시간도 포함한다.

⑥ 상 차리기

⑦ 식사 중 도움주기

⑧ 식사 후 모든 뒤처리

⑨ 부엌 또는 식당의 설비에 대한 전체적 관리

식생활관리에 필요한 활동을 일목요연하게 나타낸 위의 사항 등을 보면서 식생활관리자는 시간 사용을 조절할 수 있다. 이렇게 매일 절약된 몇 분이 모이면 총 여러 시간이 될 것이다.

식생활관리자가 식사를 위한 시간 사용을 제한하는 것은 매우 복잡하고 중요한 문제이다. 그러므로 이 문제에 대한 가장 좋은 접근방법은 얼마나 많은 시간이 사용되고 있으며, 그 시간이 어떻게 사용되는가를 분석해 보는 것이다. 이런 과정을 통해 어떤 부분에 시간과 노력의 과도한 사용이 인식될 때 대안을 찾거나 이를 절약하는 방법을 찾는 것이 가능하게 된다.

조리과정 능률화를 위한 조건
- 단순화
- 표준화
- 전문화
- 자동화
- 기계화

3) 능률적인 관리 목표

식생활관리에서는 앞에서 기술하였듯이 식단 작성, 장 보기 계획, 장 보기, 조리, 상 차리기, 식사 중 도움주기, 식사 후 모든 뒤처리, 주방 또는 식당의 설비에 대한 전체적 관리 등에 가장 많은 시간을 사용하고, 그 시간을 어떻게 사용하느냐에 따라 에너지소모(노력)가 뒤따른다. 따라서 시간을 절약한다는 것은 에너지를 덜 소모한다는 뜻으로, 최소한의 투자로 최대의 효용가치를 얻을 수 있도록 미리 계획을 철저하게 세워서 실행해야 한다.

따라서 식생활관리자는 시간과 노력을 절약하기 위해 지식, 기술, 능력, 돈, 타인의 시간 등 모든 자원을 적절하게 활용해야 하며, 활용하는 방법은 다음과 같다.

(1) 식생활관리자의 인적 자원(지식, 기술, 능력)을 활용하는 방법(비용이 소요되지 않는 방법)

- 가족의 기호도를 파악한 식단 계획
- 식단 계획의 단순화로 조리시간 단축
- 계획된 식단을 토대로 한 계획 구매

주방 환풍기와 국부 조명

정리용 서랍

터치식 수도전(주방 절수페달)

스마트 키친

에어프라이어기

로티 세리

식기 세척기

음식물 쓰레기 처리기

전기 찜기

핸드 블렌더

전자레인지

식품건조기

그림 3-7 능률을 높여주는 기구

자료 : https://www.homify.co.kr; https://1boon.kakao.com/homify/sink-tab-ideas; https://writerofsky.tistory.com/2606; 그 외 인터넷 쇼핑몰

(2) 돈과 타인의 시간 등을 활용하는 방법(비용이 소요되는 방법)

- 반조리식품이나 완전조리식품 구매
- 효율적인 주방시설과 기기 구비 그림 3-7
- 가사도우미 고용

그러나 비용이 소요되는 방법은 경제적으로 제약을 받는 경우가 많으므로 경험

과 노력을 통해 얻을 수 있고, 비용이 소요되지 않는 식생활관리자의 지식, 기술, 능력 등의 인적 자원이야말로 현명한 식생활관리의 중요한 관건이라 할 수 있다.

6. 환경 보존면

산업혁명으로 시작된 과학기술의 발달은 현대사회에 놀라운 물질의 풍요를 안겨 주었다. 그러나 이와 동시에 환경 파괴라는 엄청난 문제도 갖고 있으며, 이러한 환경문제는 인류 존속을 결정하는 중요한 요인이 되고 있다.

환경 보존의 문제는 우리의 식생활 관련 분야에도 밀접하게 연관되어 있다. 우리의 식량자원이 풍부해졌으나, 식품의 생산·유통·소비 영역 전반에 걸쳐서 환경오염과 에너지 고갈 등의 문제와 직결되어 있다. 그러므로 우리의 식생활 전반에도 환경 보존을 고려한 식생활관리가 이루어져야 한다.

친환경적 농축산업

지금까지는 주로 농축산업의 생산에만 초점을 맞추어 농약과 화학비료, 항생제·합성항균제·호르몬제의 사용에 적극적이었으나, 이러한 물질들을 적게 사용하거나 전혀 사용하지 않는 친환경적 생산방식으로 생산한 유기농산물, 유기축산물, 무농약농산물, 무항생제축산물과 같은 친환경농축산물을 소비하도록 한다. 이를 위해 친환경농축산물 인증표시 제도를 좀 더 확대하도록 한다표 6-3 참고.

에너지 및 자원 절약

에너지 자원의 확보는 국가 안보와 직결되는 중요한 문제이며, 특히 에너지 자원이 거의 없는 우리나라의 경우는 더욱 절실한 문제이다. 따라서 근거리 농수산물 소비는 에너지 자원 절약의 가장 효율적인 방안이라 할 수 있으므로 로컬푸드인 지역 농수축산물을 적극적으로 애용한다(지산지소). 이는 또한, 향토음식, 전통음식 소비와 자연적으로 연계되기에 우리의 식문화 발전과 건강에도 매우 유익하다.

지산지소(地産地消)
그 지역에서 생산된 농산물을 그 지역에서 소비한다는 의미

환경 보존을 위한 식생활 교육 활성화

현재 먹을거리에 대한 국민의식을 보면 건강 지향적 그리고 안전성에 대한 요

구가 매우 높다. 그러므로 2009년에 발표한 식생활교육지원법 그리고 일본의 기본식육법 등과 같은 제도를 통하여, 차세대를 위한 체계적인 식생활 교육을 활성화해야 한다. 이것을 통해 자연과 먹을거리의 소중함과 우리의 전통식생활을 통한 전통성 고취 그리고 음식을 나누는 감사의 마음을 갖도록 하여 차세대에게 좋은 식생활환경을 전승할 수 있는 식생활 교육이 요구된다.

요점정리

- 식생활관리의 목적을 달성하기 위한 최우선의 목표는 구성원에게 우수하고 균형 잡힌 식사를 제공하여, 건강을 유지할 수 있게 하는 것이다. 또한 가계의 경제적 상태를 고려하여 식품비 지출을 합리적으로 계획하는 것, 가족의 기호도를 고려한 맛있는 식사, 그리고 위생적이며 안전한 식사를 제공하도록 시간과 에너지를 효율적으로 사용하고 환경 보존을 하는 것이 목표이다.
- 영양이 좋은 식사이면서도 각 개인의 기호에 적합한 식사를 구성하는 것은 용이한 일이 아니다. 기호는 성별, 연령, 건강상태, 개인이 처한 환경에 따라 매우 다양하며 식습관과 함께 변화시키기 어렵다. 따라서 영양적으로 양호한 식사를 할 수 있으면서도 개인의 기호를 만족시킬 수 있는 식생활관리 목표를 달성하는 것이 중요하며, 이는 많은 경험과 기술이 요구된다.
- 각자의 소득수준에 맞추어 식품비 지출을 절약계획, 저가격계획, 적정가격계획, 여유가격계획 등으로 계획할 수 있으며 각 가정의 현실에 맞게 식사를 계획해야 한다.
- 안전한 식사를 제공하기 위해서는 무엇보다도 식품을 위생적으로 취급해야 한다. 미생물에 의한 식중독을 예방하기 위해 식품을 안전하게 관리하는 데 가장 중요한 것은 식품과 관련된 각 단계의 시간과 온도 관리이다. 그리고 식품을 취급하는 사람의 위생상태, 주방기기와 저장공간의 위생상태도 식중독 예방을 위해 중요하다. 또한 최근 문제가 급증하는 식품의 오염상태도 꼭 점검해야 한다.
- 식생활관리의 모든 계획은 식생활관리자가 갖고 있는 시간과 능력 등을 충분히 고려하여 설정해야 한다. 또한 식생활관리에 소요되는 시간과 노력을 절약하기 위해서는 식생활관리계획을 세우고, 계획표에 맞추어 효과적으로 실천하는 것을 생활화해야 한다. 식생활관리에 소요되는 시간과 노력을 절약하기 위해서는 지식, 기술, 경험 등을 적극적으로 활용하고, 여유가 된다면 돈도 활용한다.
- 식생활 전반에서 환경 보존을 적극적으로 고려한 식생활관리가 이루어지도록 한다. 예를 들어, 친환경농산물의 애용, 향토산물을 이용한 에너지 자원 절약을 실천하는 식생활 환경을 조성한다.

CHAPTER 4

식생활의 영양관리

1. 건강한 식생활을 위한 기본지침
2. 한국인 영양소 섭취기준
3. 식사구성안
4. 식생활지침

학습개요

잘못된 식습관과 영양불균형으로 인한 현대인의 영양문제는 건강과 수명을 위협하는 생활습관병의 발생을 증가시키고 있다. 따라서 질환을 예방하고 건강을 유지하기 위하여 다양한 식품을 선택하여 적절한 양을 섭취하고, 균형 잡힌 식생활을 실천하는 것이 무엇보다 필요하다.

학습목표

1. 건강한 식생활을 위한 3가지 기본지침을 설명할 수 있다.
2. 한국인 영양소 섭취기준의 종류나 내용을 설명할 수 있다.
3. 나라별 식사구성안의 특징을 설명할 수 있다.
4. 생애주기에 따른 식사지침을 설명할 수 있다.

1. 건강한 식생활을 위한 기본지침

1) 균형성Balance

균형 잡힌 식사란 섭취하는 식품이나 영양소가 어느 특정한 방향으로 치우치지 않는 것을 의미한다. 영양소 섭취의 부족 또는 과잉 없이 모든 영양소가 골고루 포함된 균형 잡힌 식생활을 위해서는 6가지 식품군을 섭취하여야 한다. 6가지 식품군이란 매일 섭취해야 할 식품들을 주된 영양소 함유량에 따라 조성이 비슷한 식품들을 묶어 곡류, 고기·생선·달걀·콩류, 채소류, 과일류, 우유·유제품류, 유지·당류 등으로 분류한 것이다. 그러나 같은 식품군에 속한 식품들일지라도 각각 그 종류에 따라서 실제 함유된 영양소 함량에는 차이가 있으므로 같은 식품군 내에서도 여러 가지 식품을 매일 골고루 섭취해야 한다.

그림 4-1의 식품구성자전거는 6가지 식품군이 차지하는 중요성과 양을 일반인들이 이해하고 실제 식생활에서 쉽게 사용할 수 있도록 그림으로 표시한 것이다. 식품구성자전거의 앞바퀴는 매일 충분한 양의 물을 섭취해야 하는 것을 표현하고 있

그림 4-1 식품구성자전거

자료 : 보건복지부·한국영양학회, 2021

으며, 자전거에 앉은 사람의 모습은 매일 충분한 양의 신체활동을 해서 적절한 영양소 섭취기준과 함께 건강을 유지하고 비만을 예방할 수 있음을 의미한다. 식품구성자전거의 뒷바퀴를 보면 곡류는 매일 2~4회, 고기·생선·달걀·콩류는 매일 3~4회, 채소류는 매 끼니 2가지 이상, 과일류는 매일 1~2개, 우유·유제품은 매일 1~2잔을 섭취하는 것을 표현하고 있다. 유지·당류는 조리 시 조금씩 사용하는 것을 권장하도록 2020년에 개정하였다. 물론 각 개인의 하루 필요량에 따라 식품의 양과 종류를 조정할 수 있으며, 식사구성안(권장식사패턴)을 이용하면 편리하게 하루에 필요한 식품군의 섭취횟수를 정할 수 있다.

2) 다양성Variety

같은 식품군에 속하는 식품이라 하더라도 식품마다 함유 영양소의 종류와 양이 다르므로 어느 한 가지 식품만으로는 모든 영양소를 골고루 섭취할 수 없다. 예를 들어, 곡류군에 속하는 쌀밥, 보리밥, 식빵에 함유된 단백질, 무기질, 비타민 양이 조금씩 차이가 나므로 고른 영양소 섭취를 위해서는 다양한 식품을 골고루 섭취하여 영양소의 상호 보완효과를 얻어야 한다.

식단의 다양성을 평가하는 방법으로는 식품군 섭취 패턴을 분석하는 방법과 식품 가짓수를 계산하는 방법이 널리 이용된다.

(1) 식품군 섭취 패턴

식품군 섭취 패턴의 분석은 6가지 기초식품군에서 유지 및 당류를 제외한 곡류, 육류(고기·생선·달걀·콩류), 우유 및 유제품, 과일류, 채소류의 5군 중에서, 하루 섭취한 식품의 중량에 따라 0 또는 1로 구분하여 표시하는 방법이다. 고체 형태인 육류, 과일류, 채소류, 곡류 및 전분류는 30g, 고형유제품(치즈) 등은 15g, 액체 형태의 유제품과 과일, 채소는 60g을 기준으로 하여 각 군에서 기준량 이상을 섭취하면 1, 섭취하지 못한 경우는 0으로 표시한다**표 4-1**. 일반적으로 단어의 첫 글자만을 따서 GMFVDgrain, meat, fruit, vegetable, dairy product로 표기하며, 예로 식품군 섭취 패턴이 GMFVD=10110이면 곡류, 과일, 채소군은 기준량 이상 섭취하고, 육류 및 유제품은 기준량 미만으로 섭취하거나, 섭취하지 않은 것을 의미한다.

표 4-1 식품군 섭취 패턴 평가표

식품군		최소 기준량	예(섭취한 양)		점수
곡류		30g	쌀밥	200g	1
육류		30g	쇠고기	10g	0
과일류	고체	30g			
	액체(주스류)	60g	사과주스	100g	1
채소류	고체	30g	시금치	70g	1
	액체(주스류)	60g			
우유 및 유제품류	고체	15g			
	액체(주스류)	60g	우유	10g	0

(2) 섭취한 식품의 가짓수

식사의 질을 평가하기 위하여 섭취한 식품의 가짓수를 점수화하여 평가하는 DVSDietary Variety Score와 식품군 섭취의 균형을 점수화한 다양성 조사표 DDS Dietary Diversity Score가 널리 이용된다표 4-2.

3) 적절성Moderation

적절한 영양상태란 인체에 필요한 모든 영양소를 충분히 섭취하여 원활한 대사가 이루어지며, 비상시를 대비하여 약간의 영양소가 저장되어 있는 상태이다. 영양결핍이나 과잉을 방지하기 위해서는 하루 필요한 모든 영양소를 한국인 영양소 섭취기준에 준하여 적절히 섭취해야 한다.

표 4-2 식품 섭취 다양성 평가표

영양소	식품류	식품	배점		득점					
					아침		점심		저녁	
			균형식	식품	균형식	식품	균형식	식품	균형식	식품
단백질	고기류 생선류	닭고기, 돼지고기, 쇠고기, 토끼고기, 오리고기, 염소고기, 소시지, 햄, 생선, 민물고기, 굴, 조개, 어묵	10	5						
	알류	달걀, 오리알, 메추리알		5						
	콩류	콩, 두부, 비지, 두류, 된장, 청국장		4						
칼슘	우유류	우유, 산양유, 분유, 치즈, 요구르트	10	5						
	뼈째 먹는 생선	멸치, 뱅어포, 잔새우, 미꾸라지, 양미리, 사골		4						
비타민 · 무기질	녹황색 채소류 해조류	시금치, 당근, 깻잎, 고추, 갓, 미나리, 상추, 쑥갓, 무청, 아욱, 근대, 열무, 미역, 김, 다시마, 파래	10	5						
	담색 채소류, 버섯류	무, 배추, 양배추, 오이, 호박, 파, 양파, 우엉, 콩나물, 가지, 고구마줄기, 도라지, 버섯		2						
	과일류	사과, 감, 배, 복숭아, 귤, 포도, 살구, 자두, 참외, 토마토, 수박, 딸기, 대추		4						
당질	쌀	쌀, 찹쌀	10	3						
	잡곡류	보리쌀, 밀가루, 옥수수, 조, 수수, 국수, 빵, 떡, 엿, 라면		3						
	감자류	감자, 고구마, 당면, 토란, 도토리		3						
지방	기름류	참기름, 들기름, 콩기름, 채종유, 옥수수기름, 올리브기름, 쇼트닝, 마요네즈, 마가린, 버터	10	4						
	종실류	참깨, 들깨, 호두, 잣, 땅콩		3						
합계			50	50						
			100							

식단 쓰기 아침 :	점심 :	저녁 :

진단방법

- 식단란에는 아침, 점심, 저녁별로 음식명과 사용한 식품명을 쓴다.
- 득점란에는 식품류별로 사용한 식품이 있을 때 ○표를 한다.
- 배점란의 균형식 점수는 영양소별로 ○표가 있을 때 해당 점수를 득점한다.
- 합계란에는 끼니별로 균형식 점수와 식품 점수를 합하여, 이를 평가기준과 비교하여 끼니별로 평가한다.
- 1일 점수는 3끼니의 점수를 평균한 값이 되고, 이를 평가기준과 비교하여 1일 식단의 식품 섭취 다양성을 평가한다.

평가기준

- 75점 이상은 훌륭합니다.
- 50~74점은 개선할 필요가 있습니다.
- 49점 이하는 많이 개선해야 합니다.

2. 한국인 영양소 섭취기준

1) 한국인 영양소 섭취기준의 제정

건강한 생활을 위해서는 영양소를 균형 있게 적절한 양을 섭취해야 하며, 이를 실천하기 위해서는 각 영양소의 섭취기준이 필요하다. 우리나라에서는 1962년 세계식량농업기구와 세계보건기구 한국위원회에 의하여 처음으로 영양소의 단일값으로 영양권장량이 제정되었으며, 그 후 한국영양학회에서 5년마다 지속적인 개정을 거듭하여 왔다. 2005년 8차 개정에서는 과학적인 사실에 근거하여 만성질환이나 영양소 과다 섭취 예방 등까지도 고려한 새로운 영양소 섭취기준의 개념이 도입되었으며, 2010년에 이에 따른 1차 개정이 이루어졌다. 이후 국민영양관리법 제14조에 의거하여 보건복지부는 우리나라 국가기관으로는 처음으로 '2015 한국인 영양섭취기준'을 제정하였으며, 권장섭취량RNI : Recommended Nutrient Intake 외에도 영양소의 성격에 따라 평균필요량EAR : Estimated Average Requirement, 충분섭취량AI : Adequate Intake, 상한섭취량UL : tolerable Upper intake Level이 추가로 제시되었다. 그 후 2020년 개정작업을 통해 '2020 한국인 영양소 섭취기준KDRIs : Dietary Reference Intakes for Koreans'이 발표되었으며, 만성질환위험감소섭취량CDRR : Chronic Disease Risk Reduction intake과 에너지적정비율AMDR : Acceptable Macronutrient Distribution Range이 추가되었다. 한국인 영양소 섭취기준이란 보통 정도의 노동을 하는 건강한 사람들이 최적의 영양상태를 유지하기 위해 필요한 하루 섭취 영양소의 기준을 제시한 것이다표 4-3.

(1) 평균필요량

평균필요량EAR은 대상 집단을 구성하는 건강한 사람들의 절반에 해당하는 사람들의 일일 필요량을 충족시키는 값으로, 대상 집단의 필요량 분포치 중앙값으로부터 산출한 수치이다. 필요량을 측정하기 위해서는 영양소 섭취상태를 민감하게 반영하는 기능적 지표가 존재해야 하며, 영양상태에 대한 평가기준이 확립되어야 한

표 4-3 한국인 영양소 섭취기준의 종류

종류	특성
평균필요량(EAR) Estimated Average Requirement	• 영양소의 필요량에 대한 과학적 근거가 충분한 경우 설정 가능 • 건강한 사람들의 일일 영양소 필요량의 중앙값으로부터 산출한 수치 • 에너지의 경우, 개인의 에너지 필요량 측정이 제한적이므로 에너지 소비량을 통해 추정하므로 '에너지필요추정량(EER : Estimated Energy Requirements)' 용어 사용
권장섭취량(RNI) Recommended Nutrient Intake	• 영양소의 필요량에 대한 과학적 근거가 충분한 경우 설정 가능 • 인구집단의 약 97~98%에 해당하는 사람들의 영양소 필요량을 충족시키는 섭취 수준
충분섭취량(AI) Adequate Intake	• 대상 인구집단의 건강을 유지하는 데 충분한 양을 설정한 수치 • 영양소의 필요량을 추정하기 위한 과학적 근거가 부족할 경우, 실험연구 또는 관찰연구에서 확인된 건강한 사람들의 영양소 섭취량 중앙값을 기준으로 설정
상한섭취량(UL) Tolerable Upper Intake Level	• 인체에 유해한 영향이 나타나지 않는 최대 영양소 섭취 수준 • 과잉 섭취로 인한 건강문제 예방을 위해 설정하므로 과량 섭취의 유해 영향에 대한 과학적 근거 확보 시 설정 가능
만성질환위험감소섭취량(CDRR) Chronic Disease Risk Reduction intake	• 건강한 인구집단에서 만성질환의 위험을 감소시킬 수 있는 영양소의 최저 수준의 섭취량 • 영양소 섭취와 만성질환 간 인과적 연관성과 만성질환의 위험을 감소시킬 수 있는 구체적 섭취범위를 고려하여 설정
에너지적정비율(AMDR) Acceptable Macronutrient Distribution Range	• 각 영양소를 통해 섭취하는 에너지양이 전체 에너지 섭취량에서 차지하는 비율의 적정범위 제시 • 에너지 공급 영양소(탄수화물, 지질, 단백질)에 대한 에너지 섭취비율과 건강 간 관련성에 대한 과학적 근거에 따라 설정

자료 : 보건복지부 · 한국영양학회, 2021

다. 현재 모든 영양소에 대해 이러한 기준을 충족시키는 지표가 개발되어 있지 않기 때문에 영양상태의 적절성을 판정할 수 있는 일부 영양소의 경우에만 평균필요량이 정해져 있다.

(2) 권장섭취량

권장섭취량RNI은 평균필요량에 표준편차의 2배를 더하여 정한 것이다.

> 권장섭취량RNI = 평균필요량EAR + 표준편차의 2배(2SD)

평균필요량의 표준편차에 대한 충분한 자료가 없는 영양소(티아민, 리보플라빈, 비타민 B_6, 엽산)에 대해서는 변이계수를 10%로 가정하고 권장섭취량을 산출하였다. 그러나 정규분포를 보이지 않는 영양소의 경우에는 통계적인 접근을 달리하여 97~98%에 해당하는 사람의 필요량을 권장섭취량으로 제시하였다.

(3) 충분섭취량

충분섭취량AI은 영양소 필요량에 대한 정확한 자료가 부족하거나 필요량의 중앙값과 표준편차를 구하기 어려워 권장섭취량을 산출할 수 없는 경우에 제시한 값이다. 그러므로 권장섭취량은 평균필요량을 아는 경우에 인구집단의 97~98%에 해당되는 사람들의 필요량을 충족시키는 양이나, 충분섭취량은 어느 정도로 인구집단의 필요량을 충족하는지는 확실치 않다.

(4) 상한섭취량

상한섭취량UL은 인체 건강에 유해영향이 나타나지 않는 최대 영양소 섭취수준이다. 과량 섭취시 건강에 악영향의 위험이 있다는 자료가 있는 경우, 영양소의 과잉 섭취에 의한 위험을 예방하기 위하여 일반적인 집단의 대다수 구성원에게 건강상 유해영향의 위험을 나타내지 않을 섭취 수준을 상한섭취량으로 실정하였다. 상한섭취량은 용량·반응 평가 연구로부터 관찰할 수 있는 유해영향이 나타나지 않는 최대 용량인 최대무해용량NOAEL : No Observed Adverse Effect Level을 도출하거나 이에 대한 자료가 없는 경우에는 관찰할 수 있는 유해영향이 나타나는 최저 용량인 최저유해용량LOAEL : Lowest Observed Adverse Effect Level에 개인의 감수성 차이 등에서 유래되는 불확실성을 고려한 불확실계수UF : Uncertainty Factor를 감안하여 상한섭취량을 책정하였다.

상한섭취량UL = 최대무해용량 또는 최저유해용량/불확실계수

그림 4-2는 이러한 4가지 영양소 섭취기준을 나타낸 것이다. 영양소 섭취기준은 한 영양소에 대하여 2~3가지 수치가 있으며 식생활의 내용을 보다 정밀하게 평가하고 식사에 적용할 수 있도록 제시되었다. 2020 한국인 영양소 섭취기준 제·개

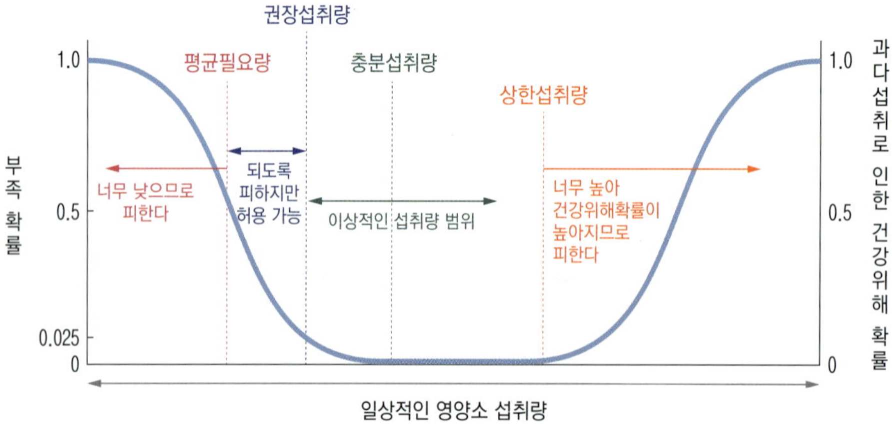

그림 4-2 영양소 섭취기준(Dietary Reference Intakes)
자료 : 보건복지부 · 한국영양학회, 2021

정 대상 영양소는 **표 4-4**에 제시하였다.

(5) 만성질환위험감소섭취량

'2020 한국인 영양소 섭취기준'에서 처음으로 제시한 기준으로 건강한 인구집단에서 만성질환의 위험을 감소시킬 수 있는 영양소의 최저 수준의 섭취량을 의미한다. 제시한 기준보다 높게 섭취할 경우 섭취량을 줄이면 만성질환 위험을 감소시킬 수 있다는 근거를 중심으로 도출된 기준이다.

2) 식사계획을 위한 영양소 섭취기준의 사용

식사계획은 영양이 부족하거나 과잉이 되지 않으면서 적절하게 영양을 공급할 수 있는 식사를 하도록 계획하는 것이며, **표 4-5**와 같이 한국인 영양소 섭취기준을 이용하여 개인을 위한 식사계획과 집단을 위한 식사계획을 세울 수 있다.

개인을 대상으로 식사계획을 하는 경우에는 권장섭취량이나 충분섭취량에 가까운 평상시의 섭취를 하도록 하며, 집단을 대상으로 하는 경우에는 평상시 섭취의 분포가 부족하거나 과잉의 위험이 적도록 하기 위해서 평균필요량이나 상한섭취량을 이용한다.

표 4-4 2020 한국인 영양소 섭취기준 제·개정 대상 영양소

영양소		영양소 섭취기준					
		평균필요량	권장섭취량	충분섭취량	상한섭취량	만성질환 위험감소를 고려한 섭취량	
						에너지적정비율	만성질환위험감소섭취량
에너지	에너지	○[1]					
다량 영양소	탄수화물	○	○			○	
	당류						○[3]
	식이섬유			○			
	단백질	○	○			○	
	아미노산	○	○				
	지방			○		○	
	리놀레산			○			
	알파-리놀렌산			○			
	EPA+DHA			○[2]			
	콜레스테롤						○[3]
	수분			○			
지용성 비타민	비타민 A	○	○		○		
	비타민 D			○	○		
	비타민 E			○	○		
	비타민 K			○			
수용성 비타민	비타민 C	○	○		○		
	티아민	○	○				
	리보플라빈	○	○				
	니아신	○	○		○		
	비타민 B_6	○	○		○		
	엽산	○	○		○		
	비타민 B_{12}	○	○				
	판토텐산			○			
	비오틴			○			
다량 무기질	칼슘	○	○		○		
	인	○	○		○		
	나트륨						○
	염소			○	○		
	칼륨				○		
	마그네슘	○	○		○		
미량 무기질	철	○	○		○		
	아연	○	○		○		
	구리	○	○		○		
	불소			○	○		
	망간			○	○		
	요오드	○	○		○		
	셀레늄	○	○		○		
	몰리브덴	○	○		○		
	크롬			○			

[1]에너지필요추정량 [2]0~5개월과 6~11개월 영아의 경우 DHA 단일성분으로 충분섭취량 설정 [3]권고치

자료 : 보건복지부·한국영양학회, 2020

표 4-5 식사계획을 위한 영양소 섭취기준의 사용

영양섭취 기준치	개인을 대상으로 하는 경우	집단을 대상으로 하는 경우
평균필요량[1]	개인의 영양섭취목표로 사용하지 않음	평소 섭취량이 평균필요량 미만인 사람의 비율을 최소화하는 것을 목표로 함
권장섭취량	평소 섭취량이 평균필요량 이하인 사람은 권장섭취량을 목표로 함	집단의 식사계획 목표로 사용하지 않음
충분섭취량[2]	평소 섭취량을 충분섭취량에 가깝게 하는 것을 목표로 함	집단에서 섭취량의 중앙값이 충분섭취량이 되도록 하는 것을 목표로 함
상한섭취량	평소 섭취량을 상한섭취량 미만으로 함	평소 섭취량이 상한섭취량 이상인 사람의 비율을 최소화하도록 함

[1] 에너지의 경우에는 에너지요구량을 목표로 하며 이는 건강한 성인이 에너지 균형을 위해 섭취해야 하는 양으로, 연령·성별·키·체중·활동 정도에 따라 달라진다. 어린이, 임산부의 경우 건강 유지뿐만 아니라 성장, 유즙 분비에 필요한 양을 포함한다. 체중을 모니터하면서 에너지 섭취량을 조정해야 한다.

[2] 충분섭취량이 건강한 집단의 평균섭취량으로 설정된 것이 아니라면, 식사계획의 목표로 정하는 데 문제가 될 수 있다.

3) 영양소 섭취기준

(1) 에너지

에너지는 인간이 활동할 수 있는 힘을 주는 동시에 체내의 생리작용인 호흡과 혈액 순환을 정상적으로 하여 생명 유지와 모든 내장기관의 정상적인 작용을 가능하게 해준다. 에너지 영양소 섭취기준 설정은 에너지 소비량 산출공식을 사용하였다표 4-6. 에너지적정비율은 표 4-7과 같다.

성인 남녀의 에너지 필요추정량은 남녀 각각 신체활동 계수를 저활동적 수준에 적용하여 1.11과 1.12로 하였다. 임신 여성의 에너지 필요추정량은 임신으로 인한 에너지 소비량 증가와 태아의 성장에 요구되는 에너지 축적량을 고려하였고, 수유부는 수유기간 중 에너지 소비량의 변화, 모유 분비로 인한 에너지 및 모체의 저장 지방조직에서 동원된 에너지를 추정하여 계산하였다. 아동 및 청소년의 에너지 필요추정량은 에너지 소비량에 성장에 따른 추가 필요량을 더하여 산출하였다.

에너지필요추정량(EER) $= \alpha - \beta \times$ 연령(세) $+$ PA $[\gamma \times$ 체중(kg) $+ \delta \times$ 신장(m)$]$

- 성인 남자 : 662 − 9.53 × 연령(세) + PA[15.91×체중(kg) + 539.6×신장(m)]
- 성인 여자 : 354 − 6.91 × 연령(세) + PA[9.36×체중(kg) + 726×신장(m)]

PA : 4단계 신체활동 수준별 계수

- 성인남자
  PA = 1.0(비활동적)
  1.11(저활동적)
  1.25(활동적)
  1.48(매우 활동적)
- 성인여자
  PA = 1.0(비활동적)
  1.12(저활동적)
  1.27(활동적)
  1.45(매우 활동적)

표 4-6 한국인의 1일 에너지 영양소 섭취기준

연령(세)		신장(cm)	체중(kg)	에너지 필요추정량(kcal/일)
영아	0~5(개월)	58.3	5.5	500
	6~11	70.3	8.4	600
유아	1~2(세)	85.8	11.7	900
	3~5	105.4	17.6	1,400
남자	6~8(세)	124.6	25.6	1,700
	9~11	141.7	37.4	2,000
	12~14	161.2	52.7	2,500
	15~18	172.4	64.5	2,700
	19~29	174.6	68.9	2,600
	30~49	173.2	67.8	2,500
	50~64	168.9	64.5	2,200
	65~74	166.2	62.4	2,000
	75 이상	163.1	60.1	1,900
여자	6~8(세)	123.5	25.0	1,500
	9~11	142.1	36.6	1,800
	12~14	156.6	48.7	2,000
	15~18	160.3	53.8	2,000
	19~29	141.4	55.9	2,000
	30~49	159.8	54.7	1,900
	50~64	156.6	52.5	1,700
	65~74	152.9	50.5	1,600
	75 이상	146.7	46.1	1,500
임신부		+0/340/450*		
수유부		+340		

*임신 3분기별 부가량

자료 : 보건복지부·한국영양학회, 2020

표 4-7 에너지적정비율

영양소		1~2세	3~18세	19세 이상	비고
탄수화물		55~65%	55~65%	55~65%	
단백질		7~20%	7~20%	7~20%	
지질	총지방	20~35%	15~30%	15~30%	
	포화지방산[1)]	-	8% 미만	7% 미만	
	트랜스지방산[1)]	-	1% 미만	1% 미만	
	콜레스테롤[1)]	-	-	300mg/일 미만	

*1~2세, 3~18세 섭취기준을 설정할 과학적 근거가 부족함

자료 : 보건복지부 · 한국영양학회, 2020

(2) 단백질

단백질 권장섭취량(0.91g/kg/일)
= 평균필요량(0.73g/kg/일)
×1.25

단백질은 근육, 피부, 뼈, 머리카락 등의 신체조직과 효소, 호르몬과 면역체계 등의 중요한 구성성분이며, 체내 수분 평형 및 체액의 산·염기의 균형을 유지하는 중요한 작용을 한다. 개인의 단백질 필요량은 열량, 신체 크기, 건강상태에 따라 다르다. 정상 성인의 단백질 평균필요량은 이상적인 체중 1kg당 1일 약 0.66g이다.

질소평형을 유지하기 위하여 이용효율 90%를 적용하여 0.73g/kg을 일일 필요량으로 개정하여, 성별과 연령 구간별 평균체중을 곱하여 산출하였다. 영아기 이후 18세까지는 질소평형 유지와 성장에 필요한 단백질량을 고려하여 평균필요량을 산정하였다. 성장에 따라 체중이 지속적으로 증가하기 때문에 권장섭취수준은 청소년기에 최대에 이른다. 단백질의 영양소 섭취기준은 6개월 이상 연령층에서는 평균필요량과 권장섭취량을 설정하였고, 영아 전반기(0~5개월)의 경우 모유영양으로 단백질 결핍 보고가 없어 모유 섭취량과 단백질 함량 농도를 충분섭취량만 설정하였으며 상한섭취량은 설정하지 않았다표 4-8.

표 4-8 연령별 단백질 평균필요량, 권장섭취량 및 충분섭취량

(mg/일)

연령(세)		평균필요량	권장섭취량	충분섭취량
영아	0~5(개월)			10
	6~11	2	15	
유아	1~2(세)	15	20	
	3~5	20	25	
남자	6~8(세)	30	35	
	9~11	40	50	
	12~14	50	60	
	15~18	55	65	
	19~29	50	65	
	30~49	50	65	
	50~64	50	60	
	65~74	50	60	
	75 이상	50	60	
여자	6~8(세)	30	35	
	9~11	40	45	
	12~14	45	55	
	15~18	45	55	
	19~29	45	55	
	30~49	40	50	
	50~64	40	50	
	65~74	40	50	
	75 이상	40	50	
임신 2분기/3분기		+12 +25	+15 +30	
수유부		+20	+25	

자료 : 보건복지부 · 한국영양학회, 2020

(3) 무기질

① 칼슘

인체 내에서 칼슘이 차지하는 비율은 체중의 1.5~2%로 무기질 중 가장 많은 양이며, 칼슘의 약 99% 이상은 골격과 치아에 존재하고, 나머지는 연조직과 혈액에 있다. 칼슘은 주로 인체 내에서 혈액 응고와 근육 수축 작용에 관여한다.

우리나라 칼슘의 영양소 섭취기준은 칼슘평형, 골밀도, 골밀도 위험을 주요 지

칼슘 권장섭취량
- 남자 15~18세 900mg/일
- 여자 15~18세 800mg/일

칼슘과잉증
- 고칼슘혈증
- 신장결석
- 우유-알칼리증후군

표로 사용하였으며, 연령 및 성별에 따라 칼슘 흡수량을 고려하여 평균필요량과 권장섭취량을 산출하였다. 상한섭취량은 우유-알칼리증후군에 대한 용량-반응평가의 결과를 토대로 최저유해용량에 불확실계수를 반영하여 산출하였다. 한국 성인의 칼슘 필요량은 흡수량 30%를 적용하였고, 폐경기 여성과 노인은 칼슘 흡수율 25%를 적용하여 평균필요량과 권장섭취량을 산출하였다. 각 연령과 성별의 칼슘 섭취기준은 2020 한국인 영양소 섭취기준의 체위기준 체중을 반영하여 산출하였으며**표 4-9**, 칼슘 주요 급원식품(1회 분량당 함량)은 **그림 4-3**과 같다.

표 4-9 연령별 칼슘 영양소 섭취기준

(mg/일)

연령(세)		평균필요량	권장섭취량	충분섭취량	상한섭취량
영아	0~5(개월)			250	1,000
	6~11			300	1,500
유아	1~2(세)	400	500		2,500
	3~5	500	600		2,500
남자	6~8(세)	600	700		2,500
	9~11	650	800		3,000
	12~14	800	1,000		3,000
	15~18	750	900		3,000
	19~29	650	800		2,500
	30~49	650	800		2,500
	50~64	600	750		2,000
	65~74	600	700		2,000
	75 이상	600	700		2,000
여자	6~8(세)	600	700		2,500
	9~11	650	800		3,000
	12~14	750	900		3,000
	15~18	700	800		3,000
	19~29	550	700		2,500
	30~49	550	700		2,500
	50~64	600	800		2,000
	65~74	600	800		2,000
	75 이상	600	800		2,000
임신부		+0	+0		2,500
수유부		+0	+0		2,500

자료 : 보건복지부 · 한국영양학회, 2020

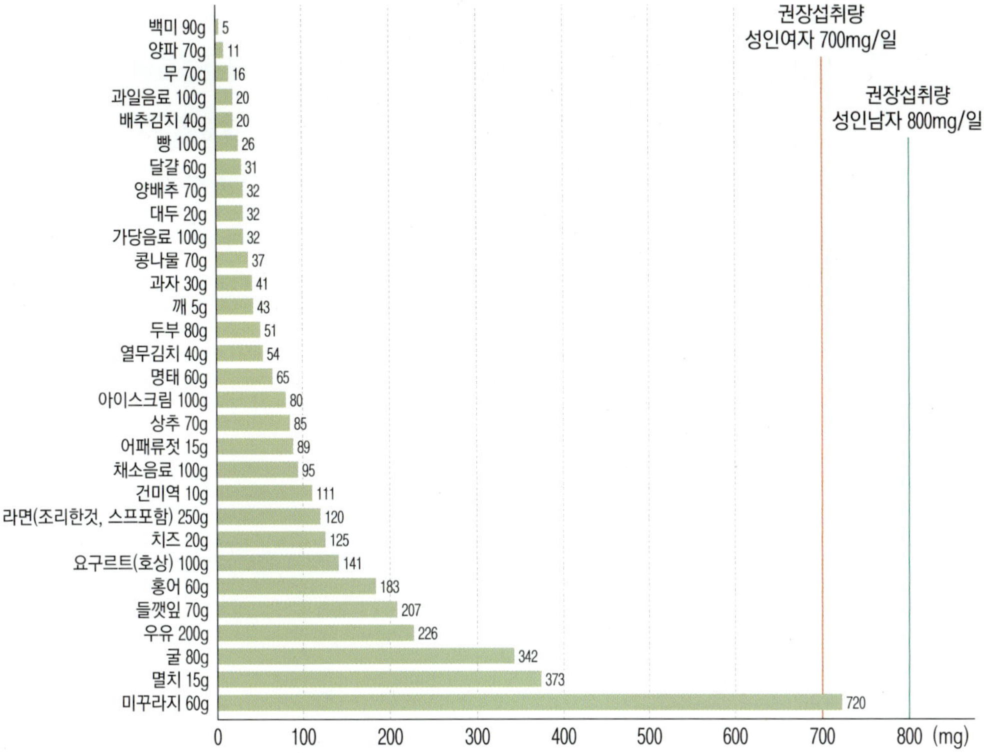

그림 4-3 칼슘 주요 급원식품(1회 분량당 함량)*

*2017년 국민건강영양조사의 식품별 섭취량과 식품별 칼슘 함량(국가표준식품성분표 DB 9.1) 자료를 활용하여 칼슘 주요 급원식품 상위 30위 산출 후 1회 분량(2015 한국인 영양소 섭취기준)을 적용하여 1회 분량당 함량 산출, 19~29세 성인 권장섭취량 기준(2020 한국인 영양소 섭취기준)과 비교

자료 : 보건복지부 · 한국영양학회, 2021

철 권장섭취량
- 남자
  15~18세 : 14mg/일
  19~29세 : 10mg/일
- 여자
  15~18세 : 14mg/일
  19~29세 : 14mg/일

철 과잉증
- 혈색소증hemochromatosis
- 간기능장애
- 아연, 구리 흡수 방해

② 철

성인 철 보유량은 3~4g이며, 약 67% 정도가 적혈구의 헤모글로빈 내에 존재한다. 철 평균필요량은 성인 남성의 경우 평균 생리적 철 손실량을, 성인 여성의 경우 월경에 의한 부가적인 철 손실량을 추가로 고려하고, 평균 철 흡수율 12%를 감안하여 책정되었으며, 권장섭취량은 15%의 변이계수를 사용하여 평균필요량의 130%로 설정하였다. 특히 임신부는 태아와 관련하여 체내에 보유된 철, 헤모글로빈량 증가에 필요한 철을 고려하고 흡수율 14%를 적용하여 평균필요량을 구하였으며**표 4-10**, 철 주요 급원식품(1회 분량당 함량)은 **그림 4-4**와 같다.

표 4-10 연령별 철 영양소 섭취기준

(mg/일)

연령(세)		평균필요량	권장섭취량	충분섭취량	상한섭취량
영아	0~5(개월)			0.3	40
	6~11	4	6		40
유아	1~2(세)	4.5	6		40
	3~5	5	7		40
남자	6~8(세)	7	9		40
	9~11	8	11		40
	12~14	11	14		40
	15~18	11	14		45
	19~29	8	10		45
	30~49	8	10		45
	50~64	8	10		45
	65~74	7	9		45
	75 이상	7	9		45
여자	6~8(세)	7	9		40
	9~11	8	10		40
	12~14	12	16		40
	15~18	11	14		45
	19~29	11	14		45
	30~49	11	14		45
	50~64	6	8		45
	65~74	6	8		45
	75 이상	5	7		45
임신부		+8	+10		45
수유부		+0	+0		45

자료 : 보건복지부·한국영양학회, 2020

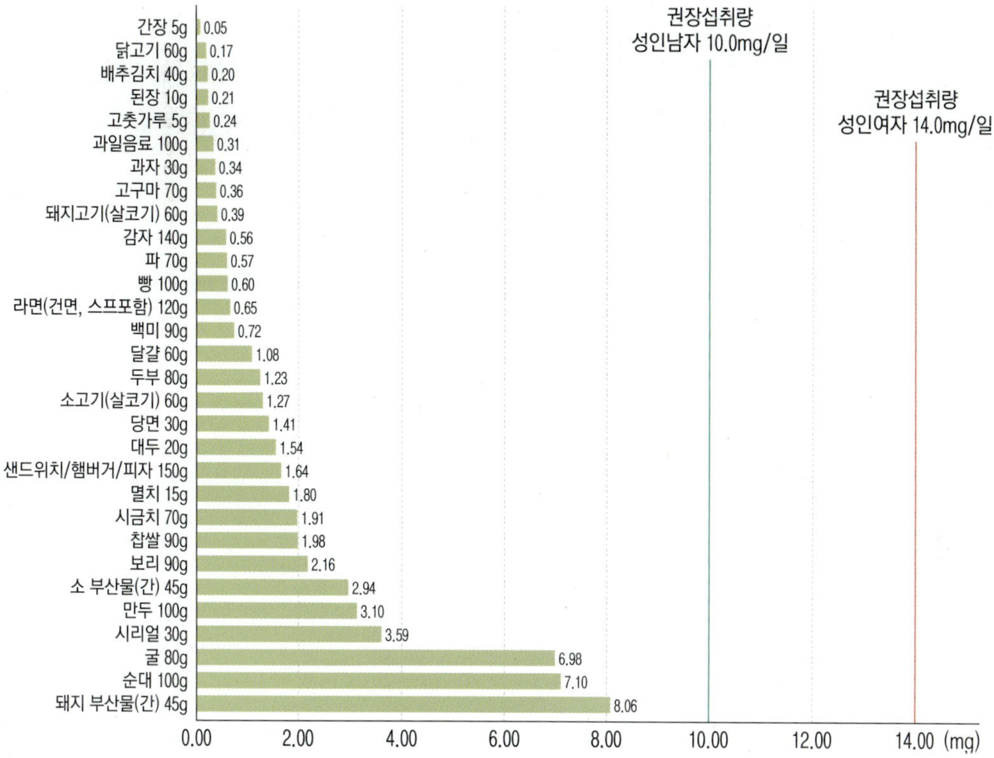

그림 4-4 철 주요 급원식품(1회 분량당 함량)*

*2017년 국민건강영양조사의 식품별 섭취량과 식품별 철 함량(국가표준식품성분표 DB 9.1) 자료를 활용하여 철 주요 급원식품 상위 30위 산출 후 1회 분량(2015 한국인 영양소 1섭취기준)을 적용하여 1회 분량당 함량 산출, 19~29세 성인 권장섭취량 기준(2020 한국인 영양소 섭취기준)과 비교

자료 : 보건복지부 · 한국영양학회, 2021

③ 아연

성인의 체내 아연의 양은 1.5~2.5g 정도로 인체 내에서 여러 효소의 구성성분으로 존재하며, 단백질 합성과 면역 작용에 관여한다. 성인의 경우 1일 아연 평균필요량은 손실량을 구한 후 우리나라 식사의 아연 흡수이용률인 40%를 적용하여 책정하였고, 권장섭취량은 10%의 변이계수를 사용하여 평균필요량의 120%로 설정하였다. 임신기의 아연의 평균필요섭취량은 임신기 동안 모체와 태아의 평균 아연 축적 속도를 계산하고 아연 평균 흡수율 40%를 적용하여 책정하였다. 유아와

아연 권장섭취량

- 남자
  15~18세 : 10mg/일
  19~29세 : 10mg/일
- 여자
  15~18세 : 9mg/일
  19~29세 : 8mg/일

아연 과잉증

구리대사 방해로 인한 결핍성 빈혈

아동 및 청소년의 경우, 아연의 기본 손실량에 대한 자료가 부족하므로 성인자료에 아동의 체중을 적용하고, 또한 성장에 요구되는 양을 추가하여 평균필요량을 계산하였으며표 4-11, 아연 주요 급원식품(1회 분량당 함량)은 그림 4-5와 같다.

표 4-11 연령별 아연 영양소 섭취기준

(mg/일)

연령(세)		평균필요량	권장섭취량	충분섭취량	상한섭취량
영아	0~5(개월)			2	
	6~11	2	3		
유아	1~2(세)	2	3		6
	3~5	3	4		9
남자	6~8(세)	5	5		13
	9~11	7	8		19
	12~14	7	8		27
	15~18	8	10		33
	19~29	9	10		35
	30~49	8	10		35
	50~64	8	10		35
	65~74	8	9		35
	75 이상	7	9		35
여자	6~8(세)	4	5		13
	9~11	7	8		19
	12~14	6	8		27
	15~18	7	9		33
	19~29	7	8		35
	30~49	7	8		35
	50~64	6	8		35
	65~74	6	7		35
	75 이상	6	7		35
임신부		+2.0	+2.5		35
수유부		+4.0	+5.0		35

자료 : 보건복지부 · 한국영양학회, 2020

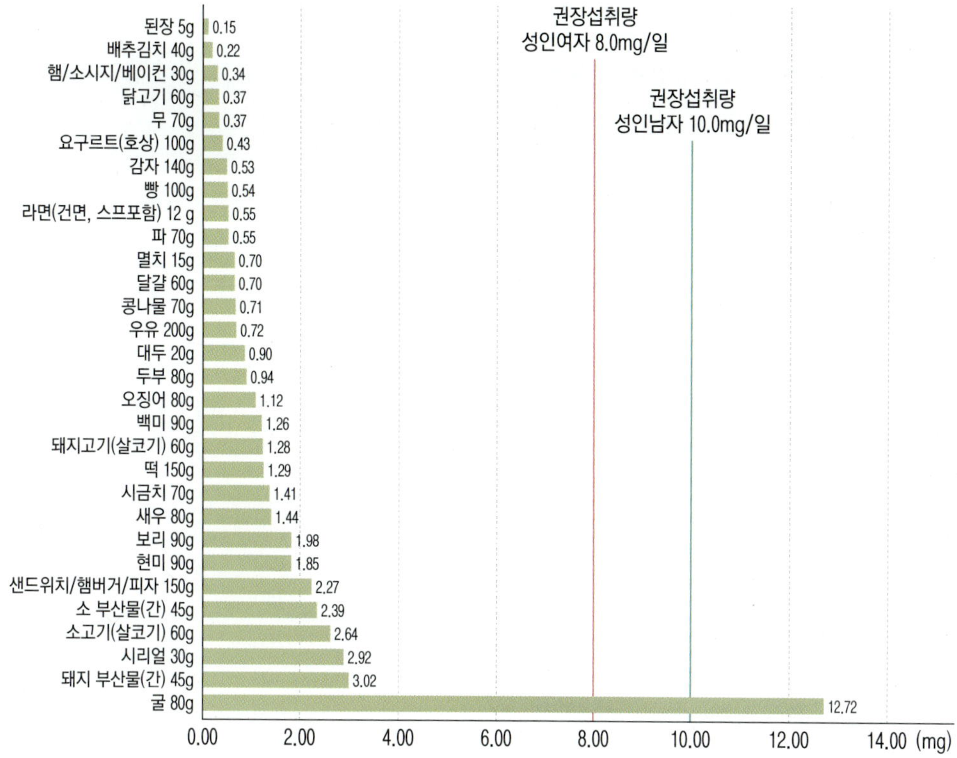

그림 4-5 아연 주요 급원식품(1회 분량당 함량)*

*2017년 국민건강영양조사의 식품별 섭취량과 식품별 아연 함량(국가표준식품성분표 DB 9.1) 자료를 활용하여 아연 주요 급원식품 상위 30위 산출 후 1회 분량(2015 한국인 영양소 섭취기준)을 적용하여 1회 분량당 함량 산출, 19~29세 성인 권장섭취량 기준(2020 한국인 영양소 섭취기준)과 비교

자료 : 보건복지부·한국영양학회, 2021

(4) 지용성 비타민

① 비타민 A

비타민 A는 우리 국민에게 부족하기 쉬운 비타민 중의 하나로, 주로 시각 관련 기능, 세포 분화, 항암 및 항산화 작용, 피부건강 유지 기능 등에 관여한다. 성인의 평균필요량은 체내의 비타민 A 풀pool을 유지하는 데 필요한 식사 중의 비타민량을 기초로 계산되었다.

비타민 A 권장섭취량
- 남자
  15~18세 : 850μgRAE/일
  19~29세 : 800μgRAE/일
- 여자
  15~18세 : 600μgRAE/일
  19~29세 : 650μgRAE/일

비타민 A의 권장섭취량은 20%의 변이계수를 사용하여 평균필요량의 140%로

비타민 A 과잉증
- 간손상
- 골다공증
- 사산, 태아기형
- 두통

비타민 A 상한섭취량
성인 : 3,000μgRAE/일

설정하였다. 비타민 A 상한섭취량 설정을 위한 독성종말점은 가임기 여성은 태아 기형 발생으로, 성인은 간독성으로 하여 3,000μg RAE/일로 정하였으며 표 4-12, 비타민 A 주요 급원식품(1회 분량당 함량)은 그림 4-6과 같다.

표 4-12 연령별 지용성 비타민 섭취기준

연령(세)		비타민 A(μgRAE/일)				비타민 D(μg/일)				비타민 E(mg α-TE/일)				비타민 K(μg/일)			
		평균 필요량	권장 섭취량	충분 섭취량	상한 섭취량	평균 필요량	권장 섭취량	충분 섭취량	상한 섭취량	평균 필요량	권장 섭취량	충분 섭취량	상한 섭취량	평균 필요량	권장 섭취량	충분 섭취량	상한 섭취량
영아	0~5(개월)			350	600			5	25			3				4	
	6~11			450	600			5	25			4				6	
유아	1~2(세)	190	250		600			5	30			5	100			25	
	3~5	230	350		750			5	35			6	150			30	
남자	6~8(세)	310	450		1,100			5	40			7	200			40	
	9~11	410	600		1,600			5	60			9	300			55	
	12~14	570	750		2,300			10	100			11	400			70	
	15~18	620	850		2,800			10	100			12	500			80	
	19~29	530	800		3,000			10	100			12	540			75	
	30~49	560	800		3,000			10	100			12	540			75	
	50~64	530	750		3,000			10	100			12	540			75	
	65~74	510	700		3,000			15	100			12	540			75	
	75 이상	500	700		3,000			15	100			12	540			75	
여자	6~8(세)	290	400		1,100			5	40			7	200			40	
	9~11	390	550		1,600			5	60			9	300			55	
	12~14	480	650		2,300			10	100			11	400			65	
	15~18	450	650		2,800			10	100			12	500			65	
	19~29	460	650		3,000			10	100			12	540			65	
	30~49	450	650		3,000			10	100			12	540			65	
	50~64	430	600		3,000			10	100			12	540			65	
	65~74	410	600		3,000			15	100			12	540			65	
	75 이상	410	600		3,000			15	100			12	540			65	
임신부		+50	+70		3,000			+0	100			+0	540			+0	
수유부		+350	+490		3,000			+0	100			+3	540			+0	

자료 : 보건복지부 · 한국영양학회, 2020

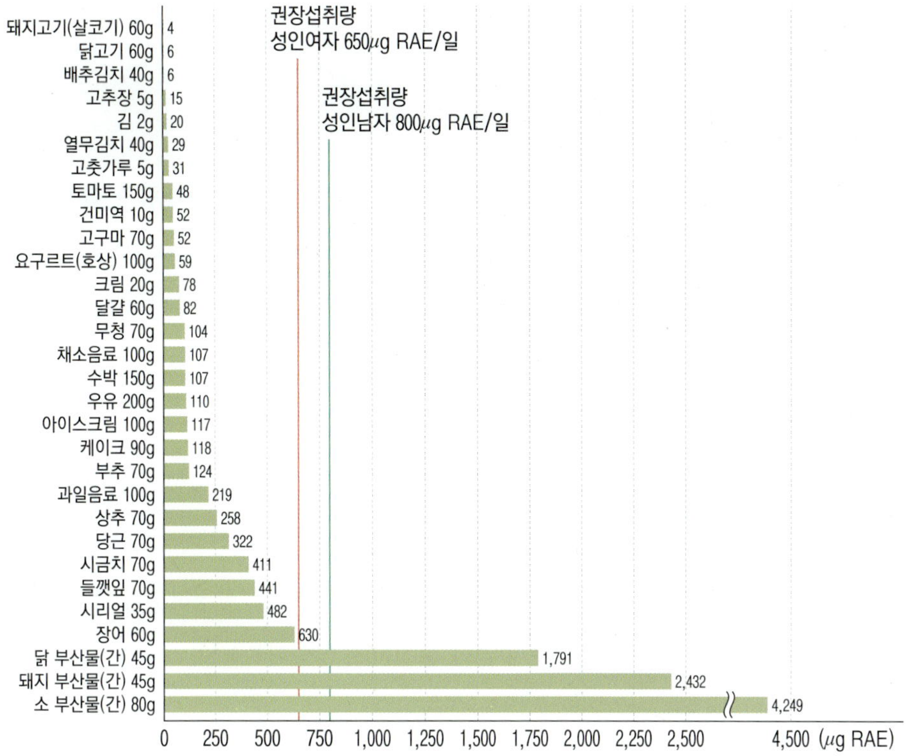

그림 4-6 비타민 A 주요 급원식품(1회 분량당 함량)*

*2017년 국민건강영양조사의 식품별 섭취량과 식품별 레티놀과 베타-카로틴 함량(국가표준식품성분표 DB 9.1) 자료를 활용하여 비타민 A 주요 급원식품 상위 30위 산출 후 1회 분량(2015 한국인 영양소 섭취기준)을 적용하여 1회 분량당 함량 산출, 19~29세 성인 권장섭취량 기준(2020 한국인 영양소 섭취기준)과 비교

자료 : 보건복지부·한국영양학회, 2021

② 비타민 D

비타민 D는 혈중 칼슘 농도의 항상성을 유지하기 위하여 장에서 칼슘과 인의 흡수를 돕고 뼈에 칼슘을 축적시키는 중요한 역할을 한다. 비타민 D는 최저 필요량 설정에 관한 확실한 근거가 부족하고 햇빛을 쐬면 피부에서 생합성되므로 식품을 통한 권장량을 충분섭취량으로 책정하였다. 노인기에는 피부에서 비타민 D의 합성 능력 감소, 퇴행성질환에 의한 햇빛에의 노출감소 및 골다공증과 골절률의 증가를 고려하여 5μg/일로 충분섭취량을 정하였다. 임신 및 수유부는 충분섭취량

비타민 D 충분섭취량
노인 : 15μg/일

이 일반 여성과 다르다는 근거가 제시되지 않아 성인 여성과 동일하게 설정하였다 표 4-12.

비타민 E 과잉증
- 비타민 K 혈액응고 방해로 인한 출혈
- 혈중 중성지방 증가
- 심한 설사와 구토

③ 비타민 E

체내 중요한 항산화제인 비타민 E는 성인의 경우 한국인의 섭취량과 혈청 농도 자료에 근거하여 충분섭취량을 남성·여성 모두 동일하게 12mg α-TE로 설정하였다. 상한섭취량은 보충제의 형태로 과잉 섭취할 경우 유해영향이 나타날 수 있으므로 540mg α-TE/일로 설정하였다표 4-12.

④ 비타민 K

혈액 응고와 뼈 발달에 중요한 역할을 하는 비타민 K는 한국인을 대상으로 한 필요량 설정에 관한 대규모 섭취조사 및 영양상태 평가에 대한 자료가 부족하므로 건강한 사람의 식이 섭취량에 기초를 두어 충분섭취량으로 설정하였다. 또한 상한섭취량에 대한 근거 자료도 충분치 않아 설정하지 않았다표 4-12.

(5) 수용성 비타민

티아민 권장섭취량
- 남자
  15~18세 : 1.3mg/일
  19~29세 : 1.2mg/일
- 여자
  15~18세 : 1.2mg/일
  19~29세 : 1.1mg/일

① 티아민Thiamin(비타민 B_1)

티아민은 조효소로 당질대사에 관여하므로 당질이 열량 공급원의 대부분을 차지하고 있는 한국인 식사형태에서 티아민 필요량 설정은 에너지 섭취에 의존하고 있다. 티아민의 평균필요량은 적혈구 트랜스케톨라아제transketolase 활성을 적정 수준으로 유지하면서 티아민 소변 배설량 또는 적혈구 티아민 농도를 적정 수준으로 유지하거나 결핍으로 인한 임상증세를 나타내지 않는 정도로 정하였다.

평균필요량은 남자 1.0mg/일, 여자 0.9mg/일로 설정하였으며 권장섭취량은 변이계수를 10%로 하여 평균필요량의 120% 수준으로 설정하였다. 임신부는 임신 초기에 모체와 태아의 체구성 성분 증가와 에너지 사용 증가로 티아민의 필요량이 증가하므로 임신기에는 1일 성인 필요량에 0.4mg을 추가하였으며, 권장섭취량은 평균필요량에 개인 변이계수 10%를 적용하여 책정하였다. 수유기간 중에는 에너지 대사 항진과 모유를 통한 티아민 분비로 필요량이 30~50% 증가하므로

표 4-13 연령별 수용성 비타민 섭취기준

연령(세)		티아민(mg/일)				리보플라빈(mg/일)				비타민 C(mg/일)			
		평균필요량	권장섭취량	충분섭취량	상한섭취량	평균필요량	권장섭취량	충분섭취량	상한섭취량	평균필요량	권장섭취량	충분섭취량	상한섭취량
영아	0~5(개월)			0.2				0.3				40	
	6~11			0.3				0.4				55	
유아	1~2(세)	0.4	0.4			0.4	0.5			30	40		340
	3~5	0.4	0.5			0.5	0.6			35	45		510
남자	6~8(세)	0.5	0.7			0.7	0.9			40	50		750
	9~11	0.7	0.9			0.9	1.1			55	70		1,100
	12~14	0.9	1.1			1.2	1.5			70	90		1,400
	15~18	1.1	1.3			1.4	1.7			80	100		1,600
	19~29	1.0	1.2			1.3	1.5			75	100		2,000
	30~49	1.0	1.2			1.3	1.5			75	100		2,000
	50~64	1.0	1.2			1.3	1.5			75	100		2,000
	65~74	0.9	1.1			1.2	1.4			75	100		2,000
	75 이상	0.9	1.1			1.1	1.3			75	100		2,000
여자	6~8(세)	0.6	0.7			0.6	0.8			40	50		750
	9~11	0.8	0.9			0.8	1.0			55	70		1,100
	12~14	0.9	1.1			1.0	1.2			75	90		1,400
	15~18	0.9	1.1			1.0	1.2			80	100		1,600
	19~29	0.9	1.1			1.0	1.2			75	100		2,000
	30~49	0.9	1.1			1.0	1.2			75	100		2,000
	50~64	0.9	1.1			1.0	1.2			75	100		2,000
	65~74	0.8	1.0			0.9	1.1			75	100		2,000
	75 이상	0.7	0.8			0.8	1.0			75	100		2,000
임신부		+0.4	+0.4			+0.3	+0.4			+10	+10		2,000
수유부		+0.3	+0.4			+0.4	+0.5			+35	+40		2,000

자료 : 보건복지부 · 한국영양학회, 2020

평균필요량 0.3mg, 권장섭취량 0.4mg을 추가하여 정하였다. 노인의 경우 성인에 비해 티아민 필요량이 증가할 것이라는 연구보고가 있으나 에너지 이용률이 감소되므로 효과가 상쇄될 수 있어 따로 정하지 않고 성인과 동일한 수준으로 설정하였으며**표 4-13**, 티아민 주요 급원식품(1회 분량당 함량)은 **그림 4-7**과 같다.

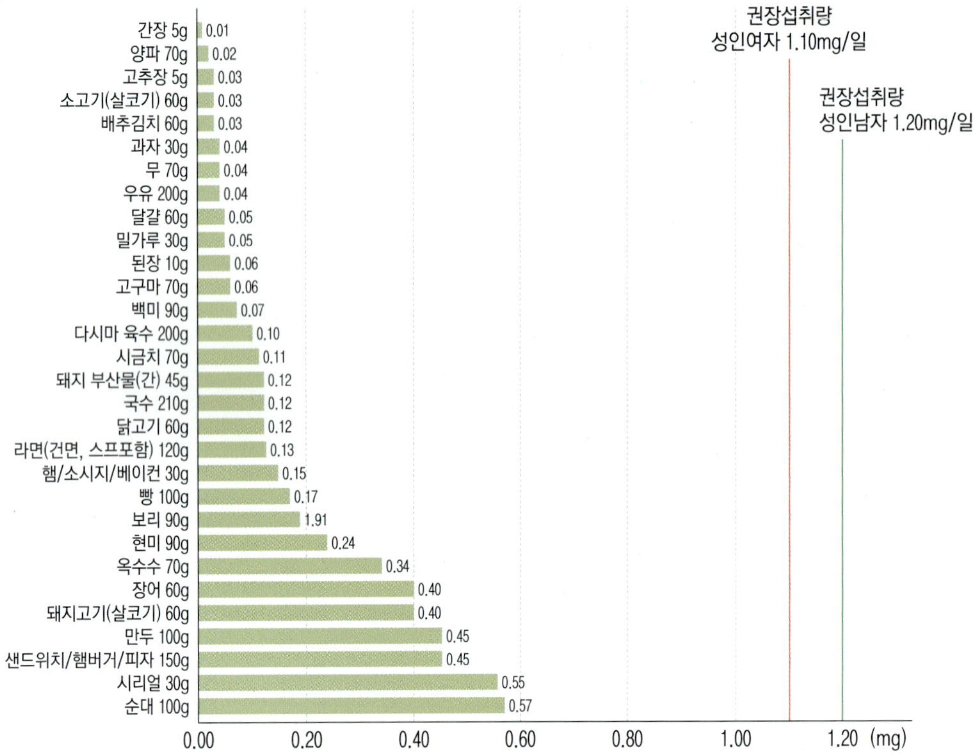

그림 4-7 티아민 주요 급원식품(1회 분량당 함량)*

*2017년 국민건강영양조사의 식품별 섭취량과 식품별 티아민 함량(국가표준식품성분표 DB 9.1) 자료를 활용하여 티아민 주요 급원식품 상위 30위 산출 후 1회 분량(2015 한국인 영양소 섭취기준)을 적용하여 1회 분량당 함량 산출, 19~29세 성인 권장섭취량 기준(2020 한국인 영양소 섭취기준)과 비교

자료 : 보건복지부 · 한국영양학회, 2021

리보플라빈 권장섭취량

- 남자
  15~18세 : 1.7mg/일
  19~29세 : 1.5mg/일
- 여자
  15~18세 : 1.2mg/일
  19~29세 : 1.2mg/일

② 리보플라빈Riboflavin(비타민 B_2)

리보플라빈은 체내 에너지 대사와 산화환원 작용 및 성장 발달에 관여한다. 리보플라빈의 영양상태는 소변 중 함량을 측정하거나 섭취상태와 임상적 결핍 증세인 구각염, 설염, 광선공포증 및 적혈구 내 리보플라빈의 함량 변화를 관찰하여 평가한다. 이에 근거하여 평균필요량은 성인 남자 1.3mg/일, 여자 1.0mg/일로 설정되었으며, 권장섭취량은 남녀 각각 1.5mg/일, 1.2mg/일로 계산되었다. 임신부의 경우 평균필요량은 모체조직과 태아성장 및 에너지 이용 증가분 0.3mg/일을 비임

신 성인 여성의 평균필요량에 가산하여 설정하였고, 권장섭취량은 개인 변이를 고려하여 0.4mg을 추가하도록 책정되었다. 수유부의 경우에도 유즙에 반영되는 리보플라빈량을 고려하여 평균필요량에 0.4mg을 추가하며, 권장섭취량은 평균필요량에서 개인별 변이계수 10%를 가산하여 0.5mg을 추가하여 설정하였으며**표 4-13**, 리보플라빈 주요 급원식품(1회 분량당 함량)은 **그림 4-8**과 같다.

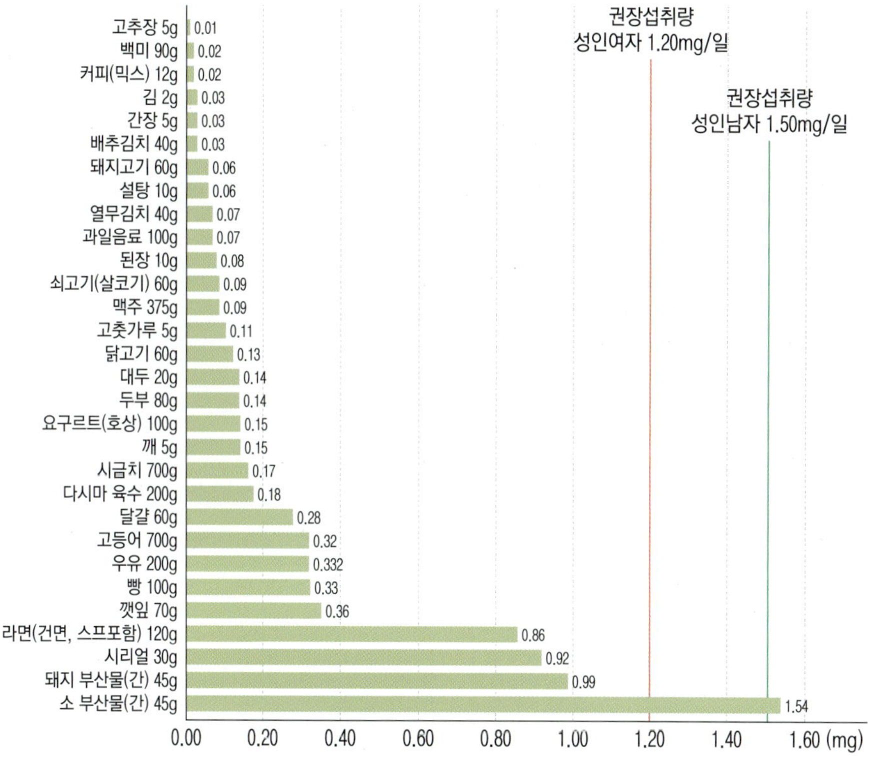

그림 4-8 리보플라빈 주요 급원식품(1회 분량당 함량)*

*2017년 국민건강영양조사의 식품별 섭취량과 식품별 리보플라빈 함량(국가표준식품성분표 DB 9.1) 자료를 활용하여 리보플라빈 주요 급원식품 상위 30위 산출 후 1회 분량(2015 한국인 영양소 섭취기준)을 적용하여 1회 분량당 함량 산출, 19~29세 성인 권장섭취량 기준(2020 한국인 영양소 섭취기준)과 비교

자료 : 보건복지부·한국영양학회, 2021

비타민 C 권장섭취량
- 남자
  15~18세 : 100mg/일
  19~29세 : 100mg/일
- 여자
  15~18세 : 100mg/일
  19~29세 : 100mg/일

③ 비타민 C Ascorbic acid(아스코르브산)

비타민 C는 체내에서 세포 결합에 필요한 콜라겐 형성에 관여하며 강력한 항산화 및 면역 기능에 중요한 역할을 한다. 비타민 C의 평균필요량은 소변으로의 배설이 거의 없으면서 백혈구의 비타민 C 농도를 최대 수준으로 유지하여 생체 내 항산화 보호효과를 내기에 충분한 정도인 75mg/일을 비타민 C의 평균필요량으로 선정하였다. 권장섭취량의 경우 성별에 따른 차이는 고려하지 않고 변이계수 15%를 사용하여 100mg/일로 설정하였다. 임신부는 태아로 전달되는 비타민 C 수송량을 고려하여 10mg을 추가량으로 설정하였으며, 수유기는 유즙분비로 비타민 C

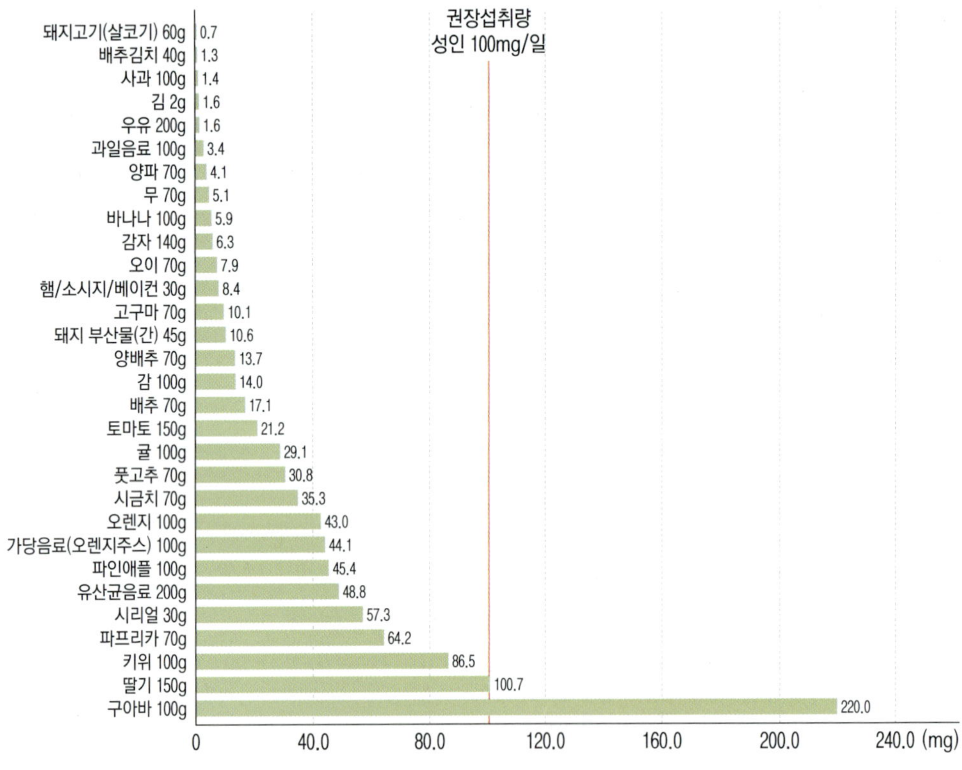

그림 4-9 비타민 C 주요 급원식품(1회 분량당 함량)*

*2017년 국민건강영양조사의 식품별 섭취량과 식품별 비타민 C 함량(국가표준식품성분표 DB 9.1) 자료를 활용하여 비타민 C 주요 급원식품 상위 30위 산출 후 1회 분량(2015 한국인 영양소 섭취기준)을 적용하여 1회 분량당 함량 산출, 19~29세 성인 권장섭취량 기준(2020 한국인 영양소 섭취기준)과 비교

자료 : 보건복지부 · 한국영양학회, 2021

의 요구량이 증대되므로 모유로 상실되는 비타민 C의 총량인 35mg을 가산하여 책정하였으며표 4-13, 비타민 C 주요 급원식품(1회 분량당 함량)은 그림 4-9와 같다.

3. 식사구성안

1) 우리나라의 식사구성안

한국인 영양소 섭취기준은 좋은 영양상태를 유지하기 위하여 필요한 각 영양소의 적절한 섭취량을 제시한 것이나, 식품에는 여러 가지 영양소가 함께 함유되어 있으므로 일반인들이 실제 생활에서 이 기준을 활용하여 어떤 식품을 얼마나 먹어야 하는지 쉽게 알기는 어렵다. 그러므로 건강한 일반인들이 영양소 섭취기준을 만족시키면서 균형 잡힌 식사를 쉽고 간편하게 할 수 있는 기준으로 식사구성안이 만들어졌다.

식사구성안은 함유한 영양소의 특성에 따라 식품을 6가지 기초식품군, 즉 곡류, 고기·생선·달걀·콩류, 채소류, 과일류, 우유·유제품류, 유지·당류로 나누어, 각 식품군에 속하는 여러 가지 식품을 일상적으로 섭취하는 1인1회 분량을 정하여 일반인이 손쉽게 이용할 수 있도록 하루에 섭취해야 할 각 식품군의 횟수를 제시한 것이다. 식사구성안의 각 영양소별 영양목표는 영양소 섭취기준에 준하여 표 4-14와 같이 정해졌다.

표 4-14 식사구성안 영양목표와 일반적 개념의 목표

섭취 허용		섭취 주의	
에너지	100% 에너지필요추정량	지방	1~2세 : 총 에너지의 20~35% 3세 이상 : 총 에너지의 15~30%
단백질	총 에너지의 약 7~20%		
비타민 무기질	100% 권장섭취량 또는 충분섭취량 상한섭취량 미만	당류	설탕, 물엿 등의 첨가당을 최소한으로 섭취
식이섬유	100% 충분섭취량		

자료 : 보건복지부·한국영양학회, 2021

1인 1회 분량serving size은 한 번에 통상적으로 섭취한다고 생각되는 분량을 고려하여 설정되었다. 이는 6가지 기초식품군을 기준으로 영양소 함량이 비슷하고 한국 사람들이 많이 섭취하는 식품을 중심으로, 국민건강영양조사 2013~2018 자료를 분석하여 통상적으로 섭취하는 분량을 고려하여 설정하였다. 식품군별 대표 영양가는 표 4-15와 같으며, 각 식품군의 대표식품 및 1인 1회 분량은 표 4-16과 같다.

표 4-15 식품군별 기준영양소 값 및 대표영양가

식품군 및 기준 영양소 값	에너지 (kcal)	단백질 (g)	지방 (g)	탄수화물 (g)	식이섬유 (g)	칼슘 (mg)	인 (mg)
곡류(300kcal)	331.40	6.58	1.02	71.62	0.41	10.43	129.08
고기·생선·달걀·콩류 (100kcal : 단백질 10g)	94.37	9.62	5.27	1.53	0.04	41.73	1.9078
채소류(15kcal)	13.88	1.11	0.18	3.14	0.52	22.77	24.01
과일류(50kcal)	51.48	1.23	0.27	14.06	1.52	12.31	36.50
우유·유제품류 (125kcal)	121.41	5.63	5.67	12.22	0.00	183.07	154.16
유지·당류(45kcal)	38.29	0.06	1.12	7.22	0.00	0.72	2.49

식품군 및 기준 영양소 값	철 (mg)	나트륨 (mg)	칼륨 (mg)	비타민 A (μg RE)*	티아민 (mg)	리보플라빈 (mg)	니아신 (mg)	비타민 C (mg)
곡류(300kcal)	0.89	142.16	160.40	1.36	0.14	0.05	1.59	3.60
고기·생선·달걀·콩류 (100kcal : 단백질 10g)	1.35	79.12	96.38	59.48	0.11	0.10	1.07	0.15
채소류(15kcal)	0.66	191.77	167.74	90.79	0.04	0.05	0.45	8.84
과일류(50kcal)	1.06	7.21	306.12	29.00	0.07	0.07	0.54	38.85
우유·유제품류 (125kcal)	0.18	106.32	269.14	48.98	0.07	0.25	0.17	1.52
유지·당류(45kcal)	0.04	2.56	6.44	0.07	0.00	0.00	0.05	0.01

* 비타민 A의 RAE에 대한 데이터베이스의 부재로 기존의 RE로 제시하였으며, 2020년 한국인 영양소 섭취기준에는 RAE로 제시되어 있음.

자료 : 보건복지부·한국영양학회, 2021

표 4-16 각 식품군의 대표식품 및 1인 1회 분량

식품군	1인 1회 분량					
곡류 	쌀밥 (210g)	백미 (90g)	국수(말린 것) (90g)	냉면국수(말린 것) (90g)	가래떡 (150g)	식빵 1쪽* (35g)
고기·생선·달걀·콩류 	쇠고기 (생 60g)	닭고기 (생 60g)	고등어 (생 70g)	대두 (20g)	두부 (80g)	달걀 (60g)
채소류 	콩나물 (생 70g)	시금치 (생 70g)	배추김치 (생 40g)	오이소박이 (생 40g)	느타리버섯 (생 30g)	미역(마른 것) (10g)
과일류 	사과 (100g)	귤 (100g)	참외 (150g)	포도 (100g)	수박 (150g)	대추(말린 것) (15g)
우유·유제품류 	우유 (200ml)	치즈 1장† (20g)	호상요구르트 (100g)	액상요구르트 (150g)	아이스크림/셔벗 (100g)	
유지·당류 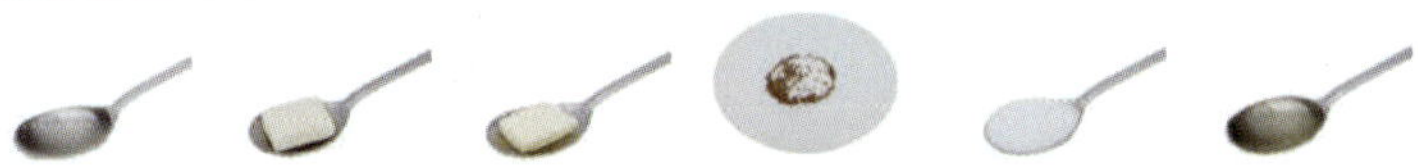	콩기름 1작은술 (5g)	버터 1작은술 (5g)	마요네즈 1작은술 (5g)	커피믹스 1회 (12g)	설탕 1큰술 (10g)	꿀 1큰술 (10g)

*표시는 0.3회, †표시는 0.5회

자료 : 보건복지부·한국영양학회, 2021

2) 미국의 식사구성안

미국인의 건강한 식생활 유도를 위해 식사지침에 준한 2005년 발표된 식품 피라미드 'MyPyramid' 모형은 매일 섭취해야 할 식품의 종류와 양을 여섯 가지 색으로(곡류, 채소류, 과일류, 우유, 육류 및 콩류, 유지류) 나누어 표시하고, 동시에 사람이 계단을 오르는 것을 표시하여 신체활동을 강조하는 내용으로 구성되어 있다. 2011년 기존에 사용되고 있던 'Mypyramid'를 수정 보완하여 미국 농무부USDA는 접시와 컵 형태의 식기 모양으로 구성된 마이플레이트MyPlate 모형을 제시하였다.

온스ounce**(oz)**
1oz = 28.35g
= 1/16파운드(lb)

과일군 2 컵	채소군 2 1/2컵	곡류군 6 온스	단백질군 5 1/2 온스	유제품군 3 컵
다양한 과일을 많이 먹는다.	짙은 녹색, 황색, 콩류 등 다양한 채소를 먹는다.	반 정도를 전곡류로 섭취한다. 최소한 3온스 이상 섭취한다.	다양한 단백질 급원식품을 섭취한다.	저지방이나 무지방 제품으로 선택한다.
성인의 경우 매주 ½ 이상의 운동을 실시한다.	Limit	나트륨 2,300mg/일 포화지방 최대 22g/일 첨가당 최대 50g/일	로 제한	

그림 4-10 에너지필요량이 2,000kcal인 사람의 식품 권장량

접시 모형의 절반은 과일과 채소로 나머지 반은 곡류와 단백질 급원식품으로 구성되어 있으며, 컵에는 칼슘의 주요 급원인 유제품으로 구성되어 있다. MyPlate 모형에서 강조되는 내용은 미국인들에게 섭취 부족인 채소와 과일의 충분한 섭취를 유도하고, 과도한 곡류 및 단백질 급원식품 섭취를 통한 칼로리 과잉 섭취를 지양하는 데 있다. MyPlate 사이트http://www.choosemyplate.gov/는 각 개인의 연령, 성별 및 신체활동을 고려한 영양소 섭취기준에 준한 권장식사 패턴을 제시하고, 개인의 식생활을 스스로 관리할 수 있도록 다양한 정보를 제공하고 있다그림 4-10 표 4-17.

표 4-17 미국의 권장식사패턴(식품군별 1일 권장섭취횟수)의 예

열량	1,000	1,200	1,400	1,600	1,800	2,000	2,200	2,400	2,600	2,800	3,000	3,200
과일류	1컵	1컵	1.5컵	1.5컵	1.5컵	2컵	2컵	2컵	2컵	2.5컵	2.5컵	2.5컵
채소류	1컵	1.5컵	1.5컵	2컵	2.5컵	2.5컵	3컵	3컵	3.5컵	3.5컵	4컵	4컵
곡류	3온스	4온스	5온스	5온스	6온스	6온스	7온스	8온스	9온스	10온스	10온스	10온스
육류 및 콩류	2온스	3온스	4온스	5온스	5온스	5.5온스	6온스	6.5온스	6.5온스	7온스	7온스	7온스
우유	2컵	2.5컵	2.5컵	4컵	3컵	3컵	3컵	3컵	3컵	3컵	3컵	3컵
유지류	15그람	17그람	17그람	22그람	24그람	27그람	29그람	31그람	34그람	36그람	44그람	51그람
임의 열량	137	121	121	121	161	258	266	330	362	395	459	596

3) 일본의 식사구성안

일본 후생노동성과 농림수산성은 2005년(헤이세이 17년) 6월 일반인이 손쉽게 건강을 향상·유지시킬 수 있는 실천방안으로 '식사밸런스가이드'를 책정하여 제시하였다. '식사밸런스가이드'에서는 운동 및 충분한 수분의 섭취를 기본으로 하여 하루에 무엇을 얼마만큼 먹으면 좋은가를 알기 쉽게 제시하고 있다그림 4-11, 그림 4-12.

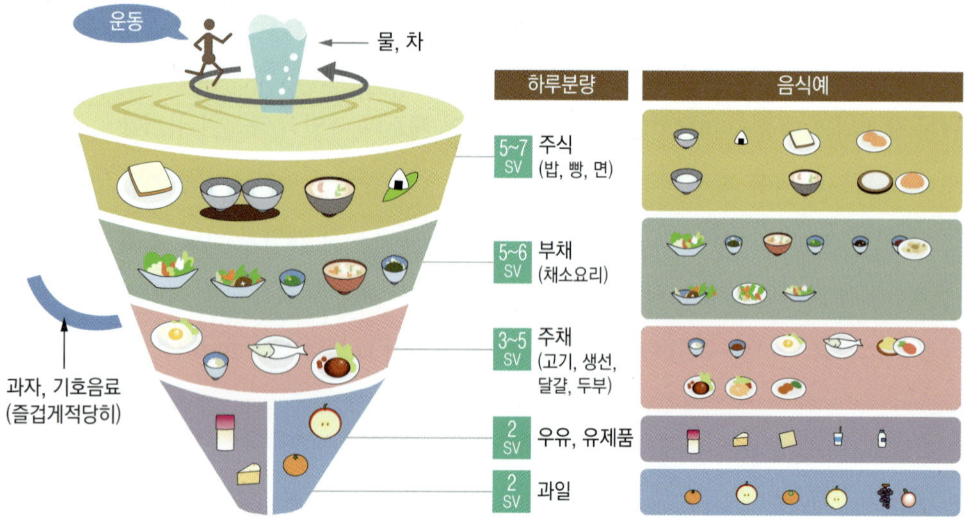

※SV(serving) ; 한접시, 1인분 식사제공량

그림 4-11 식사밸런스가이드

자료 : 후생노동성 농림수산성

우선 자신의 하루 적당량을 알아봅시다.

적당량 체크!

남성	열량(kcal)	주식	부반찬	주반찬	우유 및 유제품	과일	여성
6~9세, 70세이상	1800±200	4~5	5~6	3~4	2	2	6~9세, 70세이상 / 10~17세, 18~69세 활동량이 낮은 경우
10~11세 / 12~17세, 18~69세 활동량이 낮은 경우	2200±200 (기본형)	5~7	5~6	3~5	2	2	10~17세, 18~69세 활동량이 보통 이상인 경우
12~17세, 18~69세 활동량이 보통 이상인 경우	2600±200	7~8	6~7	4~6	2~3	2~3	

단위 : SV(serving, 1인분 식사 제공량, 한 접시)

※ 활동량 정도
- 낮음 : 하루 중 앉아 있는 것이 대부분
- 보통 : 앉아서 하는 일이 중심이지만, 걷기 · 가벼운 운동 등을 5시간 정도 함

※ 보다 더 강도 높은 운동이나 노동을 하는 사람은 알맞게 조정할 필요가 있음

그림 4-12 일본의 권장식사패턴(식품군별 1일 권장섭취횟수)의 예

4. 식생활지침

국민의 건강과 영양 문제를 최소화하고 건강 증진과 삶의 질을 향상시키기 위해서는 개별 영양소의 섭취량에 대한 제시뿐만 아니라 포괄적인 식사의 질 향상을 위한 지침이 필요하다. 특히 사회 발전과 더불어 우리나라에서도 급격히 증가하고 있는 생활습관병의 예방을 위해서 질적인 지침이 요구되고 있다.

정부에서는 우리나라 국민의 바람직한 식생활 습관을 구축하고 개인의 실천을 유도하기 위하여 2002년 한국인을 위한 식생활 목표 및 식생활지침을 설정하였다. 이를 근간으로 연령층별 영양학적·생리적 특성 등을 고려하여 성인을 위한 식생활 실천지침과 어르신을 위한 식생활실천지침, 영·유아를 위한 식생활 실천지침, 임신·수유부를 위한 식생활지침, 어린이를 위한 식생활 실천지침 및 청소년을 위한 식생활 실천지침 등 생애주기별 식생활지침을 제시하였다. 또한 2008년에는 최근 식생활 내용의 변화를 반영한 '한국 성인을 위한 식생활목표와 식생활지침'이 발표된바 있다. 그러나 2015년에 각 부처별로 개발되어 사용되고 있는 식생활지침을 통합하여 보건복지부, 농림축산식품부, 식품의약품안전처가 공동으로 체계적이고 일관된 국민 공통 식생활지침을 제정하여 발표하였다. 향후 생애주기에 따른 지침의 제·개정이 필요한 상황이다.

1) 한국인을 위한 식생활지침

한국인을 위한 식생활지침은 건강한 식생활을 위해 일반 대중이 쉽게 이해할 수 있고 일상생활에서 실천할 수 있도록 제시하는 권장 수칙으로, 만성질환 감소, 비만관리, 위생적인 식문화 등을 강조한 9가지 수칙을 제시하고 있으며, 국민 공통 식생활지침(2015)을 기본으로 일부 수정 보완되어 2021년 개정되었다표 4-18.

표 4-18 한국인을 위한 식생활지침(2021)

1. 매일 신선한 채소, 과일과 함께 곡류, 고기·생선·달걀·콩류, 우유·유제품을 균형 있게 먹자
2. 덜 짜게, 덜 달게, 덜 기름지게 먹자
3. 물을 충분히 마시자
4. 과식을 피하고, 활동량을 늘려서 건강체중을 유지하자
5. 아침식사를 꼭 하자
6. 음식은 위생적으로, 필요한 만큼만 마련하자
7. 음식을 먹을 땐 각자 덜어 먹기를 실천하자
8. 술은 절제하자
9. 우리 지역 식재료와 환경을 생각하는 식생활을 즐기자!

(1) 영유아를 위한 식생활 실천지침

생후 첫 2년 동안의 영아의 섭식 패턴에는 많은 변화가 따른다. 초기에는 모유나 조제유와 같이 유즙만으로 영양을 공급받지만, 지속적인 발달과정에서 반고형식의 이유 보충식을 거쳐 성인과 유사한 섭식 행동과 식품 기호를 형성하게 된다. 이 시기는 성장·발달에 가장 초점을 맞추어 식생활 및 영양적 특성에 중점을 두어 식생활 실천지침이 제시되었다표 4-19.

표 4-19 영·유아를 위한 식생활 실천지침

생후 6개월까지는 반드시 모유를 먹이자
초유는 꼭 먹이도록 합니다. 생후 2년까지 모유를 먹이면 더욱 좋습니다. 모유를 먹일 수 없는 경우에만 조제유를 먹입니다. 조제유는 정해진 양대로 물에 타서 먹입니다. 수유 시에는 아기를 안고 먹이며, 수유 후에는 꼭 트림을 시킵니다. 자는 동안에는 젖병을 물리지 않습니다.
이유 보충식은 성장단계에서 맞추어 먹이자
이유 보충식은 생후 만 4개월 이후 6개월 사이에 시작합니다. 이유 보충식은 여러 식품을 섞지 말고, 한 가지씩 시작합니다. 이유 보충식은 신선한 재료를 사용하여 간을 하지 않고, 조리해서 먹입니다. 이유 보충식은 숟가락으로 떠먹입니다. 과일주스를 먹일 때는 컵에 담아 먹입니다.

(계속)

유아의 성장과 식욕에 따라 알맞게 먹이자
일정한 장소에서 먹입니다. 쫓아다니며 억지로 먹이지 않습니다. 한꺼번에 많이 먹이지 않습니다.
곡류, 과일, 채소, 생선, 고기, 유제품 등 다양한 식품을 먹이자
과일, 채소, 우유 및 유제품 등의 간식을 매일 2~3회 규칙적으로 먹입니다. 유아 음식은 싱겁고 담백하게 조리합니다. 유아 음식은 씹을 수 있는 크기와 형태로 조리합니다.

(2) 어린이를 위한 식생활 실천지침

아동기는 성장이 비교적 완만히 지속적으로 증가하면서 식품 섭취량도 같이 증가하고 동시에 식습관이 형성되는 시기이다. 그러나 현대사회에서는 영양섭취의 과잉이나 부족뿐만 아니라 식환경의 변화로 인해 여러 가지 다양한 식생활 또는 영양문제가 대두되고 있다. 아동기의 식생활 문제로는 아침 결식, 과식, 편식, 매식, 군것질 및 불규칙적인 식사 등이 있다.

어린이를 위한 식생활 실천지침에서는 한국인을 위한 식생활 목표 및 총괄 식생활지침을 근간으로 하여 영양섭취의 불균형 개선, 영양적이고 위생적 간식 섭취와 특히 유제품과 철 함유 식품의 섭취가 강조되고 있다표 4-20.

표 4-20 어린이를 위한 식생활 실천지침

음식은 다양하게 골고루
편식하지 않고 골고루 먹습니다. 끼니마다 다양한 채소 반찬을 먹습니다. 생선, 살코기, 콩제품, 달걀 등 단백질 식품을 매일 1회 이상 먹습니다. 우유를 매일 2컵 정도 마십니다.
많이 움직이고, 먹은 양은 알맞게
매일 1시간 이상 신체활동을 적극적으로 합니다. 나이에 맞는 키와 몸무게를 알아서, 표준체형을 유지합니다. TV 시청과 컴퓨터게임 등을 모두 합해서 하루에 2시간 이내로 제한합니다. 식사와 간식은 적당한 양을 규칙적으로 먹습니다.

(계속)

식사는 제때에, 싱겁게
아침식사는 꼭 먹습니다. 음식은 천천히 꼭꼭 씹어 먹습니다. 짠 음식, 단 음식, 기름진 음식을 적게 먹습니다.
간식은 안전하고, 슬기롭게
간식으로 신선한 과일과 우유 등을 먹습니다. 과자나 탄산음료, 패스트푸드를 자주 먹지 않습니다. 불량식품을 구별할 줄 알고, 먹지 않으려고 노력합니다. 식품의 영양표시와 유통기한을 확인하고 선택합니다.
식사는 가족과 함께 예의바르게
가족과 함께 식사하도록 노력합니다. 음식을 먹기 전에 반드시 손을 씻습니다. 음식은 바른 자세로 앉아서 감사한 마음으로 먹습니다. 음식은 먹을 만큼 담아서 먹고, 남기지 않습니다.

(3) 청소년을 위한 식생활 실천지침

청소년기는 성장이 급격히 일어나는 시기이므로 영양소 필요량이 가장 높다. 신체적 변화와 활동이 왕성하므로 충분한 에너지와 양질의 단백질, 칼슘을 섭취하여야 한다. 그러나 우리나라 청소년들의 영양 및 식생활 실태 분석에 따르면 곡류의 섭취량이 감소하는 반면, 육류의 섭취량이 크게 증가하고, 청량음료로부터의 단순당 섭취가 증가하고 있다. 또한 사춘기 여자는 체중 조절이나 체형 관리의 이유로 식습관이 불량하여 칼슘과 철의 영양부족 현상이 심각하게 나타나며, 식습관에서는 아침결식 및 외식의 빈도가 증가하고 있다.

청소년을 위한 식생활지침은 한국인을 위한 식생활 목표와 총괄 식생활지침을 근간으로 하여, 외국의 식생활지침과 국민건강·영양조사에서 나타난 청소년 계층의 건강·영양문제 및 식생활 특성을 감안하여 설정되었다표 4-21.

표 4-21 청소년을 위한 식생활 실천지침

각 식품군을 매일, 골고루 먹자
밥과 다양한 채소, 생선, 육류를 포함하는 반찬을 골고루 매일 먹습니다. 간식으로 신선한 과일을 주로 먹습니다. 우유를 매일 2컵 이상 마십니다.
짠 음식과 기름진 음식을 적게 먹자
짠 음식, 짠 국물을 적게 먹습니다. 인스턴트 음식을 적게 먹습니다. 튀긴 음식과 패스트푸드를 적게 먹습니다.
건강체중을 바로 알고, 알맞게 먹자
내 키에 따른 건강체중을 알아봅니다. 매일 1시간 이상의 신체활동을 적극적으로 합니다. 무리한 다이어트를 하지 않습니다. TV 시청과 컴퓨터게임 등을 모두 합해서 하루에 2시간 이내로 제한합니다.
물이 아닌 음료를 적게 마시자
물을 자주, 충분히 마십니다. 탄산음료, 가당 음료를 적게 마십니다. 술을 절대 마시지 않습니다.
식사를 거르거나 과식하지 말자
아침식사를 거르지 않습니다. 식사는 제시간에 천천히 먹습니다. 배가 고프더라도 한꺼번에 많이 먹지 않습니다.
위생적인 음식을 선택하자
불량식품을 먹지 않습니다. 식품의 영양표시와 유통기한을 확인하고 선택합니다.

(4) 성인을 위한 식생활 실천지침

성인의 식생활 실천지침은 성인의 건강·영양문제 관련사항들을 검토하고, 외국의 경향과 현재까지 알려진 과학적으로 증명된 사실들에 근거하여 총괄 식생활 지침과 비교하여 개발되었다. 총지방, 포화지방 및 콜레스테롤의 과다 섭취로 인한 비만 및 만성퇴행성질환과의 연관성은 잘 알려진 사항이고, 우리나라도 동물성 식품의 섭취량과 외식의 빈도가 지속적으로 증가하는 경향이어서 지방의 섭취 제한에 대한 사항이 추가되었다. 도시화, 핵가족화 등과 같은 사회적 환경의 변화와 소득 향상, 여성의 사회진출 등 경제적 여건의 변화, 국제화, 세계화 등 국제·교역·정치적 여건의 변화 등으로 각국 간의 교류가 활발해지는 한편, 과학 및 식품 산업이 급속도로 발달함에 따라 식생활 문화에도 많은 변화가 일어나고 있어 전통 식생활의 중요성을 강조하여 개발되었다표 4-22.

표 4-22 한국 성인을 위한 식생활지침과 세부지침

권장사항	제한사항
각 식품군을 매일 골고루 먹자. • 곡류는 다양하게 먹고 전곡을 많이 먹습니다. • 여러 가지 색깔의 채소를 매일 먹습니다. • 다양한 제철과일을 매일 먹습니다. • 간식으로 우유, 요구르트, 치즈와 같은 유제품을 먹습니다. • 가임기 여성은 기름기 적은 붉은 살코기를 적절히 먹습니다.	**짠 음식을 피하고 싱겁게 먹자.** • 음식을 만들 때는 소금, 간장 등을 보다 적게 사용합니다. • 국물은 짜지 않게 만들고, 적게 먹습니다. • 음식을 먹을 때 소금, 간장을 더 넣지 않습니다. • 김치는 덜 짜게 만들어 먹습니다.
활동량을 늘리고 건강 체중을 유지하자. • 일상생활에서 많이 움직입니다. • 매일 30분 이상 운동을 합니다. • 건강체중을 유지합니다. • 활동량에 맞추어 에너지 섭취량을 조절합니다.	**지방이 많은 고기나 튀긴 음식을 적게 먹자.** • 고기는 기름을 떼어내고 먹습니다. • 튀긴 음식을 적게 먹습니다. • 음식을 만들 때, 기름을 적게 사용합니다.
청결한 음식을 알맞게 먹자. • 식품을 구매하거나 외식을 할 때 청결한 것으로 선택합니다. • 음식은 먹을 만큼만 만들고, 먹을 만큼만 주문합니다. • 음식을 만들 때는 식품을 위생적으로 다룹니다. • 매일 세 끼 식사를 규칙적으로 합니다. • 밥과 다양한 반찬으로 균형 잡힌 식생활을 합니다.	**술을 마실 때는 그 양을 제한하자.** • 남자는 하루 2잔, 여자는 1잔 이상 마시지 않습니다. • 임신부는 절대로 술을 마시지 않습니다.

(5) 임신·수유부를 위한 식생활 실천지침

임신기 영양섭취는 모체 자신의 건강 및 태아 발달 그리고 출생 후 아기의 건강뿐만 아니라 성인기 질병 유발에도 큰 영향을 끼치고 있다. 또한 모유 수유로 아기를 양육하는 수유부는 무엇보다도 건강한 식생활을 영위해야만 한다. 영아의 성장을 도모하기 위해서 모유에는 에너지, 단백질, 필수 미량영양소 등이 충분하게 함유되어야 하므로 수유부는 영양밀도가 높은 식품을 섭취하여야 한다. 우리나라 임신·수유부의 영양 조사 결과, 열량을 비롯한 단백질, 지질 및 당질의 섭취수준은 양호하였으나 칼슘, 아연, 비타민 A의 섭취가 저조한 반면 나트륨의 과잉 섭취 경향을 보였다. 또한 최근 여성의 음주가 증가하여 가임기 여성의 영양결핍 및 알코올의 직·간접적인 독성 때문에 태아 발달장애 및 모유 부족 등 영양 측면에서 많은 문제점이 나타나고 있다. 이러한 영양문제를 예방하기 위하여 표 4-23과 같이 식생활 실천지침이 개발되었다.

표 4-23 임신·수유부를 위한 식생활 실천지침

우유 제품을 매일 3회 이상 먹자
우유를 매일 3컵 이상 마십니다. 요구르트, 치즈, 뼈째 먹는 생선 등을 자주 먹습니다.
고기나 생선, 채소, 과일을 매일 먹자
다양한 채소와 과일을 매일 먹습니다. 생선, 살코기, 콩제품, 달걀 등 단백질 식품을 매일 1회 이상 먹습니다.
청결한 음식을 알맞은 양으로 먹자
끼니를 거르지 않고 식사를 규칙적으로 합니다. 음식을 만들 때는 식품을 위생적으로 다루고, 먹을 만큼만 준비합니다. 살코기, 생선 등을 충분히 익혀 먹습니다. 보관했던 음식은 충분히 익혀 먹습니다. 식품을 구매하거나 외식할 때 청결한 것을 선택합니다.
짠 음식을 피하고, 싱겁게 먹자
음식을 만들거나 먹을 때는 소금, 간장, 된장 등의 양념을 보다 적게 사용합니다. 나트륨 섭취량을 줄이기 위해 국물은 싱겁게 만들어 적게 먹습니다. 김치는 싱겁게 만들어 먹습니다.

(계속)

술은 절대로 마시지 말자
술은 절대로 마시지 않습니다. 커피, 콜라, 녹차, 홍차, 초콜릿 등 카페인 함유식품을 적게 먹습니다. 물을 충분히 마십니다.
활발한 신체활동을 유지하자
임신부는 적절한 체중증가를 위해 알맞게 먹고, 활발한 신체활동을 규칙적으로 합니다. 산후 체중조절을 위해 가벼운 운동으로 시작하여 점차 운동량을 늘려 갑니다. 모유 수유는 산후 체중조절에도 도움이 됩니다.

(6) 어르신을 위한 식생활 실천지침

WHO의 자료에 의하면 전 세계 노인의 절반 이상이 여러 가지 영양소의 섭취부족이나 불균형으로 영양상태가 불량하며, 식이/영양과 관련된 퇴행성질환, 즉 심혈관계질환, 뇌혈관계질환, 당뇨병, 골다공증 및 암 등에 이환되는 것으로 보고되고 있다. 우리나라 노인들도 낮은 소득수준, 단독 거주, 흡연, 가정과 사회에서의 역할 상실 및 고혈압 등 질병과 약물 복용으로 인한 식욕 감소, 우울증, 입맛 변화, 치아문제, 소화기능장애 등의 다양한 원인으로 인하여 영양소 섭취상태가 불량한 것으로 보고되고 있다. 따라서 이러한 노인의 건강·영양상태와 식생활 실태를 근거로 하여 노인의 식생활 실천지침이 개발되었다표 4-24.

식생활 목표 10가지 중 지방섭취 제한, 전통 식생활 계승·발전, 음식의 낭비 방지에 관한 세 가지 목표는 고려되지 않았으며, 식사의 다양성을 보완하기 위한 간식과 탈수 예방을 위한 수분 섭취에 관한 사항이 추가 설정되었다.

표 4-24 어르신을 위한 식생활 실천지침

채소, 고기나 생선, 콩 제품 반찬을 골고루 먹자
다양한 채소 반찬을 매끼 먹습니다. 고기나 생선, 달걀, 콩 제품 반찬을 매일 먹습니다.
우유 제품과 과일을 매일 먹자
우유, 요구르트나 두유를 매일 먹습니다. 다양한 제철 과일을 먹습니다.

(계속)

짠 음식을 피하고, 싱겁게 먹자
장아찌, 젓갈 같은 짠 음식을 적게 먹습니다. 음식을 만들거나 먹을 때 소금이나 간장을 적게 사용합니다. 국과 찌개의 국물을 적게 먹습니다.
많이 움직여서 식욕과 적당한 체중을 유지하자
자신에게 알맞은 운동을 규칙적으로 합니다. 많이 걷고 움직이는 생활을 합니다.
술은 절제하고, 물을 충분히 마시자
되도록 술을 마시지 않습니다. 술을 마실 때는 하루 1잔 이내로 제한합니다(1잔은 소주로는 1.5잔, 맥주로는 1캔, 양주로는 1잔에 해당됩니다). 물을 자주 마십니다.
세 끼 식사와 간식을 꼭 먹자
세 끼 식사를 규칙적으로 합니다. 조금씩 자주 먹습니다.
음식은 먹을 만큼 준비하고, 오래 된 것은 먹지 말자
음식은 한꺼번에 많이 만들지 않습니다. 남은 음식은 바로 냉장보관하고, 오래된 것은 버립니다.

2) 나라별 식생활지침

건강한 식생활과 질병 예방 차원에서 전 세계적으로 대부분의 나라가 각 특성에 맞는 식생활지침을 설정하여 사용하고 있다. 이들 식생활지침의 공통적인 사항으로는 다양한 식품 섭취, 복합탄수화물 및 식이섬유 함량이 높은 식품의 섭취, 활동량과 섭취열량의 균형에 의한 체중 유지, 총콜레스테롤 섭취량 제한, 소금 섭취 제한 및 절제된 음주 등이 있다.

(1) 미국

미국은 1980년부터 식생활지침을 제정하였으며, 5년마다 개정할 것으로 법에 명시된 것에 근거하여 농무부USDA와 보건복지부HHS가 공동으로 개정하여 발표하고 있다. 식생활지침의 내용은 시대의 변화에 맞추어 식생활 환경 및 건강·영양문제를 반영하고 과학적 근거에 기반을 두어 구성되어 있으며, 식생활지침 자문위원회의 검토를 거쳐 공표된다. 최근 발표된 2015~2020 미국 식생활지침은 표 4-25와 같다.

표 4-25 미국인을 위한 식생활지침(2015~2020)

평생 건강한 식습관을 가지도록 할 것
각종 고열량 식품과 섭취량에 초점을 둘 것
첨가당과 포화지방산 섭취에 따른 열량을 자제하고, 나트륨 섭취를 줄일 것
건강한 식음료로 바꿀 것
모두가 건강한 식습관을 갖도록 지원할 것

(2) 캐나다

캐나다 과학심사위원회Scientific Review Committee는 캐나다인의 만성 질병 위험을 줄이고 필수영양소를 권장량 정도 공급하는 식사 섭취 형태를 갖도록 하기 위한 영양 권장 사항을 제안하였다. 이 권장사항은 Communication/Implementation Committee에서 일반인이 보다 쉽게 접근할 수 있는 형태로 수정되어, 캐나다인을 위한 식생활지침이 1991년에 제정되었다표 4-26.

표 4-26 캐나다인을 위한 식생활지침(1991)

여러 가지 다양한 음식을 즐기자.
시리얼, 빵류, 다른 곡류 제품, 채소류와 과일류에 특히 신경을 쓰자.
저지방 낙농 제품, 기름기가 적은 육류 및 소량 또는 전혀 지방을 사용하지 않고 조리된 음식을 먹자.
정기적인 운동 및 활동과 건강한 식사로 건강한 체중을 찾고 유지하자.
소금, 알코올 및 카페인을 제한하자.

(3) 일본

일본의 경우 1985년에 최초로 식생활지침이 제정되었고, 그 후 1990년에 공중위생심의회가 연령별 식생활지침을 마련하여 후생성에 제출하였다. 그 후 여러 기관에서 각자 제시한 지침들이 국가 차원에서 통일되어야 할 필요성을 절감하고

2000년 문부성, 후생성, 농림수산성이 공동으로 식생활지침을 개정하여 제시하였다표 4-27.

표 4-27 일본인을 위한 식생활지침(2000)

식사를 즐기자
하루의 식사리듬에서 건강한 생활리듬을
주식, 주채, 부채를 기본으로 식사의 밸런스를
밥 등 곡류를 매끼마다 섭취
채소·과일, 우유·유제품, 두류(콩), 생선 등도 골고루 섭취
식염이나 지방을 적게 섭취
적정 체중을 알고 매일의 활동에 알맞은 식사량을 섭취
식문화나 지역의 산물을 구매하고, 가끔은 새로운 요리 실천
조리나 보존을 잘하여 낭비나 폐기를 적게
자신의 식생활을 되돌아보기

(4) 중국

중국은 1989년 최초로 식생활지침을 설정하였으며, 2007년 이를 개정하여 다음과 같이 제시하였다표 4-28.

표 4-28 중국인을 위한 균형 잡힌 식사, 합리적인 영양, 그리고 건강증진을 위한 식사지침(2007)

다양한 식품을 곡물주식의 식사에 잘 배합하자.
채소, 과일과 감자 고구마류를 많이 먹자.
매일 우유를 마시고, 대두 혹은 두류 제품을 먹자.
항상 적당량의 고기, 조류, 달걀 그리고 살코기를 먹자.
기름을 이용한 볶음음식과 소금의 섭취를 줄이며 담백하게 먹자.
매일 운동을 하며 건강과 체중을 유지한다.
세 끼 음식을 합리적으로 먹고, 간식을 알맞게 먹는다.
매일 충분한 양의 물을 마시고, 합리적으로 음료를 선택한다.
술은 적당량을 제한하여 마신다.
신선하고 위생적인 식품을 먹는다.

요점정리

- 건강한 식생활을 유지하기 위해서는 영양소 섭취기준에 준하여 다양한 식품을 골고루 섭취하여 영양소 섭취의 부족 또는 과잉됨이 없이 균형 잡힌 식생활을 유지하여야 한다.
- 한국인 영양소 섭취기준은 영양소를 균형 있게 적절한 양을 섭취하여 최적의 영양상태를 유지할 수 있도록 제정된 실천기준으로 권장섭취량, 평균필요량, 충분섭취량, 상한섭취량, 만성질환위험감소섭취량으로 제시되고 있다.
- 식사구성안은 건강한 일반인들이 영양소 섭취기준을 만족시키면서 균형 잡힌 식사를 쉽고 간편하게 할 수 있도록 만든 기준이다. 함유한 영양소의 특성에 따라 식품을 6가지 기초식품군, 즉 곡류, 고기 · 생선 · 달걀 · 콩류, 채소류, 과일류, 우유 · 유제품류, 유지 · 당류로 나누어, 각 식품군에 속하는 여러 가지 식품의 일상적으로 섭취하는 1인1회 분량을 정하여 하루에 섭취해야 할 각 식품군의 횟수를 제시한 것이다.
- 국민의 건강과 영양 문제를 최소화하고 건강 증진 및 삶의 질 향상을 위하여 나라마다 포괄적인 식사의 질 향상을 위한 식사지침을 제시하고 있다. 우리나라도 국민의 식생활에서 공통적으로 나타나는 문제점을 해소하기 위해 식생활목표를 설정한 후 이에 따른 연령대별 특성에 중점을 두어 개발된 식생활지침을 만들어 보급하고 있다.

CHAPTER

5

식단 작성 및 평가

1. 식단계획의 기본

2. 식단작성

3. 식단평가

학습개요

식단은 올바른 식생활을 영위하기 위한 식사계획으로 매끼의 식사에 있어서 구성원의 영양과 기호를 충족시킬 수 있도록 음식의 종류와 분량을 정한 것이다. 일반인을 위한 식단작성 시 식사구성안이나 식단작성을 위한 웹사이트 등을 활용할 수 있으며 영양면, 기호면, 경제면, 위생면, 능률면, 환경 보존면을 고려한 식단작성 및 식단평가가 이루어지도록 한다.

학습목표

1. 식단작성 시 필요한 기본지식을 활용할 수 있다.
2. 식사구성안을 활용하여 식단을 작성할 수 있다.
3. 웹사이트를 활용하여 식단을 작성할 수 있다.
4. 식단가를 고려하여 식단을 작성할 수 있다.
5. 영양면, 기호면, 경제면, 위생면 능률면, 환경 보존면을 고려하여 식단을 평가할 수 있다.

1. 식단계획의 기본

1) 식단이란

(1) 식단의 정의

식단이란 올바른 식생활을 위한 식사계획으로, 매끼 식사에서 구성원의 영양과 기호를 충족시킬 수 있도록 음식의 종류와 분량을 정하는 것을 말한다. 영양면, 기호면, 경제면, 위생면, 시간·노력면 등을 고려하여, 우수한 식품을 선택하고 그것을 어떠한 방법으로 조리하여 구성원에게 제공하느냐에 대한 구체적인 계획이 식단이다.

(2) 식단의 분류

대상을 생애주기에 따라 영아기, 유아기, 아동기, 청소년기, 성인기와 노인기 등으로 구분하여 식사계획을 한다.

영아기

태어나서 1년까지를 영아기로 구분한다. 생후 5개월이 지나면 모유만으로는 정상적인 발육과 성장이 어려우므로 유즙 이외의 고형식(이유식)을 주어 다양한 음식을 섭취하게 하여 성장기의 편식을 예방하고 올바른 식습관을 형성하는 데 도움을 준다. 세계보건기구WHO와 국제아동구호기금UNICEF에서 권장하는 이유시기는 아기의 체중이 출생시 체중의 2배가 되는 시기 또는 아기의 체중이 약 6kg에 도달하는 시기로서, 우리나라에서는 5~6개월부터 이유식을 권장하고 있다.

유아기

유아식은 1~2세와 3~5세로 구분하여 계획한다. 1~2세에 영아기 습관이 지속되어 우유만 먹고 고형음식을 먹지 않을 경우에는 철분이 부족하여 빈혈이 될 수 있다. 채소류는 성장에 필요한 비타민과 무기질을 많이 함유한 식품으로 3~5세에 중요하다.

아동기

6~11세의 아동은 TV, 학교 수업 등 식습관에 영향을 받을 수 있는 여러 환경에 노출될 수 있으므로, 활동에 따른 적절한 영양섭취와 긍정적인 식습관을 형성할 수 있도록 가정과 학교에서 세심한 관리가 요구되며 특히 아침식사는 매우 중요하다.

청소년기

12~18세의 청소년은 불규칙한 식사습관에 의한 아침 결식, 집 밖에서의 식사기회 증가로 가공식품 및 패스트푸드 섭취 증가, 잘못된 신체상에 의한 섭식장애 등을 유발할 수 있다. 급속한 성장을 하는 청소년기는 가장 많은 영양소가 필요한 시기로 다양한 식품군으로부터 충분한 영양소를 섭취해야 한다.

성인기

20~64세의 성인은 정신적·육체적으로 사회활동을 활발하게 하는 시기로 운동부족과 과다한 스트레스, 음주, 흡연 등으로 건강을 해치기 쉽다. 신체 변화가 끝나고 부분적인 노화가 시작되는 성인기에는 만성질환 예방을 위한 식사계획을 세우도록 노력해야 한다. 즉 복합당질 섭취를 늘리고 식이섬유를 풍족하게 섭취하며, 단백질 섭취를 적절한 수준으로 유지하고 포화지방과 콜레스테롤이 적게 함유된 식품을 섭취해야 한다. 또한 골격질환의 예방을 위해 충분한 칼슘을 섭취하며 한국인이 과잉 섭취하게 되는 소금을 제한하고, 비타민·무기질을 균형 있게 섭취해야 한다.

노인기

65세 이상의 노인은 노화에 의한 후각·미각의 감퇴로 맛 감각이 둔화되고 치주질환, 치아 탈락, 소화액 분비 감소로 저작곤란과 소화기능이 저하된다. 또한 각종 질환으로 식이 섭취 제한이 많고, 약물 복용에 의한 입맛의 변화로 식욕이 저하된다. 노인기에는 에너지필요량은 감소하나 소화되기 쉬운 생선류, 두부, 달걀 등 단백질과 부드러운 채소류, 과일류 등 항산화 비타민, 칼슘 및 아연 등 무기질이 풍부한 식사계획을 해야 한다.

2) 식단작성 시 필요한 기본지식

(1) 영양필요량

식사 대상자의 특성에 따라 필요열량과 영양소가 달라지므로 먼저 신체 조건, 활동량, 생활패턴 등을 파악해야 한다. 영양제공량은 2020년 개정된 '한국인 영양소 섭취기준'에 준하여 결정한다. 집단을 대상으로 식사계획을 할 때 각 기준치를 잘 활용해서 영양 과잉이나 부족의 확률이 낮게 계획해야 한다.

(2) 식품 알레르기

식생활관리자는 식단표 작성 시 '함유된 알레르기 유발물질'에 대한 표시사항을 알고 있어야 한다. 식품 알레르기란 일반인에게는 무해한 식품을 특정인이 섭취하였을 때 그 식품에 대한 과도한 면역반응이 일어나는 것이다. 소아 알레르기의 주요 원인식품으로는 달걀, 우유, 땅콩, 견과류, 밀, 갑각류, 대두, 메밀 등이 있으며, 성인 알레르기의 주요 원인식품으로는 밀, 갑각류, 육류, 생선, 과일, 메밀 등이 있다. 식품의약품안전처의 「식품 등의 표시·광고에 관한 법률 시행규칙」 '별표 2'(2020.9.9)에는 한국인에게 알레르기 유발물질〔알류(가금류), 우유, 메밀, 땅콩, 대두, 밀, 고등어, 게, 새우, 돼지고기, 복숭아, 토마토, 아황산류, 호두, 닭고기, 쇠고기, 오징어, 조개류(굴, 전복, 홍합포함), 잣〕에 대한 표시대상 및 표시방법에 대해 제시되어 있다. 「학교급식법」 제16조 '품질 및 안전을 위한 준수사항'(2021.3.23)에는 알레르기 유발 식재료가 사용되는 경우 급식 대상 학생에게 알리고, 급식 시 표시하여야 한다고 제시되어 있다. 또한 어린이집의 식품 알레르기 유발물질 표기의무(한국보육진흥원, 2019년 보육사업안내)로 어린이급식관리지원센터에서 제공되는 식단표에 식품 알레르기 유발물질 표시는 의무화되어 있다.

(3) 식습관과 기호성

식사 대상자의 인종, 거주지역, 종교 등의 사회환경에 따른 식습관과 관습의 차이로 야기되는 기호성은 식단을 계획하는 데 중요한 문화적 요인이 된다. 종교적으로 제한되었거나 금기가 된 음식은 급식 대상자의 수용 여부에 크게 영향을 미친다. 식생활관리자는 식사 대상자들에 대한 모든 사항을 파악하여 그들의 생활문화에 접근하도록 식사를 계획해야 한다.

(4) 식품 배합과 조리 기술

음식이 지닌 형태, 색, 질감, 맛, 향기, 온도, 조리방법 등이 적절한 대비가 이루어지고 조화롭게 구성될 때 맛과 풍미를 높일 수 있다. 그릇에 담아 제공되는 음식의 색과 크기, 모양 등에 변화가 있을 때 조화가 이루어졌다고 할 수 있다. 식품의 풍미를 증진하기 위하여 향신료, 양념, 양파 등 기타 재료를 첨가하는데, 식단을 계획할 때 기본원칙은 온화한 맛과 강한 맛의 조화가 중요하며 비슷한 향미의 식품, 향신료, 조미료를 반복해서 사용하지 않는 것이 합리적이다. 여러 가지 식품을 골고루 선택하고, 다양한 조리방법을 이용하여 식단을 계획하도록 한다.

(5) 식품비 예산 결정

식생활관리자는 비용 전반에 대한 적절한 관리와 예산의 집행에 책임감을 가져야 한다. 식품비 예산을 세울 때 세 가지 접근방법으로 살펴보면 ① 저단가계획에 따라 식품필요량을 먼저 결정한 후 가족의 기호를 고려하여 예산을 책정하는 방법, ② 식품필요량을 결정하는 과정을 생략하고 가족 1인당 식품 지출비를 책정한 후 전체 식품비 예산을 결정하는 방법, ③ 현재 식품비 지출 경향을 분석한 후 소비형태를 변경하여 예산을 책정하는 방법 등이 있다.

예산 결정과정도 중요하나 식품구매도 중요한 부분이다. 식생활관리자는 시판 조리식품과 즉석조리식품 등에 얼마를 소비할 수 있는지를 알아야 한다. 과일과 채소, 육류를 얼마나 살 수 있으며, 같은 식품 중에서 자신의 예산에 맞는 것이 어느 것인지를 알아야 한다. 식생활관리자는 책정된 예산으로 식단계획을 해야 하므로, 시장 단위의 식품량에 대해 알고 있어야 하며 시장 물가를 알아두는 것이 좋다. 식품비 예산이 많을수록 식사 대상자를 만족시키기 쉬우며, 예산이 적을수록 여러 가지 맛과 풍미의 배합, 식품의 모양이나 맛을 좋게 하기 위한 질감의 대조 등 여러 가지 방법을 동원해야 식사 대상자를 만족시킬 수 있다.

(6) 조리자의 숙련도

식생활관리자는 현재 조리자의 숙련도나 조리능력 등을 사전에 파악해야 한다. 조리자의 작업 효율이 떨어지는 경우 식사 지연을 초래하거나 조리능력 미숙으로 품질 저하 우려가 있으므로, 새로 개발한 메뉴를 메뉴계획에 적용하려면 사전에 조리실습을 통해 조리자의 능력을 충분히 향상시켜야 한다.

(7) 시설·설비 조건

조리를 능률적으로 하기 위해서는 노동력을 절약하면서도 좋은 음식을 만들 수 있는 효율적인 기기를 구비하여야 한다. 현재 구비하고 있는 기기를 파악한 후 이들 기기를 이용하여 손쉽게 할 수 있는 식단을 계획하여야 한다. 아무리 잘 짜인 식단이라 하더라도 그 음식을 만들 수 있는 주방의 제반 시설·설비와 그 시설을 활용할 수 있는 인력이 불충분하다면 기대한 결과를 얻을 수 없다.

(8) 식품의 안전성과 위생

식사를 제공함에 있어 식품이나 조리공정에서 생길 수 있는 위해요소들을 완전히 차단하여 안전성을 확보해야 한다. 식단작성 시 잠재적으로 위험한 식품을 확인하는 등 위생적 측면을 고려해야 한다.

사용 주의 식품
- 연중 : 알류, 두부류, 묵류, 새싹류 등
- 월별 : 패류·굴류(2~9월), 생식어류·알류(4~9월), 내장·삶은 육류(5~9월)

(9) 식품의 목측량과 음식 종류별 식재료의 분량

음식을 만들려면 식품에 대한 기본적인 지식과 음식에 맞는 조리법, 각종 식품이나 조미료의 계량, 가열시간이나 조리온도를 정확히 해야 할 필요가 있다. 이때 사용하는 계량기구로는 저울, 계량컵, 계량스푼 등이 있다.

목측량은 눈대중으로 짐작한 양을 말하며, 표 5-1은 식생활관리자가 기본적으로 알아야 할 주요 식품별 목측량을 나타내었다. 또한 같은 식재료라도 음식 종류에

계량기구 및 온도계

- 저울 : 재료의 중량을 재는 데 사용
- 계량컵 : 부피를 측정하는 데 사용
  1컵c, cup = 200cc = 200g = 약 13큰술
- 계량스푼 : 부피를 측정하는 데 사용
  1큰술T, Tbs, Table Spoon = 15cc = 15g = 3작은술
  1작은술t, ts, tea spoon = 5cc = 5g

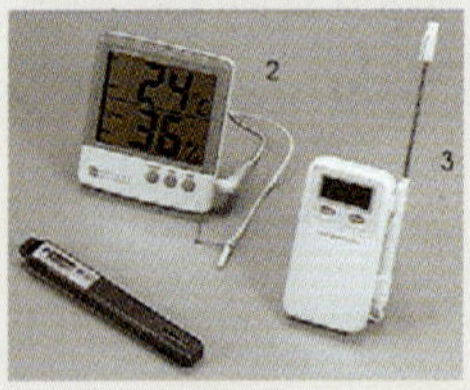

표 5-1 주요 식품별 목측량

식품명		목측량	중량(g)	식품명		목측량	중량(g)
식물성 식품	흰밥	1공기	210	식물성 식품	두부	1모	300
	고구마	중 1개	200~240		된장	1큰술	18
	감자	중 1개	60~70		간장	1큰술	17
	밀가루	1큰술	7.5		식초	1큰술	15
	콩가루(날것)	1큰술	8		참기름	1큰술	13~14
	토마토	중 1개	120~150		설탕	1큰술	14~15
	풋고추	중 1개	8		통깨	1큰술	6.5
	당근	중 1개	130		소금	1큰술	13~14
	가지	중 1개	100	동물성 식품	쇠고기	1근	600
	마늘	중 1통	30		닭고기	중 1마리	900~1,050
	콩	12~14개	10		달걀	중 1개	45~50
	파	대 1뿌리	50		고등어	중 1마리	400~600
	귤	중 1개	80~100		자반고등어	중 1마리	350
	배	중 1개	400~500		갈치	중 1마리	500~600
	사과	중 1개	150~250		조기	중 1마리	350
	통김치	중 1포기	1,100		우유	1컵	200

따라 사용되는 양이 달라지므로 식단작성 시 음식 종류별 식재료 1인 분량 확인이 필요하다표 5-2.

⏳ 실습
계량기구를 사용해서 식품의 목측량을 측정해 봅시다.

표 5-2 음식 종류별 식재료 1인 분량

식재료	음식 종류	1인 분량(g)	음식의 예
쇠고기	국	30	쇠고기국, 쇠고기두부국
	찌개	20~40	쇠고기두부찌개, 쇠고기찌개, 쇠고기청국장찌개
	구이, 볶음	50~60	쇠고기고추장볶음, 쇠고기마늘볶음, 쇠고기버섯볶음, 쇠고기볶음
	조림	40~60	쇠고기장조림, 우엉쇠고기조림
	전	30~40	쇠고기산적, 쇠고기완자전
돼지고기	찌개	30~60	돼지고기찌개, 돈육김치찌개
	구이, 볶음	60	돼지고기구이, 돼지고기볶음, 돼지고기고추장볶음, 돼지고기볶음
	조림	40~60	돼지고기장조림, 돼지고기완자조림
	전	40	돼지고기완자전
닭고기	국, 탕	60~90	닭계장, 닭뭇국, 닭매운탕, 닭곰탕, 닭도리탕
	찜	60	닭찜
	볶음	50~60	닭갈비, 닭불고기, 닭볶음, 닭고추장볶음, 닭떡볶음, 닭살야채볶음
	튀김	60	통닭, 닭강정, 닭고기탕수육, 닭튀김
	조림	60~90	닭조림, 닭다리조림
	냉채	60	닭고기냉채
달걀	국, 탕	20~40	달걀국, 달걀파국, 두부달걀탕, 북어달걀국
	찜	30~50	참치달걀찜, 달걀찜
	구이나 볶음	50	스크램블드에그, 달걀말이, 달걀햄말이, 달걀프라이
	조리	50	달걀조림
어류	찌개	40~80	갈치찌개, 고등어찌개, 굴두부찌개, 꽁치찌개, 동태찌개, 오징어찌개, 가자미매운탕, 꽃게탕, 대구탕, 동태매운탕
	찜	70	가오리찜, 가자미찜, 갈치찜, 대구찜, 아구찜
	구이	70	갈치구이, 고등어구이, 굴비구이, 꽁치구이, 장어구이, 조기구이
	조림	70	갈치조림, 가자미조림, 고등어조림, 꽁치조림
	튀김	70	가자미튀김, 갈치튀김, 굴비튀김, 멸치튀김
해조류 채소류	채소밥	70	콩나물밥
	국	30~70	감자호박국, 김치콩나물국, 북어콩나물국, 콩나물무채국, 냉이된장국, 아욱국, 우거짓국
	냉채, 무침	30~70	콩나물냉채, 달래무무침, 도라지무침, 미나리무침, 파래무침
	찜	10~70	깻잎찜, 애호박찜, 양배추찜, 호박잎찜
	볶음	50~70	가지볶음, 감자야채볶음, 고구마줄기볶음, 고사리볶음, 미역줄기볶음

자료 : 한국영양학회 CAN pro 5.0 영양평가 프로그램, 2015

가식부량
= 총중량 - 폐기량

폐기율

$$= \frac{\text{폐기량}}{\text{총중량}} \times 100$$

가식부율

$$= \frac{\text{가식부량}}{\text{총중량}} \times 100$$

실습
건물의 팽창률을 측정해 봅시다.

(10) 가식부율과 건물의 팽창률

폐기량이 많은 식품은 가격이 싸도 실질적으로 먹을 수 있는 가식부량이 적으므로 이러한 식품을 선택하는 것은 합리적인 식생활관리라 할 수 없다. 따라서 식품 자체의 차이 또는 식품의 신선도에 따른 폐기율도 고려하여 식품의 종류를 결정해야 하며, 식품별 가식부율을 고려하여 산정한 필요량만큼 식재료를 구매해야 한다 표 5-3. 평소 마른 재료를 많이 쓰는 경우 불리거나 삶았을 때의 양을 알면, 재료의 분량을 환산할 수 있어 많은 분량을 준비하는 데 편리하다표 5-4.

표 5-3 식품별 가식부율

식품군명	가식부율(%)	비고	식품군명	가식부율(%)	비고
곡류 및 그 제품	100		육류 및 그 제품	34~100	
감자류 및 전분류	70~100		난류	85~100	
당류 및 그 제품	100		어패류 및 그 제품	15~100	
두류 및 그 제품	100	풋콩 55%	해조류 및 그 제품	100	
종실류 및 그 제품	40~100		우유 및 그 제품	100	
채소류 및 그 제품	40~100		유지류	100	
버섯류	100	팽이버섯 88%	음료 및 주류	100	
과실류 및 그 제품	40~100		조미료 및 향신료	100	

표 5-4 건물의 팽창률

식품명	분량(g)	불렸을 때 분량(g)	팽창률	비고
건미역	4	36	9.0	
말린고사리	10	70	7.0	
건당면	30	192	6.4	삶아 건졌을 때
건오징어	15	66	4.4	
건다시마	10	30	3.0	

(11) 계절식품

계절에 많이 생산되는 식품은 가격이 적정하고 영양에 있어서도 우수하고 특히 가장 좋은 맛을 지니고 있으므로, 계절식품을 활용하여 다양한 식단구성을 하는 것이 좋다표 5-5. 또한 계절에 따라 위험한 식품도 있으니 주의를 요한다.

표 5-5 다양한 계절식품

<table>
<tr><th colspan="2">식품 / 월</th><th>1</th><th>2</th><th>3</th><th>4</th><th>5</th><th>6</th><th>7</th><th>8</th><th>9</th><th>10</th><th>11</th><th>12</th></tr>
<tr><td rowspan="28">제철
어패류
및
해조류</td><td>가자미</td><td colspan="7">가자미</td><td></td><td></td><td></td><td></td><td></td></tr>
<tr><td>갈치</td><td>갈치</td><td></td><td></td><td></td><td></td><td colspan="7">갈치</td></tr>
<tr><td>고등어</td><td>고등어</td><td></td><td></td><td></td><td></td><td></td><td></td><td colspan="5">고등어</td></tr>
<tr><td>꽁치</td><td></td><td></td><td></td><td></td><td colspan="2">꽁치</td><td></td><td></td><td></td><td></td><td>꽁치</td><td></td></tr>
<tr><td>대구</td><td>대구</td><td></td><td></td><td></td><td>대구</td><td></td><td></td><td></td><td></td><td colspan="3">대구</td></tr>
<tr><td>멸치</td><td>멸치</td><td></td><td></td><td></td><td></td><td></td><td colspan="6">멸치</td></tr>
<tr><td>병어</td><td></td><td></td><td></td><td></td><td></td><td>병어</td><td></td><td></td><td colspan="4">병어</td></tr>
<tr><td>삼치</td><td colspan="2">삼치</td><td></td><td></td><td></td><td></td><td></td><td></td><td colspan="4">삼치</td></tr>
<tr><td>아귀</td><td>아귀</td><td></td><td colspan="4">아귀</td><td></td><td></td><td></td><td></td><td colspan="2">아귀</td></tr>
<tr><td>양미리</td><td></td><td></td><td></td><td></td><td></td><td></td><td></td><td></td><td></td><td></td><td></td><td>양미리</td></tr>
<tr><td>연어</td><td></td><td></td><td></td><td></td><td></td><td></td><td></td><td></td><td></td><td>연어</td><td></td><td></td></tr>
<tr><td>임연수어</td><td></td><td></td><td colspan="4">임연수어</td><td></td><td></td><td></td><td></td><td></td><td>임연수어</td></tr>
<tr><td>전어</td><td colspan="3">전어</td><td></td><td></td><td></td><td></td><td></td><td>전어</td><td></td><td></td><td></td></tr>
<tr><td>조기</td><td>조기</td><td></td><td></td><td></td><td></td><td></td><td></td><td colspan="5">조기</td></tr>
<tr><td>청어</td><td></td><td></td><td></td><td colspan="4">청어</td><td></td><td></td><td></td><td></td><td></td></tr>
<tr><td>꽃게</td><td></td><td></td><td></td><td></td><td>꽃게</td><td></td><td></td><td colspan="4">꽃게</td><td></td></tr>
<tr><td>꽃새우</td><td></td><td></td><td></td><td></td><td colspan="4">꽃새우</td><td></td><td></td><td></td><td></td></tr>
<tr><td>대하</td><td></td><td></td><td></td><td></td><td></td><td></td><td></td><td></td><td colspan="2">대하</td><td></td><td></td></tr>
<tr><td>굴</td><td colspan="2">굴</td><td></td><td></td><td></td><td></td><td></td><td></td><td></td><td colspan="3">굴</td></tr>
<tr><td>꼬막</td><td>꼬막</td><td></td><td></td><td colspan="3">꼬막</td><td></td><td></td><td></td><td></td><td></td><td></td></tr>
<tr><td>홍합</td><td></td><td></td><td></td><td></td><td></td><td></td><td colspan="4">홍합</td><td></td><td></td></tr>
<tr><td>낙지</td><td></td><td></td><td colspan="4">낙지</td><td></td><td></td><td></td><td></td><td colspan="2">낙지</td></tr>
<tr><td>주꾸미</td><td></td><td></td><td colspan="2">주꾸미</td><td></td><td></td><td></td><td></td><td></td><td></td><td></td><td></td></tr>
<tr><td>오징어</td><td>오징어</td><td></td><td></td><td></td><td></td><td></td><td></td><td colspan="5">오징어</td></tr>
<tr><td>김</td><td>김</td><td></td><td colspan="2">김</td><td></td><td></td><td></td><td></td><td></td><td></td><td></td><td>김</td></tr>
<tr><td>다시마</td><td></td><td></td><td></td><td></td><td></td><td></td><td></td><td></td><td colspan="2">다시마</td><td></td><td></td></tr>
<tr><td>미역</td><td></td><td></td><td></td><td colspan="2">미역</td><td></td><td></td><td></td><td></td><td></td><td></td><td></td></tr>
<tr><td>파래</td><td colspan="2">파래</td><td></td><td></td><td></td><td></td><td></td><td></td><td></td><td></td><td></td><td></td></tr>
</table>

자료 : 통계청, 어업생산동향조사(2016~2020 평균) 내용 재구성
해양수산부, 2020년 수산물생산 및 유통산업실태조사(2021.4) 내용 재구성

(계속)

식품	월	1	2	3	4	5	6	7	8	9	10	11	12
제철 채소류	가지							가지					
	감자		가을감자			겨울감자	봄감자			고랭지감자			가을감자
	갓	갓										갓	
	고구마									고구마			
	고사리				고사리								
	고추							고추					
	근대							근대					
	깻잎							깻잎					
	냉이		냉이										
	느타리버섯										느타리버섯		
	달래		달래										
	당근		당근									당근	
	대파		대파									대파	
	더덕				더덕								
	두릅			두릅									
	마늘종				마늘종								
	무		가을무			봄무			고랭지무				가을무
	미나리			미나리									
	배추	가을배추	겨울배추			봄배추			여름배추			가을배추	
	봄동				봄동								
	부추							부추					
	브로콜리	브로콜리										브로콜리	
	비트	비트								비트			
	셀러리			셀러리								셀러리	
	송이버섯									송이버섯			
	순무				순무						순무		
	시금치		시금치								시금치		

(계속)

<table>
<tr><th colspan="2">식품 / 월</th><th>1</th><th>2</th><th>3</th><th>4</th><th>5</th><th>6</th><th>7</th><th>8</th><th>9</th><th>10</th><th>11</th><th>12</th></tr>
<tr><td rowspan="27">제철 채소류</td><td>쑥</td><td></td><td colspan="2">쑥</td><td></td><td></td><td></td><td></td><td></td><td></td><td></td><td></td><td></td></tr>
<tr><td>쑥갓</td><td></td><td></td><td></td><td colspan="2">쑥갓</td><td></td><td></td><td></td><td></td><td></td><td></td><td></td></tr>
<tr><td>아스파라거스</td><td></td><td></td><td></td><td></td><td colspan="2">아스파라거스</td><td></td><td></td><td></td><td></td><td></td><td></td></tr>
<tr><td>아욱</td><td></td><td></td><td></td><td></td><td></td><td colspan="3">아욱</td><td></td><td></td><td></td><td></td></tr>
<tr><td>양배추</td><td></td><td colspan="2">양배추</td><td></td><td colspan="2">양배추</td><td></td><td></td><td></td><td></td><td></td><td></td></tr>
<tr><td>양상추</td><td></td><td></td><td></td><td></td><td></td><td></td><td colspan="5">양상추</td><td></td></tr>
<tr><td>양파</td><td></td><td></td><td></td><td></td><td></td><td colspan="4">양파</td><td></td><td></td><td></td></tr>
<tr><td>얼갈이</td><td></td><td></td><td colspan="3">얼갈이</td><td></td><td></td><td></td><td></td><td></td><td></td><td></td></tr>
<tr><td>연근</td><td colspan="2">연근</td><td></td><td></td><td></td><td></td><td></td><td></td><td></td><td></td><td colspan="2">연근</td></tr>
<tr><td>열무</td><td></td><td></td><td colspan="3">열무</td><td></td><td></td><td></td><td></td><td></td><td></td><td></td></tr>
<tr><td>오이</td><td></td><td></td><td></td><td></td><td colspan="5">오이</td><td></td><td></td><td></td></tr>
<tr><td>우엉</td><td colspan="3">우엉</td><td></td><td></td><td></td><td></td><td></td><td></td><td></td><td></td><td>우엉</td></tr>
<tr><td>죽순</td><td></td><td></td><td colspan="4">죽순</td><td></td><td></td><td></td><td></td><td></td><td></td></tr>
<tr><td>쪽파</td><td></td><td></td><td colspan="3">쪽파</td><td></td><td></td><td></td><td></td><td></td><td></td><td></td></tr>
<tr><td>참취</td><td></td><td colspan="4">참취</td><td></td><td></td><td></td><td></td><td></td><td></td><td></td></tr>
<tr><td>콜리플라워</td><td colspan="3">콜리플라워</td><td></td><td></td><td></td><td></td><td></td><td></td><td colspan="3">콜리플라워</td></tr>
<tr><td>콩나물</td><td colspan="12">콩나물</td></tr>
<tr><td>토란</td><td></td><td></td><td></td><td></td><td></td><td></td><td></td><td></td><td></td><td colspan="3">토란</td></tr>
<tr><td>토란줄기</td><td></td><td></td><td></td><td></td><td></td><td></td><td></td><td></td><td colspan="2">토란줄기</td><td></td><td></td></tr>
<tr><td>풋마늘</td><td></td><td></td><td colspan="3">풋마늘</td><td></td><td></td><td></td><td></td><td></td><td></td><td></td></tr>
<tr><td>표고버섯</td><td></td><td></td><td colspan="8">표고버섯</td><td></td><td></td></tr>
<tr><td>풋콩</td><td></td><td></td><td></td><td></td><td></td><td colspan="4">풋콩</td><td></td><td></td><td></td></tr>
<tr><td>피망</td><td></td><td></td><td></td><td colspan="4">피망</td><td></td><td></td><td></td><td></td><td></td></tr>
<tr><td>호박</td><td></td><td></td><td></td><td></td><td colspan="2">호박</td><td></td><td></td><td></td><td></td><td></td><td></td></tr>
<tr><td>산마</td><td></td><td></td><td></td><td></td><td></td><td></td><td></td><td></td><td></td><td></td><td></td><td>산마</td></tr>
<tr><td>씀바귀</td><td></td><td></td><td>씀바귀</td><td></td><td></td><td></td><td></td><td></td><td></td><td></td><td></td><td></td></tr>
<tr><td>옥수수</td><td></td><td></td><td></td><td></td><td></td><td></td><td></td><td>옥수수</td><td></td><td></td><td></td><td></td></tr>
</table>

자료 : https://www.kamis.or.kr/customer/trend/product/product.do(2018~2021년) 농산물유통정보 제철식품 자료 내용 재구성

노지 하우스

식품	월	1	2	3	4	5	6	7	8	9	10	11	12
제철 과일류	감		감									감	
	감귤		감귤					감귤				감귤	
	딸기			딸기			딸기						딸기
	방울토마토			방울토마토					방울토마토			방울토마토	
	배			배					배			배	
	복숭아							백도			황도		
	사과								아오리, 홍로		부사		
	수박					수박				수박			
	참외				참외			참외					
	토마토						토마토						
	포도									포도			
	금귤			금귤									
	매실						매실						
	모과											모과	
	무화과									무화과			
	석류									석류			
	앵두					앵두							
	유자										유자		
	자두								자두				

자료 : https://www.kamis.or.kr/customer/trend/product/product.do(2018~2021년) 농산물유통정보 제철식품 자료 내용 재구성

(12) 대체식품

한정된 예산 범위 안에서 식사 대상자의 기호에 맞으면서도 적절한 영양 공급이 가능한 식단작성을 위해서는 대체식품을 알아두어야 한다. 대체식품은 어떤 식품에 대해 같은 영양소를 공급하면서도 예산이나 기호에 맞게 대체할 수 있는 식품을 말한다. 예를 들어, 식사구성안으로 식단구성 시 '고기·생선·달걀·콩류'의 1인 1회 분량에서 쇠고기 60g을 돼지고기 60g으로 대체해서 식단을 구성할 수 있다.

2. 식단작성

1) 식사구성안을 활용한 1일 식단작성

식사구성안은 일반인들이 균형잡힌 식사를 쉽게 계획할 수 있도록 곡류, 고기·생선·달걀·콩류, 채소류, 과일류, 우유·유제품류, 유지·당류의 6개 식품군별 대표 식품의 1인 1회 분량과 권장식사패턴을 이용하여 식사의 기본 구성을 제안한 것이다.

(1) 식사구성안의 영양 목표

식사구성안의 영양목표는 에너지, 비타민, 무기질, 식이섬유는 섭취 필요량의 100%를 충족하며, 탄수화물, 단백질, 지방의 에너지 비율은 각각 55~65%, 7~20%, 15~30%(1~2세의 경우 20~35%) 정도를 유지하고, 설탕이나 물엿과 같은 첨가당 및 소금은 되도록 적게 섭취하도록 구성하는 것이다표 4-14.

(2) 권장식사패턴

권장식사패턴이란 일반인들이 복잡하게 영양가를 계산하지 않고서도 자신의 영양소 섭취기준에 적합하게 식사구성안을 작성할 수 있도록 제시한 식사형태를 의미한다. 대표 에너지를 제시하고 열량별로 식품군별 섭취횟수를 제시하여 자신에게 적절한 식품을 선택하여 식단을 작성할 수 있도록 하였다.

권장식사패턴은 성장기 어린이와 청소년의 특징을 반영하여 하루에 우유를 2컵 섭취하는 A타입표 5-6과 우유를 1컵 섭취하는 B타입표 5-7으로 구분하였으며, 권장식사패턴에 적용할 성별·연령별 기준 에너지는 표 5-8과 같다.

표 5-6 생애주기별 권장식사패턴 A(우유·유제품 2회 권장, A타입)

(단위: 회)

에너지 (kcal)	곡류	고기·생선·달걀·콩류	채소류	과일류	우유·유제품류	유지·당류
900	1	1.5	4	1	2	2
1,000	1	1.5	4	1	2	3
1,100	1.5	1.5	4	1	2	3
1,200	1.5	2	5	1	2	3
1,300	1.5	2	6	1	2	4
1,400	2	2	6	1	2	4
1,500	2	2.5	6	1	2	5
1,600	2.5	2.5	6	1	2	5
1,700	2.5	3	6	1	2	5
1,800	3	3	6	1	2	5
1,900	3	3.5	7	1	2	5
2,000	3	3.5	7	2	2	6
2,100	3	4	8	2	2	6
2,200	3.5	4	8	2	2	6
2,300	3.5	5	8	2	2	6
2,400	3.5	5	8	3	2	6
2,500	3.5	5.5	8	3	2	7
2,600	3.5	5.5	8	4	2	8
2,700	4	5.5	8	4	2	8
2,800	4	6	8	4	2	8

자료 : 보건복지부·한국영양학회, 2021

표 5-7 생애주기별 권장식사패턴 B(우유·유제품 1회 권장, B타입)

(단위: 회)

에너지 (kcal)	곡류	고기·생선·달걀·콩류	채소류	과일류	우유·유제품류	유지·당류
1,000	1.5	1.5	5	1	1	2
1,100	1.5	2	5	1	1	3
1,200	2	2	5	1	1	3
1,300	2	2	6	1	1	4
1,400	2.5	2	6	1	1	4

(계속)

에너지 (kcal)	곡류	고기·생선·달걀·콩류	채소류	과일류	우유·유제품류	유지·당류
1,500	2.5	2.5	6	1	1	4
1,600	3	2.5	6	1	1	4
1,700	3	3.5	6	1	1	4
1,800	3	3.5	7	2	1	4
1,900	3	4	8	2	1	4
2,000	3.5	4	8	2	1	4
2,100	3.5	4.5	8	2	1	5
2,200	3.5	5	8	2	1	6
2,300	4	5	8	2	1	6
2,400	4	5	8	3	1	6
2,500	4	5	8	4	1	7
2,600	4	6	9	4	1	7
2,700	4	6.5	9	4	1	8

자료 : 보건복지부·한국영양학회, 2021

표 5-8 성별·연령별 기준 에너지

연령	에너지필요추정량(kcal)		기준 에너지	
	남자	여자	남자	여자
1~2세	900	900	900A	900A
3~5세	1,400	1,400	1,400A	1,400A
6~8세	1,700	1,500	1,900B	1,700A
9~11세	2,000	1,800		
12~14세	2,500	2,000	2,600A	2,000A
15~18세	2,700	2,000		
19~29세	2,600	2,000	2,400B	1,900B
30~49세	2,500	1,900		
50~64세	2,200	1,700		
65세 이상(65~74)	2,000	1,600	2,000B	1,600B
75세 이상	1,900	1,500	1,900B	1,500B

자료 : 보건복지부·한국영양학회, 2021

(3) 각 식품군의 대표식품 및 1인 1회 분량

식사구성안의 식품군별 대표식품은 우리 국민이 자주 섭취하는 다빈도 식품을 바탕으로 선정되었으며, 1인 1회 분량은 동일 식품군 내에서 일정한 에너지 기준을 충족하며 1회 제공 기준량 등을 고려하여 설정되었다. 식품군별 에너지 기준은 곡류 300kcal, 고기·생선·달걀·콩류 100kcal, 채소류 15kcal, 과일류 50kcal, 우유·유제품류 125kcal, 유지·당류 45kcal이다.

① 주요 곡류 식품의 1인 1회 분량과 해당 횟수

곡류의 1인 1회 분량은 쌀, 보리 등 생곡류는 90g, 쌀밥, 보리밥 등 밥류는 210g이며 약 300kcal를 제공한다. 식빵의 경우는 1인 1회 분량이 1쪽 35g이고, 평균 100kcal를 제공하므로 0.3회에 해당한다. 국수류는 건면을 기준으로 1회 제공량이 90g이며, 생면 1회 제공량은 200g, 라면사리는 유탕면(봉지) 1회 제공량인 120g이다**표 5-9 그림 5-1**.

표 5-9 주요 곡류 식품의 1인 1회 분량과 해당 횟수

	품목	식품명	1회 분량 (g)	횟수[1]
곡류 (300kcal)	곡류	백미, 보리, 찹쌀, 현미, 조, 수수, 기장, 팥, 귀리, 율무	90	1회
		옥수수	70	0.3회
		쌀밥	210	1회
	면류	국수/메밀국수/냉면국수(말린 것)	90	1회
		우동/칼국수(생면)	200	1회
		당면	30	0.3회
		라면사리	120	1회
	떡류	가래떡/백설기	150	1회
	빵류	식빵	35	0.3회
	시리얼류	시리얼	30	0.3회
	감자류	감자	140	0.3회
		고구마	70	0.3회
	기타	묵	200	0.3회
		밤	60	0.3회
		밀가루, 전분, 빵가루, 부침가루, 튀김가루(혼합)	30	0.3회
	과자류	과자(비스킷, 쿠키)	30	0.3회
		과자(스낵)	30	0.3회

[1] 곡류 300kcal에 해당하는 분량을 1회라고 간주하였을 때, 1회 분량에 해당하는 횟수

자료 : 보건복지부·한국영양학회, 2021

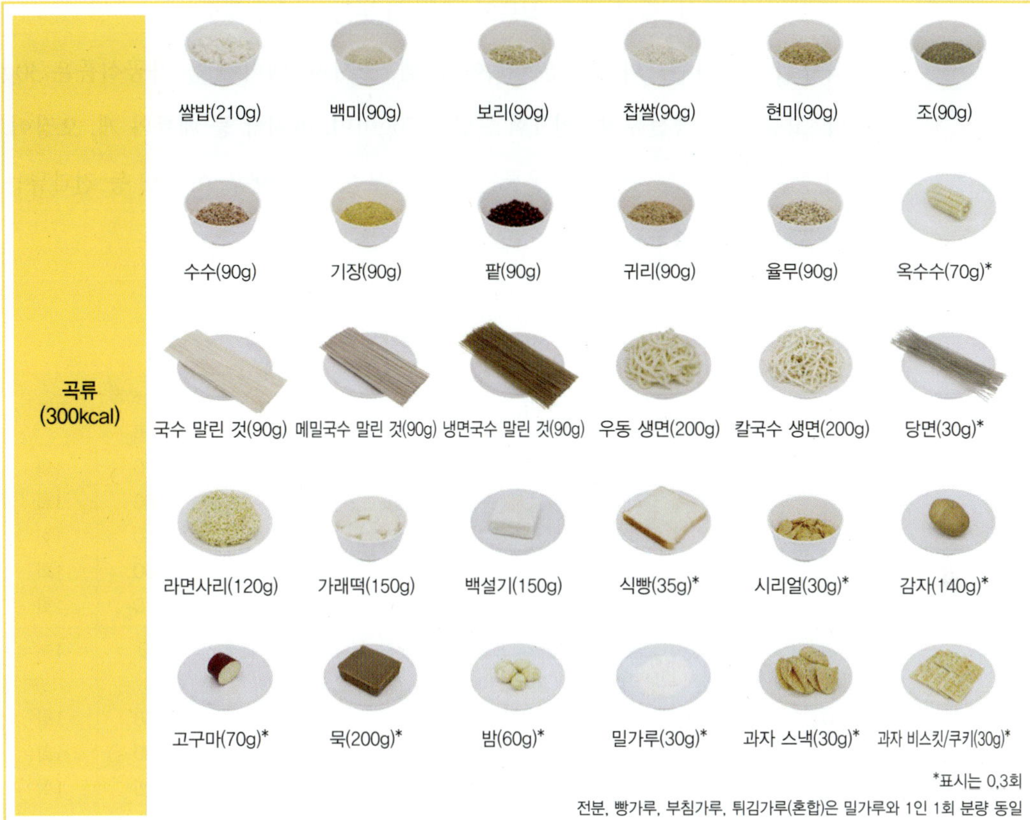

그림 5-1 주요 곡류 식품의 1인 1회 분량

자료 : 보건복지부 · 한국영양학회, 2021

② 주요 고기·생선·달걀·콩류 식품의 1인 1회 분량과 해당 횟수

육류의 경우 1인 1회 분량은 60g이며, 햄, 소시지, 베이컨 등 가공식품은 30g이다. 고등어 등 생선류의 1인 1회 분량은 70g이며, 바지락 등 패류와 게, 오징어, 낙지 등은 80g, 대두, 녹두 등 콩류는 20g, 두부는 80g, 땅콩, 아몬드 등 견과류는 10g이다표 5-10 그림 5-2.

표 5-10 주요 고기·생선·달걀·콩류 식품의 1인 1회 분량과 해당 횟수

	품목	식품명	1회 분량 (g)	횟수[1]
고기·생선·달걀·콩류 (100kcal)	면류	쇠고기	60	1회
		돼지고기	60	1회
		닭고기	60	1회
		오리고기	60	1회
		돼지고기가공품(햄, 소시지, 베이컨)	30	1회
	어패류	고등어, 명태/동태, 조기, 꽁치, 갈치, 다랑어(참치), 대구, 가자미, 넙치/광어, 연어	70[2]	1회
		바지락, 게, 굴, 홍합, 전복, 소라	80	1회
		오징어, 새우, 낙지, 문어, 쭈꾸미	80	1회
		멸치자건품, 오징어(말린 것), 새우자건품, 뱅어포(말린 것), 명태(말린 것)	15	1회
		다랑어(참치통조림)	60	1회
		어묵, 게맛살	30	1회
		어류젓	40	1회
	난류	달걀, 메추리알	60	1회
	콩류	대두, 녹두, 완두콩, 강낭콩, 렌틸콩	20	1회
		두부	80	1회
		두유	200	1회
	견과류	땅콩, 아몬드, 호두, 잣, 해바라기씨, 호박씨, 은행, 캐슈넛	10	0.3회

[1] 고기·생선·달걀·콩류 100kcal에 해당하는 분량을 1회라고 간주하였을 때, 1회 분량에 해당하는 횟수
자료 : 보건복지부·한국영양학회, 2021

그림 5-2 주요 고기·생선·달걀·콩류 식품의 1인 1회 분량

자료 : 보건복지부·한국영양학회, 2021

③ 주요 채소류 식품의 1인 1회 분량과 해당 횟수

채소류는 1인 1회 분량이 대부분 70g이며, 우엉, 연근, 도라지, 토란대는 40g이다. 김치류의 1인 1회 분량은 40g, 버섯류는 30g, 해조류는 건미역과 건다시마가 10g이다표 5-11 그림 5-3.

표 5-11 주요 채소류 식품의 1인 1회 분량과 해당 횟수

	품목	식품명	1회 분량 (g)	횟수[1]
채소류 (15kcal)	채소류	파, 양파, 당근, 무, 애호박, 오이, 콩나물, 시금치, 상추, 배추, 양배추, 깻잎, 피망, 부추, 토마토, 쑥갓, 무청, 붉은고추, 숙주나물, 고사리, 미나리, 파프리카, 양상추, 치커리, 샐러리, 브로콜리, 가지, 아욱, 취나물, 고춧잎, 단호박, 늙은호박, 고구마줄기, 풋마늘, 마늘종	70	1회
		배추김치, 깍두기, 단무지, 열무김치, 총각김치, 오이소박이	40	1회
		우엉, 연근, 도라지, 토란대	40	1회
		마늘, 생강	10	1회
	해조류	미역(마른 것), 다시마(마른 것)	10[2]	1회
		김	2	1회
	버섯류	느타리버섯, 표고버섯, 양송이버섯, 팽이버섯, 새송이버섯	30	1회

[1] 채소류 15kcal에 해당하는 분량을 1회라고 간주하였을 때, 1회 분량에 해당하는 횟수

자료 : 보건복지부·한국영양학회, 2021

그림 5-3 주요 채소류 식품의 1인 1회 분량

자료 : 보건복지부 · 한국영양학회, 2021

④ 주요 과일류 식품의 1인 1회 분량과 해당 횟수

수박, 참외, 딸기의 1인 1회 분량은 150g, 사과, 귤, 배, 바나나, 감, 포도, 복숭아, 오렌지, 키위, 파인애플, 블루베리, 자두는 100g, 대추(말린 것)는 15g이다표 5-12 그림 5-4.

표 5-12 주요 과일류 식품의 1인 1회 분량과 해당 횟수

	품목	식품명	1회 분량(g)	횟수[1]
과일류 (50kcal)	과일류	수박, 참외, 딸기	150	1회
		사과, 귤, 배, 바나나, 감, 포도, 복숭아, 오렌지, 키위, 파인애플, 블루베리, 자두	100	1회
		대추(말린 것)	15	1회

[1] 과일류 50kcal에 해당하는 분량을 1회라고 간주하였을 때, 1회 분량에 해당하는 횟수

자료 : 보건복지부 · 한국영양학회, 2021

그림 5-4 주요 과일류 식품의 1인 1회 분량

자료 : 보건복지부 · 한국영양학회, 2021

⑤ 주요 우유·유제품류 식품의 1인 1회 분량과 해당 횟수

우유·유제품류의 1인 1회 분량은 우유 1잔(200mL), 요구르트(호상) 100g, 요구르트(액상) 150g, 아이스크림, 셔벗 100g이며, 치즈의 경우는 1회 제공량이 20g이고, 0.5회에 해당한다**표 5-13 그림 5-5**.

표 5-13 주요 우유·유제품류 식품의 1인 1회 분량과 해당 횟수

	품목	식품명	1회 분량(g)	횟수[1]
우유·유제품류 (125kcal)	우유	우유	200	1회
	유제품	치즈	20	0.5회
		요구르트(호상)	100	1회
		요구르트(액상)	150	1회
		아이스크림, 셔벗	100	1회

[1] 우유·유제품류 125kcal에 해당하는 분량을 1회라고 간주하였을 때, 1회 분량에 해당하는 횟수

자료 : 보건복지부·한국영양학회, 2021

그림 5-5 주요 우유·유제품류 식품의 1인 1회 분량

자료 : 보건복지부·한국영양학회, 2021

⑥ 주요 유지·당류 식품의 1인 1회 분량과 해당 횟수

참기름, 콩기름 등 식물성 유지류의 1인 1회 분량은 5g이며, 설탕, 물엿, 꿀 등 당류의 1인 1회 분량은 10g이다표 5-14 그림 5-6.

표 5-14 주요 유지·당류 식품의 1인 1회 분량과 해당 횟수

	품목	식품명	1회 분량(g)	횟수[1]
유지·당류 (45kcal)	유지류	참기름, 콩기름, 들기름, 유채씨기름, 옥수수기름, 올리브유, 해바라기유, 포도씨유, 미강유, 버터, 마가린, 들깨, 흰깨, 깨, 커피크림	5	1회
		커피믹스	12	1회
	당류	설탕, 물엿, 꿀	10	1회

[1] 유지·당류 45kcal에 해당하는 분량을 1회라고 간주하였을 때, 1회 분량에 해당하는 횟수
자료 : 보건복지부·한국영양학회, 2021

그림 5-6 주요 유지·당류 식품의 1인 1회 분량
자료 : 보건복지부·한국영양학회, 2021

(4) 권장식사패턴을 활용한 식단작성

권장식단은 유아 1~2세, 3~5세, 소아 6~11세 남녀, 청소년 12~18세 남녀, 성인 19~64세 남녀와 노인 65~75세 남녀, 75세 이상 남녀로 총 12가지 유형을 제시하였다.

① 1~2세 권장식단(900kcal, A타입)

식품군별 섭취횟수는 곡류 1회, 고기·생선·달걀·콩류 1.5회, 채소류 4회, 과일류 1회, 우유·유제품류 2회이며, 끼니별 제공횟수는 곡류 0.3회, 고기·생선·달걀·콩류는 주·부재료에 따라 0.5~1회, 채소류는 주·부재료에 따라 0.5~1회, 과일류 1회, 우유·유제품류 1회를 기준으로 3끼 식사와 간식에 균등하게 배분하였다표 5-15.

1~2세 유아는 성장과 활동에 따른 영양소 필요량이 많으나, 소화기관의 발달이 불완전하다는 점을 고려해 버섯채소죽, 백김치, 파프리카처럼 양념류의 사용이 적고 소화하기 쉬운 식품과 조리법을 선택하여 자극이 적으면서 다양한 맛을 느낄 수 있는 식단으로 구성하였다.

② 3~5세 권장식단(1,400kcal, A타입)

식품군별 섭취횟수는 곡류 2회, 고기·생선·달걀·콩류 2회, 채소류 6회, 과일류 1회, 우유·유제품류 2회이며, 끼니별 제공횟수는 곡류 0.5회, 고기·생선·달걀·콩류는 주·부재료에 따라 0.5~1회, 채소류는 주·부재료에 따라 0.5~1회, 과일류 1회, 우유·유제품류 1회를 기준으로 3끼 식사와 간식에 균등하게 배분하였다표 5-16.

3~5세 유아는 섭취하는 식품의 종류와 조리법의 종류가 점차 증가하는 시기이나, 편식하는 식품이 생기며 친숙한 음식을 좋아하는 경향이 있다. 따라서 식단을 구성함에 있어 메추리알장조림과 같은 선호식품에 오이나물을 같이 구성하거나 돼지고기버섯카레에 버섯을 함께 조리하는 방법을 통해 편식습관 개선을 고려하였다.

표 5-15 1~2세 권장식단(900kcal, A타입)

메뉴	분량	아침	점심	저녁	간식
		버섯채소죽 돼지고기장조림 숙주나물 오이초무침 	차조밥 시금치된장국 삼치구이 감자조림 백김치 	쌀밥 미역국 닭고기조림 파프리카볶음 무생채 	오렌지 바나나 방울토마토 우유 호상요구르트 
곡류	1회	쌀밥 63g (0.3)	차조밥 63g (0.3) 감자 47g (0.1)	쌀밥 63g (0.3)	
고기·생선·달걀·콩류	1.5회	돼지고기 30g (0.5)	삼치 35g (0.5)	닭고기 30g (0.5)	
채소류	4회	표고버섯 9g (0.3) 당근 7g (0.1) 양파 7g (0.1) 숙주나물 35g (0.5) 오이 35g (0.5)	시금치 28g (0.4) 배추김치 20g (0.5)	미역(마른 것) 2g (0.2) 파프리카 28g (0.4) 무 35g (0.5)	방울토마토 35g (0.5)
과일류	1회				오렌지 50g (0.5) 바나나 50g (0.5)
우유·유제품류	2회				우유 200mL (1) 요구르트(호상) 100g (1)
유지·당류	2회	유지 및 당류는 조리 시 가급적 적게 사용할 것을 권장함			

총 에너지(kcal): 897.3kcal; 탄수화물, 단백질, 지방 섭취비율: 탄수화물(52.6%), 단백질(17.3%), 지방(30.2%)

자료 : 보건복지부·한국영양학회, 2021

③ 6~11세 남아 권장식단(1,900kcal, A타입)

식품군별 섭취횟수는 곡류 3회, 고기·생선·달걀·콩류 3.5회, 채소류 7회, 과일류 1회, 우유·유제품류 2회이며, 끼니별 제공횟수는 곡류 0.9회, 고기·생선·달걀·콩류는 부재료로 사용 시 0.5회 이하, 주재료로 사용 시 0.5~1회, 채소류는 주·부재료에 따라 0.5~1회, 과일류는 1회, 우유·유제품류는 1회를 기준으로 3끼 식사와 간식에 균등하게 배분하였다표 5-17.

표 5-16 3~5세 권장식단(900kcal, A타입)

메뉴	분량	아침	점심	저녁	간식
		감자달걀샌드위치 브로콜리스프 과일채소샐러드 우유 	쌀밥 무채된장국 돼지고기버섯카레 오이나물 배추김치 	현미밥 배춧국 메추리알장조림 콩나물무침 깍두기 	구운밤 키위 호상요구르트 
곡류	2회	식빵 35g (0.3) 감자 140g (0.3)	쌀밥 126g (0.6)	현미밥 105g (0.5)	밤 60g (0.3)
고기·생선·달걀·콩류	2회	달걀 60g (1)	돼지고기 30g (0.5)	메추리알 30g (0.5)	
채소류	6회	브로콜리 70g (1) 양상추 35g (0.5) 토마토 35g (0.5)	무 28g (0.4) 양송이버섯 24g (0.8) 당근 21g (0.3) 양파 21g (0.3) 오이 35g (0.5) 배추김치 20g (0.5)	배추 21g (0.3) 콩나물 28g (0.4) 깍두기 20g (0.5)	
과일류	1회	사과 30g (0.3) 바나나 20g (0.2)			키위 50g (0.5)
우유·유제품류	2회	우유 200mL (1)			요구르트(호상) 100g (1)
유지·당류	4회	유지 및 당류는 조리 시 가급적 적게 사용할 것을 권장함			

총 에너지(kcal): 1,355.2kcal; 탄수화물, 단백질, 지방 섭취비율(%): 탄수화물(57.9%), 단백질(15.3%), 지방(26.8%)
자료 : 보건복지부·한국영양학회, 2021

식단은 고지방, 고나트륨 음식의 섭취를 제한하고, 소불고기, 달걀프라이, 채소볶음밥, 닭조림 등 섭취빈도가 높은 식재료에 지방과 나트륨이 적은 조리법을 선택하였다. 또한 현미밥, 버섯파프리카볶음, 브로콜리데침 등의 고식이섬유 식품과 치커리새콤무침, 시금치나물을 함께 구성함으로써 바람직한 섭취방법을 보여주고자 권장식단에 제시하였다.

표 5-17 6~11세 남아 권장식단(1,900kcal, A타입)

		아침	점심	저녁	간식
메뉴	분량	쌀밥 감잣국 소불고기 버섯파프리카볶음 치커리새콤무침 깍두기 	채소볶음밥 두부된장국 달걀프라이 브로콜리데침 배추김치 액상요구르트 	현미밥 콩나물국 닭조림 시금치나물 무생채 백김치 	바나나 우유 
곡류	3회	쌀밥 189g (0.9) 감자 140g (0.3)	쌀밥 189g (0.9)	현미밥 189g (0.9)	
고기·생선·달걀·콩류	3.5회	소고기 60g (1)	두부 40g (0.5) 달걀 60g (1)	닭고기 60g (1)	
채소류	7회	표고버섯 15g (0.5) 파프리카 28g (0.4) 치커리 35g (0.5) 깍두기 40g (1)	당근 21g (0.3) 양파 21g (0.3) 브로콜리 35g (0.5) 배추김치 40g (1)	콩나물 35g (0.5) 시금치 35g (0.5) 무 35g (0.5) 백김치 40g (1)	
과일류	1회				바나나 100g (1)
우유·유제품류	2회		요구르트(액상) 150g (1)		우유 200mL (1)
유지·당류	5회	유지 및 당류는 조리 시 가급적 적게 사용할 것을 권장함			

총 에너지(kcal): 1,869.9kcal; 탄수화물, 단백질, 지방 섭취비율(%): 탄수화물(55.3%), 단백질(15.4%), 지방(29.2%)

자료 : 보건복지부·한국영양학회, 2021

④ 6~11세 여아 권장식단(1,700kcal, A타입)

식품군별 섭취횟수는 곡류 2.5회, 고기·생선·달걀·콩류 3회, 채소류 6회, 과일류 1회, 우유·유제품류 2회이며, 끼니별로 제공횟수는 곡류 0.8회, 고기·생선·달걀·콩류는 부재료로 사용 시 0.5회 이하, 주재료로 사용 시 0.5~1회, 채소류는 주·부재료에 따라 0.5~1회, 과일류는 1회, 우유·유제품류는 1회를 기준으로 3끼 식사와 간식에 균등하게 배분하였다**표 5-18**.

6~11세 여아도 남아와 동일하게 삼겹살, 치킨, 라면, 돈가스, 피자, 햄, 탄산음

표 5-18 6~11세 여아 권장식단(1,700kcal, A타입)

메뉴	분량	아침	점심	저녁	간식
		달걀샌드위치 당근수프 키위 우유	흑미밥 무채양파국 가자미구이 감자멸치조림 김구이 배추김치	쌀밥 시금치된장국 돼지목살구이 상추무침 깍두기	방울토마토 호상요구르트

곡류	2.5회	식빵 70g (0.6)	흑미밥 168g (0.8) 감자 140g (0.3)	쌀밥 168g (0.8)	
고기·생선·달걀·콩류	3회	달걀 60g (1)	가자미 49g (0.7) 멸치 5g (0.3)	돼지고기 60g (1)	
채소류	6회	양상추 21g (0.3) 당근 35g (0.5)	무 14g (0.2) 양파 14g (0.2) 김 2g (1) 배추김치 40g (1)	시금치 21g (0.3) 상추 35g (0.5) 깍두기 40g (1)	방울토마토 70g (1)
과일류	1회	키위 100g (1)			
우유·유제품류	2회	우유 200mL (1)			요구르트(호상) 100g (1)
유지·당류	5회	유지 및 당류는 조리 시 가급적 적게 사용할 것을 권장함			

총 에너지(kcal): 1,660.9kcal; 탄수화물, 단백질, 지방 섭취비율(%): 탄수화물(55.3%), 단백질(16.5%), 지방(28.1%)
자료: 보건복지부·한국영양학회, 2020 한국인 영양소 섭취기준 활용연구, 2021

료, 아이스크림 등의 섭취 비중이 증가하는 경향을 보이지만, 여아의 경우 상추, 토마토 등의 채소류 섭취가 남아에 비해 높았으므로 상추무침, 방울토마토 등을 포함하여 식단을 구성하였다.

⑤ 12~18세 남성 권장식단(2,600kcal, A타입)

식품군별 섭취횟수는 곡류 3.5회, 고기·생선·달걀·콩류 5.5회, 채소류 8회, 과일류 4회, 우유·유제품류 2회이며, 끼니별 제공횟수는 곡류 1회, 고기·생선·달걀·콩류는 부재료로 사용 시 0.5회 이하, 주재료로 사용 시 1회, 채소류는 주·부재료에 따라 0.5~1회, 과일류는 1회, 우유·유제품류는 1회를 기준으로 3끼 식사와 간식에 균등하게 배분하였다**표 5-19**.

12~18세 남성은 주식류 중 잡곡밥, 쌀밥에 이어 라면의 섭취빈도가 전체의 3순위를 차지하지만 라면은 고염, 고지방 식품으로 청소년기의 균형적인 식생활을 저해하는 요인이므로 권장식단에서는 우동으로 대체하여 제시하였다. 과일류 권장

표 5-19 12~18세 남성 권장식단(2,600kcal, A타입)

메뉴	분량	아침	점심	저녁	간식
		현미밥 참치김칫국 돼지고기완자 숙주나물 오이소박이 	우동 멸치견과류주먹밥 단호박튀김 토마토케일샐러드 배추김치 파인애플 	잡곡밥 소고기뭇국 낙지볶음 표고버섯잡채 상추사과무침 백김치 	포도 배 호상요구르트 우유 
곡류	3.5회	현미밥 210g (1)	우동면 200g (1) 쌀밥 63g (0.3)	잡곡밥 189g (0.9) 당면 30g (0.3)	
고기·생선·달걀·콩류	5.5회	참치통조림 30g (0.5) 돼지고기 42g (0.7) 두부 24g (0.3)	어묵 30g (1) 멸치 15g (1) 아몬드 10g (0.3)	소고기 60g (1) 낙지 56g (0.7)	
채소류	8회	배추김치 40g (1) 숙주나물 35g (0.5) 오이소박이 40g (1)	단호박 35g (0.5) 토마토 35g (0.5) 케일 35g (0.5) 배추김치 40g (1)	무 56g (0.8) 표고버섯 15g (0.5) 당근 7g (0.1) 양파 7g (0.1) 시금치7g (0.1) 상추 28g (0.4) 백김치 40g (1)	
과일류	4회		파인애플 100g (1)	사과 100g (1)	포도 100g (1) 배 100g (1)
우유·유제품류	2회				요구르트(호상) 100g (1)
유지·당류	8회	유지 및 당류는 조리 시 가급적 적게 사용할 것을 권장함			

총 에너지(kcal): 2,533.6kcal; 탄수화물, 단백질, 지방 섭취비율(%): 탄수화물(55.9%), 단백질(14.4%), 지방(29.7%)
자료 : 보건복지부·한국영양학회, 2021

횟수가 1일 4회임을 이용하여 권장식단에서 과일을 부찬과 간식으로 제공하였고, 나트륨의 섭취량을 고려해 김치 대신 오이소박이, 백김치 등으로 대체해 이를 보완하였다.

⑥ 12~18세 여성 권장식단(2,000kcal, A타입)

식품군별 섭취횟수는 곡류 3회, 고기·생선·달걀·콩류 3.5회, 채소류 7회, 과일류 2회, 우유·유제품류 2회이며, 끼니별로 제공횟수는 곡류 1회, 고기·생선·달걀·콩류는 부재료로 사용 시 0.5회 이하, 주재료로 사용 시 1회, 채소류는 주·

표 5-20 12~18세 여성 권장식단(2,000kcal, A타입)

메뉴	분량	아침	점심	저녁	간식
		쌀밥 호박된장국 갈치조림 새송이버섯구이 콩나물무침 배추김치 	현미밥 미역국 소불고기 부추치커리무침 배추김치 	잡곡밥 순두부국 달걀장조림 마늘종볶음 오이소박이 	블루베리 사과 호상요구르트 우유 
곡류	3회	쌀밥 210g (1)	현미밥 210g (1)	잡곡밥 210g (1)	
고기·생선·달걀·콩류	3.5회	갈치 70g (1)	소고기 60g (1)	순두부 100g (0.5) 달걀 60g (1)	
채소류	7회	애호박 21g (0.3) 새송이버섯 30g (1) 콩나물 35g (0.5) 배추김치 40g (1)	미역(마른 것) 5g (0.5) 부추 28g (0.4) 치커리 35g (0.5) 배추김치 40g (1)	양파 21g (0.3) 마늘종 35g (0.5) 오이소박이 40g (1)	
과일류	2회				블루베리 100g (1) 사과 100g (1)
우유·유제품류	2회				요구르트(호상) 100g (1) 우유 200mL (1)
유지·당류	6회	유지 및 당류는 조리 시 가급적 적게 사용할 것을 권장함			

총 에너지(kcal): 1,921.0kcal; 탄수화물, 단백질, 지방 섭취비율(%): 탄수화물(54.1%), 단백질(16.6%), 지방(29.2%)
자료 : 보건복지부·한국영양학회, 2021

부재료에 따라 0.5~1회, 과일류는 1회, 우유·유제품류는 1회를 기준으로 3끼 식사와 간식에 배분하였다표 5-20.

12~18세 여성의 다빈도 음식 분석 결과, 라면, 고열량 간식 섭취의 증가는 동일 연령의 남성과 유사하지만, 초콜릿, 젤리, 사탕 등 단순당 함량이 높은 간식과 커피의 섭취빈도가 남성에 비해 높았다. 따라서 단순당 식품이나 커피를 제한하고 1일 과일류와 우유·유제품류의 섭취횟수 2회를 고려해 다양한 과일과 우유, 유제품으로 대체하는 것을 권장하였다.

⑦ 19~64세 남성 권장식단(2,400kcal, B타입)

식품군별 섭취횟수는 곡류 4회, 고기·생선·달걀·콩류 5회, 채소류 8회, 과일류 3회, 우유·유제품류 1회이며, 끼니별 제공횟수는 곡류 1회, 고기·생선·달걀·콩류는 부재료로 사용 시 0.5회 이하, 주재료로 사용 시 1회, 채소류는 주·부재료에 따라 0.5~1회, 과일류는 1회, 우유·유제품류는 1회를 기준으로 3끼 식사와 간식에 균등하게 배분하였다표 5-21.

성인 남성의 다빈도 음식 분석 결과, 김치와 장아찌 등 고나트륨 함유 식품의 빈도가 많았으며, 된장찌개, 김치찌개 및 장류의 섭취빈도도 높았고, 소주, 맥주 등 주류와 커피도 다빈도 음식의 상위권에 포함되어 있어 권장식단 구성에서 찌개류를 국으로 대체하였다. 12~18세 남성과 동일하게 라면 역시 다빈도 음식에 포함되어 있었으며, 식단 구성 시 라면을 바지락칼국수로 대체하여 1끼는 면류가 포함된 식사로 구성하였다.

⑧ 19~64세 여성 권장식단(1,900kcal, B타입)

식품군별 섭취횟수는 곡류 3회, 고기·생선·달걀·콩류 4회, 채소류 8회, 과일류 2회, 우유·유제품류 1회이며, 끼니별 제공횟수는 곡류 1회, 고기·생선·달걀·콩류는 부재료로 사용 시 0.5회 이하, 주재료로 사용 시 1회, 채소류는 주·부재료에 따라 0.5~1회, 과일류는 1회, 우유·유제품류는 1회를 기준으로 3끼 식사와 간식에 균등하게 배분하였다표 5-22.

표 5-21 19~64세 남성 권장식단(2,400kcal, B타입)

메뉴	분량	아침	점심	저녁	간식
		쌀밥 아욱된장국 조기구이 도토리묵&양념장 풋마늘무침 배추김치 	바지락칼국수 미니주먹밥 감자채소전 깍두기 사과 	잡곡밥 육개장 달걀말이 도라지나물 배추김치 	파인애플 키위 두유 호상요구르트 
곡류	4회	쌀밥 210g (1) 도토리묵 70g (0.1)	칼국수 200g (1) 쌀밥 147g (0.7) 감자 93g (0.2)	잡곡밥 210g (1)	
고기·생선·달걀·콩류	5회	조기 60g (1)	바지락 80g (1)	소고기 60g (1) 달걀 60g (1)	두유 200mL (1)
채소류	8회	아욱 35g (0.5) 풋마늘 35g (0.5) 배추김치 40g (1)	당근 28g (0.4) 애호박 28g (0.4) 부추 28g (0.4) 김 2g (1) 양파 35g (0.5) 깍두기 40g (1)	무 7g (0.1) 고사리 7g (0.1) 숙주나물 7g (0.1) 도라지 70g (1) 배추김치 40g (1)	
과일류	3회		사과 100g (1)		파인애플 100g (1) 키위 100g (1)
우유·유제품류	1회				요구르트(호상) 100g (1)
유지·당류	6회	유지 및 당류는 조리 시 가급적 적게 사용할 것을 권장함			

총 에너지(kcal): 2,384.4kcal; 탄수화물, 단백질, 지방 섭취비율(%): 탄수화물(60.5%), 단백질(14.6%), 지방(25.0%)

자료 : 보건복지부 · 한국영양학회, 2021

19~64세 여성의 다빈도 음식 패턴에서 주식의 다빈도 순위는 쌀밥, 잡곡밥, 현미밥 순이었으며, 그 외에는 남성과 유사하게 김치, 장아찌류, 찌개류, 장류 등의 고나트륨 식품 섭취빈도가 높은 것으로 나타났으므로 권장식단에서는 동치미와 샐러드를 활용하였고, 찌개 대신 국 조리법을 사용하여 나트륨 섭취를 고려하였다.

표 5-22 19~64세 여성 권장식단(1,900kcal, B타입)

메뉴	분량	아침	점심	저녁	간식
		쌀밥 닭곰탕 돼지고기브로콜리볶음 미역줄기나물 깍두기	열무비빔국수 삶은달걀 채소튀김 동치미 오렌지	잡곡밥 대구탕 두부조림 숙주나물 배추김치	방울토마토 키위 우유

곡류	3회	쌀밥 210g (1)	소면 90g (1)	잡곡밥 210g (1)	
고기·생선·달걀·콩류	4회	닭고기 60g (1) 돼지고기 30g (0.5)	달걀 60g (1)	대구 70g (1) 두부 40g (0.5)	
채소류	8회	파 35g (0.5) 브로콜리 35g (0.5) 미역줄기 35g (0.5) 깍두기 40g (1)	열무김치 20g (0.5) 당근 35g (0.5) 양파 35g (0.5) 동치미 40g (1)	무 35g (0.5) 숙주나물 35g (0.5) 배추김치 40g (1)	방울토마토 70g (1)
과일류	2회		오렌지 100g (1)		키위 100g (1)
우유·유제품류	1회				우유 200mL (1)
유지·당류	4회	유지 및 당류는 조리 시 가급적 적게 사용할 것을 권장함			

총 에너지(kcal): 1,882.3kcal; 탄수화물, 단백질, 지방 섭취비율(%): 탄수화물(55.3%), 단백질(19.2%), 지방(25.5%)

자료 : 보건복지부·한국영양학회, 2021

⑨ 65~74세 남성 권장식단(2,000kcal, B타입)

식품군별 섭취횟수는 곡류 3.5회, 고기·생선·달걀·콩류 4회, 채소류 8회, 과일류 2회, 우유·유제품류 1회이며, 끼니별 제공횟수는 곡류 1회, 고기·생선·달걀·콩류는 부재료로 사용 시 0.5회 이하, 주재료로 사용 시 1회, 채소류는 주·부재료에 따라 0.5~1회, 과일류는 1회, 우유·유제품류는 1회를 기준으로 3끼 식사와 간식에 균등하게 배분하였다 표 5-23.

65~74세 남성은 우유·유제품의 섭취빈도가 낮고, 국, 찌개, 장류, 장아찌류, 젓갈류와 다양한 김치류의 섭취빈도가 높은 경향을 보이므로 권장식단에서 고나트륨 식품을 줄이고, 찌개 대신 국, 조림 대신 무침이나 볶음과 같은 나트륨을 적

표 5-23 65~74세 남성 권장식단(2,000kcal, B타입)

메뉴	분량	아침	점심	저녁	간식
		잡곡밥 소고기뭇국 달걀말이 고구마줄기무침 배추김치 	참치김치덮밥 콩나물국 느타리버섯볶음 나박김치 파인애플 	쌀밥 두부된장국 닭갈비 시금치나물 도라지생채 배추김치 	시루떡 찐감자 바나나 우유 
곡류	3.5회	잡곡밥 210g (1)	쌀밥 105g (0.5)	쌀밥 210g (1)	시루떡 105g (0.7) 감자 140g (0.3)
고기·생선·달걀·콩류	4회	소고기 30g (0.5) 달걀 60g (1)	참치 70g (1)	두부 40g (0.5) 닭고기 60g (1)	
채소류	8회	무 28g (0.4) 고구마줄기 35g (0.5) 배추김치 40g (1)	배추김치 20g (0.5) 콩나물 35g (0.5) 느타리버섯 15g (0.5) 나박김치 40g (1)	호박 21g (0.3) 양파 21g (0.3) 시금치 70g (1) 도라지 40g (1) 배추김치 40g (1)	
과일류	2회		파인애플 100g (1)		바나나 100g (1)
우유·유제품류	1회				우유 200mL (1)
유지·당류	4회	유지 및 당류는 조리 시 가급적 적게 사용할 것을 권장함			

총 에너지(kcal): 2,019.3kcal; 탄수화물, 단백질, 지방 섭취비율(%): 탄수화물(58.1%), 단백질(16.9%), 지방(25.0%)
자료 : 보건복지부·한국영양학회, 2021

게 섭취할 수 있는 조리법을 활용하여 나트륨 섭취를 제한하였다.

⑩ 65~74세 여성 권장식단(1,600kcal, B타입)

식품군별 섭취횟수는 곡류 2.5회, 고기·생선·달걀·콩류 2.5회, 채소류 6회, 과일류 1회, 우유·유제품류 1회이며, 끼니별 제공횟수는 곡류 0.9회, 고기·생선·달걀·콩류는 부재료로 사용 시 0.5회 이하, 주재료로 사용 시 1회, 채소류는 주·부재료에 따라 0.5~1회, 과일류는 1회, 우유·유제품류는 1회를 기준으로 3끼 식사와 간식에 균등하게 배분하였다표 5-24.

표 5-24 65~74세 여성 권장식단(1,600kcal, B타입)

메뉴	분량	아침	점심	저녁	간식
		현미밥 무청된장국 오징어볶음 참나물새콤무침 백김치	쌀밥 김칫국 돼지갈비찜 김구이 오이소박이	흑미밥 버섯고추장국 두부구이 쑥갓나물 배추김치	백설기 배 오렌지 우유
					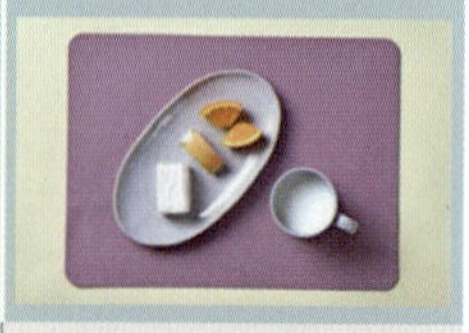
곡류	3회	현미밥 168g (0.8)	쌀밥 189g (0.9)	흑미밥 168g (0.8)	백설기 75g (0.5)
고기·생선·달걀·콩류	2.5회	오징어 40g (0.5)	돼지고기 60g (1)	두부 80g (1)	
채소류	6회	무청 21g (0.3) 참나물 21g (0.3) 백김치 40g (1)	배추김치 20g (0.5) 김 2g (1) 오이소박이 40g (1)	표고버섯 6g (0.2) 쑥갓 49g (0.7) 배추김치 40g (1)	
과일류	1회				배 50g (0.5) 오렌지 50g (0.5)
우유·유제품류	1회				우유 200mL (1)
유지·당류	4회	유지 및 당류는 조리 시 가급적 적게 사용할 것을 권장함			

총 에너지(kcal): 1,599.9kcal; 탄수화물, 단백질, 지방 섭취비율(%): 탄수화물(59.0%), 단백질(17.0%), 지방(24.0%)

자료 : 보건복지부·한국영양학회, 2021

65~74세 여성의 다빈도 음식 분석 결과, 고기·생선·달걀·콩류와 우유·유제품류의 섭취빈도가 낮게 나타나지만, 채소류와 김치, 장아찌류의 섭취빈도는 높았다. 동일 연령에서 많이 나타날 수 있는 변비의 예방을 위해 식이섬유가 풍부한 참나물새콤무침, 쑥갓나물 등을 식단에 반영하였으며, 섭취빈도가 낮은 고기·생선·달갈·콩류와 우유·유제품류의 섭취를 적극 권장한다.

⑪ 75세 이상 남성 권장식단(1,900kcal, B타입)

식품군별 섭취횟수는 곡류 3회, 고기·생선·달걀·콩류 4회, 채소류 8회, 과일류 2회, 우유·유제품류 1회이며, 끼니별 제공횟수는 곡류 1회, 고기·생선·달걀·

콩류는 부재료로 사용 시 0.5회 이하, 주재료로 사용 시 1회, 채소류는 주·부재료에 따라 0.5~1회, 과일류는 1회, 우유·유제품류는 1회를 기준으로 3끼 식사와 간식에 균등하게 배분하였다표 5-25.

75세 이상 남성과 여성은 식욕이 줄어 식사를 거르는 빈도가 높아지며, 치아 손상, 의치, 소화불량, 미각과 후각의 둔화 등 신체 변화와 활동량 감소, 식사준비 문제 등의 환경적 변화를 겪는다. 이에 기호, 치아상태, 소화능력을 고려하여 부드럽고 따뜻한 음식 위주의 식단을 구성하고, 색, 풍미, 형태가 다양한 식단으로 식욕

표 5-25 75세 이상 남성 권장식단(1,900kcal, B타입)

메뉴	분량	아침	점심	저녁	간식
		쌀밥 어묵국 달걀말이 감자조림 미나리겉절이 배추김치 	현미밥 미역국 돼지고기장조림 콩나물무침 단호박찜 열무김치 	쌀밥 버섯된장국 가자미구이 깻잎나물 구운김 배추김치 	키위 블루베리 호상요구르트 
곡류	3회	쌀밥 147g (0.7) 감자 140g (0.3)	현미밥 210g (1)	잡곡밥 210g (1)	
고기·생선·달걀·콩류	4회	어묵 30g (1) 달걀 60g (1)	돼지고기 60g (1)	가자미 60g (1)	
채소류	8회	무 35g (0.5) 미나리 35g (0.5) 배추김치 40g (1)	미역(마른 것) 5g (0.5) 콩나물 35g (0.5) 단호박 70g (1) 열무김치 40g (1)	느타리버섯 15g (0.5) 깻잎 35g (0.5) 김 2g (1) 배추김치 40g (1)	
과일류	2회				키위 100g (1) 블루베리 100g (1)
우유·유제품류	1회				요구르트(호상) 100g (1)
유지·당류	4회	유지 및 당류는 조리 시 가급적 적게 사용할 것을 권장함			

총 에너지(kcal): 1,829.4kcal; 탄수화물, 단백질, 지방 섭취비율(%): 탄수화물(57.9%), 단백질(14.8%), 지방(27.2%)
자료 : 보건복지부·한국영양학회, 2021

을 돕겠다. 또한 변비와 만성질환의 유병률이 높으므로 가능한 신선한 과일, 채소, 해조류, 두류를 많이 섭취하도록 미나리겉절이, 미역국, 단호박찜 등을 식단에 반영하였다.

⑫ 75세 이상 여성 권장식단(1,500kcal, B타입)

식품군별 섭취횟수는 곡류 2.5회, 고기·생선·달걀·콩류 2.5회, 채소류 6회, 과일류 1회, 우유·유제품류 1회이며, 끼니별 제공횟수는 곡류 0.8회, 고기·생선·달걀·콩류는 부재료로 사용 시 0.5회 이하, 주재료로 사용 시 1회, 채소류는 주·부재료에 따라 0.5~1회, 과일류는 1회, 우유·유제품류는 1회를 기준으로 3끼 식사와 간식에 균등하게 배분하였다**표 5-26**.

표 5-26 75세 이상 여성 권장식단(1,500kcal, B타입)

메뉴	분량	아침	점심	저녁	간식
		닭죽 마늘종볶음 브로콜리데침 동치미 	잡곡밥 배춧국 소고기장조림 시금치나물 열무김치 	쌀밥 아욱된장국 고등어구이 미역초무침 배추김치 	찐감자 바나나 우유 
곡류	2.5회	쌀밥 126g (0.6)	잡곡밥 168g (0.8)	쌀밥 168g (0.8)	감자 140g (0.3)
고기·생선·달걀·콩류	2.5회	닭고기 30g (0.5)	소고기 60g (1)	고등어 60g (1)	
채소류	6회	당근 21g (0.3) 마늘종 35g (0.5) 브로콜리 35g (0.5) 동치미 40g (1)	배추 35g (0.5) 시금치 35g (0.5) 열무김치 40g (1)	아욱 35g (0.5) 미역(마른 것) 2g (0.2) 배추김치 40g (1)	
과일류	1회				바나나 100g (1)
우유·유제품류	1회				우유 200mL (1)
유지·당류	4회	유지 및 당류는 조리 시 가급적 적게 사용할 것을 권장함			

총 에너지(kcal): 1,428.2kcal; 탄수화물, 단백질, 지방 섭취비율(%): 탄수화물(56.7%), 단백질(20.1%), 지방(23.2%)
자료 : 보건복지부·한국영양학회, 2021

여성의 경우 75세 이상 남성과 동일한 신체 변화와 환경 변화를 겪게 되며, 특히 폐경으로 인한 호르몬 변화로 체내 칼슘 손실이 많아져 골다공증 등 골질환의 발생률이 높아지므로 칼슘 보충을 위해 우유·유제품류 섭취를 적극 권장한다. 또한 미각의 둔화로 짜게 먹으므로 찌개, 김치, 장류를 제한하고 국, 동치미, 미역초무침과 같은 저나트륨 식단으로 구성하였다.

(5) 식사구성안을 활용한 1일 식단작성법

1단계 : 자신에게 적합한 1일 에너지필요량 확인

에너지필요량은 에너지필요추정량 계산공식(4장 참고)을 참고하여 성별, 신장, 체중, 활동량을 고려하여 계산하며, 체질량지수BMI를 확인하고 에너지필요량 계산 시 반영한다. 예를 들어, 대상자가 만 31세 여자, 신장 160cm, 체중 52kg, BMI 20.3, 신체활동단계가 저활동적이라면 에너지 필요량은 1,900kcal이다.

2단계 : 에너지필요량에 적절한 권장식사패턴 선택

제시된 권장식사패턴 중에서 자신에게 필요한 에너지 섭취량과 가장 비슷한 식사패턴을 선택하여 식품군별 섭취횟수를 확인한다. 에너지 조절이 필요한 경우(활동량 변화, 다이어트, 비만 등)에는 에너지필요량을 기준으로 하여 에너지를 감소/증가할 수 있다. 제시된 권장섭취패턴에서 음식량을 조절하여 에너지섭취량을 개인에 맞게 조절할 수 있다. 예를 들어, 100kcal를 감소하고자 할 경우 밥을 1/3공기(밥 70g) 감소하거나 우유 1회 분량(125kcal)을 감소하면 된다. 또한 50kcal를 감소하고자 할 경우 과일 1회 분량 감소 또는 유지류 1회 분량(45kcal)을 감소하면 된다.

3단계: 식품군별 섭취횟수 확인 및 세 끼와 간식에 배분

식품군별 식품의 섭취횟수를 확인하고 세 끼와 간식에 배분한다. 성인 여성 1,900kcal 식단을 구성할 경우 식품군별 식품의 섭취횟수에 따른 세 끼와 간식에 배분한 예시는 다음과 같다.

	섭취횟수	아침	점심	저녁	간식
곡류	3	1	1	1	
고기·생선·달걀·콩류	4	1.5	1	1.5	
채소류	8	2.5	2.5	2	1
과일류	2		1		1
우유·유제품류	1				1
유지·당류	4	유지 및 당류는 조리 시 가급적 적게 사용			

4단계 : 메뉴 결정 및 식재료 분량 계산

세 끼와 간식의 메뉴를 결정하고, 식품군별 섭취횟수에 맞추어 메뉴별 식재료의 분량을 계산한다. 성인 여성 1,900kcal 권장식사패턴에 따른 식단 구성의 예는 표 5-27과 같다.

표 5-27 1,900kcal 권장식사패턴에 따른 식단 구성의 예

메뉴	분량	아침	점심	저녁	간식
		쌀밥 닭곰탕 돼지고기브로콜리볶음 미역줄기나물 깍두기	열무비빔국수 삶은달걀 채소튀김 동치미 오렌지	잡곡밥 대구탕 두부조림 숙주나물 배추김치	방울토마토 키위 우유

곡류	3회	쌀밥 210g (1)	소면 90g (1)	잡곡밥 210g (1)	
고기·생선·달걀·콩류	4회	닭고기 60g (1) 돼지고기 30g (0.5)	달걀 60g (1)	대구 70g (1) 두부 40g (0.5)	
채소류	8회	파 35g (0.5) 브로콜리 35g (0.5) 미역줄기 35g (0.5) 깍두기 40g (1)	열무김치 20g (0.5) 당근 35g (0.5) 양파 35g (0.5) 동치미 40g (1)	무 35g (0.5) 숙주나물 35g (0.5) 배추김치 40g (1)	방울토마토 70g (1)
과일류	2회		오렌지 100g (1)		키위 100g (1)
우유·유제품류	1회				우유 200mL (1)
유지·당류	4회	유지 및 당류는 조리 시 가급적 적게 사용할 것을 권장함			

총 에너지(kcal): 1,882.3kcal; 탄수화물, 단백질, 지방 섭취비율(%): 탄수화물(55.3%), 단백질(19.2%), 지방(25.5%)

자료 : 보건복지부·한국영양학회, 2021

실습

식사구성안을 활용하여 1일 식단을 작성해 봅시다.

식사구성안을 활용한 식단작성법에 따라 자신의 식단과 생애주기별(영아, 유아, 어린이, 청소년, 성인, 노인) 식단을 작성해 봅시다.

식사구성안을 활용한 1일 식단작성표(______세, ____________kcal, ______타입)

권장량 / 음식명		곡류	고기·생선·달걀·콩류	채소류	과일류	우유·유제품류
		회	회	회	회	회
아침						
점심						
저녁						
간식						
계						

2) 생애주기별 1주일 식단작성

생애주기별 1주일 식단은 식사구성안을 활용한 1일 식단작성법을 바탕으로 생애주기별 식사지침, 영양필요량과 기호도 등을 고려하여 1주일간의 점심 혹은 끼니별 메뉴명만 작성한 식단표이다.

(1) 영아를 위한 식단작성

- 이유기 초기(만 4~5개월), 중기(만 6~8개월), 후기(만 9~11개월)로 세분한다.
- 초기는 3일간 같은 식재료를 활용한 미음, 채소즙, 과일즙으로 구성한다.
- 중기는 죽 또는 으깨거나 갈은 반고형식으로 구성한다.
- 후기는 무른 밥 형태의 고형식으로 구성한다.
- 생후 6개월 이후부터는 체내 철분 저장량이 고갈되기 시작하므로 철 결핍 빈혈이 발생하지 않도록 단백질식품을 주재료에 포함한다.

이유식 1주일 식단작성 대표식단 템플릿 및 식단 예시는 표 5-28과 같다.

표 5-28 이유식 1주일 식단작성 대표식단 템플릿 및 식단 예시

	구분	월	화	수	목	금	토
초기	주재료	곡류	곡류	곡류	서류	서류	서류
중기	주재료	육류	난류	콩류	가금류	어류	육류
	부재료	과일류	채소류	채소류	서류	해조류	버섯류
후기	주재료	육류	난류	콩류	가금류	어류	육류
	부재료	과일류	채소류	채소류	서류	해조류	버섯류
식단 예시	초기	쌀미음	쌀미음	쌀미음	고구마미음	고구마미음	고구마미음
	중기	쇠고기 사과즙	달걀노른자 시금치죽	두부채소죽	닭가슴살 고구마죽	미역 대구살죽	쇠고기 버섯죽
	후기	쇠고기 사과무른밥	달걀노른자 시금치 누른밥	두부채소 무른밥	닭가슴살 고구마 무른밥	미역 대구살 무른밥	쇠고기 버섯무른밥

자료 : 식품의약품안전처 · 중앙어린이급식관리지원센터, 2022

(2) 유아를 위한 식단작성

- 유아기는 식습관이 형성되는 중요한 시기이므로 바람직한 식습관 형성을 위하여 다양한 식품으로 구성된 식단을 제공한다.
- 성장과 발육이 왕성하므로 이 시기의 성장에 필요한 양질의 단백질, 칼슘, 철분 등의 영양소가 골고루 함유된 균형 잡힌 식사가 되도록 계획한다.
- 두뇌 발달에 도움을 주는 오메가-3 지방산 섭취를 위해 등푸른 생선을 식단에 자주 포함한다.
- 신선한 과일과 채소가 포함되도록 하고 다양한 방법으로 제공한다.
- 유아의 기호도를 고려하여 식품과 조리법을 선택한다.
- 계절식품을 적극 활용하고 가공식품의 사용은 가급적 지양한다.

유아를 위한 식단작성 단계는 다음 표 5-29와 같고, 유아 식단작성 시 활용되는 다빈도 식재료는 표 5-30과 같으며, 1주일 식단작성 템플릿 및 식단 예시는 표 5-31, 표 5-32와 같다.

표 5-29 어린이급식소에서 유아 식단작성을 위한 10단계 절차

단계		내용
식품 및 메뉴 결정	1단계	주식류 결정
	2단계	주찬의 주재료 결정(1주 내 다양한 단백질 식품 육류, 가금류, 생선류, 달걀, 콩류 등 사용)
	3단계	국의 종류(맑은국, 된장국, 탕/찌개 등) 및 주재료 결정
	4단계	국의 종류에 따라 주찬의 조리법 결정(국과 주찬의 열량, 양념, 질감 등 조화 고려)
	5단계	부찬1의 주재료 결정(주찬 및 국의 주재료와 중복 주의)
	6단계	부찬1의 조리법 결정(주찬의 조리법과 중복 주의)
	7단계	부찬2/김치의 종류 결정(주찬, 부찬1 및 국의 주재료와 중복 주의)
	8단계	간식류 결정
9단계		메뉴 검토 및 영양 제공량 확인 후 적용 또는 수정
10단계		원산지 표시 및 식품알레르기 유발물질 표시

자료 : 식품의약품안전처 · 중앙어린이급식관리지원센터, 2022

표 5-30 유아 식단작성 시 활용되는 다빈도 식재료

순번	식품군	식재료명(다빈도순)
1	곡류 및 그 제품	멥쌀(백미), 찹쌀, 수수, 밀, 기장, 조, 밀, 빵(식빵), 밀(부침가루), 국수(소면), 옥수수, 보리
	감자 및 전분류	감자, 전분, 당면, 곤약, 고구마
	견과류	참깨, 들깨, 검정깨, 호두, 땅콩, 도토리묵, 아몬드, 밤, 잣, 은행
2	채소류	당근, 무, 배추, 미나리, 갓, 호박, 오이, 양배추, 시금치, 콩나물, 피망, 브로콜리, 부추, 숙주나물, 단호박
	버섯류	느타리버섯, 표고버섯, 양송이버섯, 팽이버섯, 송이버섯, 목이버섯
	과일류	사과, 바나나, 오렌지, 배, 귤, 키위, 수박, 참외, 딸기, 유자(농축액), 감, 파인애플, 매실(농축액), 대추, 레몬, 포도, 자두, 멜론
	해조류	다시마, 김, 미역, 파래, 매생이, 톳, 우뭇가사리묵
3	두류	두부, 유부, 두유, 서리태, 순두부, 연두부, 완두, 콩가루, 비지
	육류	닭(가슴살), 돼지고기(등심, 사태, 목심, 앞·뒷다리, 삼겹살, 갈비), 쇠고기(안심, 등심, 사태), 오리고기
	난류	달걀, 메추리알
	어류	멸치, 명태, 삼치, 고등어, 가자미, 임연수어, 대구
	패류	바지락, 전복, 홍합, 조개, 다슬기, 우렁이, 재첩, 꼬막
	어류 기타	새우젓, 어묵, 오징어, 새우, 꽃게, 주꾸미
4	우유 및 유제품	우유, 요구르트(호상, 액상), 치즈(체다, 모짜렐라 등), 크림, 분유
5	유지류	참기름, 콩기름, 올리브유, 버터, 들기름, 옥수수기름
6	차류	보리차, 둥글레차, 오미자차, 결명자차, 유자차, 율무차
	음료류	매실음료, 식혜, 쌀음료, 과일채소음료

자료 : 식품의약품안전처·중앙어린이급식관리지원센터, 2022

표 5-31 유아식(만 1~2세 기준) 1주일 식단작성 템플릿 및 식단 예시

	구분		월	화	수	목	금	토
오전 간식	종류 1		과일류	죽	과일류	죽	과일류	우유 및 유제품
	종류 2		유제품	-	유제품	-	-	-
중식	주찬	주재료	콩류	육류	육류	어류	난류	해물류
		조리법	찜	볶음	조림	구이	볶음	볶음
	주식		기본밥	기본밥	일품밥	기본밥	기본밥	기본밥
	국·찌개	종류	맑은국	된장국	맑은국	된장국	미역국	일품메뉴
	부찬	주재료	계절채소				생선	계절채소
		조리법	무침	찜	무침	볶음	볶음	무침
	김치		배추김치	깍두기	배추김치	배추김치	깍두기	배추김치
오후 간식	종류 1		잡채	빵류	스파게티	단호박	떡류	유부초밥
	조리법		볶음	-	볶음	찜	-	무침
	종류 2		-	우유	-	우유	우유	차류
식단 예시	오전 간식		딸기	게살죽	키위	타락죽	참외	우유
			호상요구르트	-	호상요구르트	-	-	-
	중식		차조밥	수수밥	다진쇠고기 카레라이스	흑미밥	기장밥	백미밥 1/2
			맑은육계장	감자호박 된장국	송이버섯 맑은국	아욱된장국	쇠고기미역국	칼국수
			연두부찜 & 흑임자소스	쇠고기 당면볶음	-	흰살생선구이	스크램블드 에그	오징어 간장볶음
			봄동무침	양배추찜	오이무침	깻잎볶음	잔멸치볶음	콩나물무침
			깍두기	깍두기	배추김치	배추김치	깍두기	배추김치
	오후 간식		어묵잡채	롤빵	토마토소스 스파게티	단호박찜	백설기	다진유부 주먹밥
			-	우유	-	우유	우유	매실차

자료 : 식품의약품안전처·중앙어린이급식관리지원센터, 2022

표 5-32 유아식(만 3~5세 기준) 1주일 식단작성 템플릿 및 식단 예시

구분			월	화	수	목	금	토
오전 간식	종류 1		과일류	죽	과일류	죽	과일류	우유 및 유제품
	종류 2		유제품	–	유제품	–	–	–
중식	주찬	주재료	콩류	육류	육류	어류	난류	해물류
		조리법	찜	볶음	조림	구이	볶음	볶음
	주식		기본밥	기본밥	일품밥	기본밥	기본밥	기본밥
	국·찌개	종류	맑은국	된장국	맑은국	된장국	미역국	일품메뉴
	부찬	주재료	계절채소				생선	계절채소
		조리법	무침	찜	무침	볶음	볶음	무침
	김치		배추김치	깍두기	배추김치	배추김치	깍두기	배추김치
오후 간식	종류 1		잡채	빵류	스파게티	단호박	떡류	유부초밥
	조리법		볶음	–	볶음	찜	–	무침
	종류 2		–	우유	–	우유	우유	차류
식단 예시	오전 간식		딸기	게살죽	키위	타락죽	참외	우유
			호상요구르트	–	호상요구르트	–	–	–
	중식		차조밥	수수밥	돼지고기 카레라이스	흑미밥	기장밥	백미밥 1/2
			맑은육계장	감자호박 된장국	송이버섯 맑은국	아욱된장국	쇠고기미역국	칼국수
			연두부찜 & 양념장	쇠고기 당면볶음	–	흰살생선구이	파프리카 스크램블드 에그	오징어 간장볶음
			봄동무침	양배추찜	오이무침	깻잎볶음	잔멸치볶음	콩나물무침
			깍두기	깍두기	배추김치	배추김치	깍두기	배추김치
	오후 간식		우엉잡채	롤빵	토마토소스 스파게티	단호박꿀찜	백설기	참나물 유부초밥
			–	우유	–	우유	우유	매실차

자료 : 식품의약품안전처·중앙어린이급식관리지원센터, 2022

(3) 아동을 위한 식단작성

아동기는 활발한 신체활동으로 많은 양의 열량과 영양소 공급이 필요하다.

- 양질의 단백질과 칼슘, 철분, 비타민 A 및 C가 부족하지 않도록 식단을 구성한다.
- 바람직한 식습관이 형성되도록 다양한 식품과 조리법으로 구성한다.
- 소아비만을 예방하기 위하여 너무 기름지거나 달지 않고, 싱거운 맛에 익숙해지도록 조리한다.

아동기 중식 및 석식 1주일 식단작성 템플릿은 표 5-33과 같고, 중식 1주일 식단의 예시는 표 5-34와 같다.

표 5-33 아동기(6~11세 기준) 중식 및 석식 1주일 식단작성 템플릿 예시

구분	구분	일	월	화	수	목	금	토
중식	주찬의 재료	육류	난류	육류	가금류	육류	어류	난류
	주찬의 조리법	전	조림	볶음	찜	조림	구이	조림
	주식류	기본밥	기본밥	기본밥	기본밥	기본밥	기본밥	일품메뉴
	국·찌개의 종류	맑은국	매운국	맑은국	매운국	맑은국	찌개	맑은국
	부찬의 주재료	계절채소						
	부찬의 조리법	무침	무침	볶음	무침	무침	볶음	무침
	김치류	배추김치	깍두기	배추김치	깍두기	깍두기	배추김치	깍두기
석식	주찬의 재료	콩류	육류	어류	육류	해물류	육류	가금류
	주찬의 조리법	조림	볶음	조림	튀김	볶음	찜	볶음
	주식류	기본밥	기본밥	기본밥	일품메뉴	기본밥	기본밥	기본밥
	국·찌개의 종류	매운국	맑은국	찌개	미니우동	맑은국	된장국	맑은국
	부찬의 주재료	계절채소						
	부찬의 조리법	볶음	조림	무침	샐러드	볶음	초절임	조림
	김치류	깍두기	배추김치	배추김치	깍두기	배추김치	베추김치	깍두기
간식	간식 종류1	떡류	과일류	수제조리	떡류	수제조리	과일류	빵류
	간식조리법	-	-	-	-	-	-	-
	간식 종류 2	차	우유	유제품	차	유제품	유제품	우유

자료 : 식품의약품안전처·중앙어린이급식관리지원센터, 2022

표 5-34 만 6~11세 아동 중식 및 석식 1주일 식단 예시

요일	일	월	화	수	목	금	토
중식 식단	수수밥	보리밥	흑미밥	기장밥	백미밥	잡곡밥	차조밥
	닭곰탕	육개장	북엇국	김칫국	애호박감잣국	청국장찌개	쇠고기뭇국
	완자전	메추리알 카레조림	돼지고기 두루치기	영양찜닭	쇠고기호두조림	갈치구이	달걀장조림
	청포묵김무침	콩나물무침	감자채볶음	시금치무침	아삭이고추 된장무침	미니새송이볶음	배추나물무침
	깍두기	깍두기	배추김치	깍두기	깍두기	배추김치	깍두기
석삭 식단	차조밥	기장밥	수수밥	백미밥	흑미밥	잡곡밥	수수밥
	참치김치찌개	홍합탕	송이버섯찌개	미니우동	들깨뭇국	시금치된장국	매생이굴국
	두부양념조림	쇠고기피망볶음	꽁치무조림	돈가스	오징어두루치기	돼지갈비찜	닭가슴살 깻잎볶음
	브로콜리 채소볶음	우엉조림	오이무침	양배추키위 샐러드	숙주나물무침	비트무초절임	땅콩연근조림
	깍두기	배추김치	배추김치	깍두기	배추김치	배추김치	깍두기
저녁 간식	절편	바나나	단호박꿀찜	약식	잔치국수	사과, 배	롤빵
	매실차	우유	호상요구르트	유자차	호상요구르트	치즈	우유

자료 : 식품의약품안전처 · 중앙어린이급식관리지원센터, 2022

(4) 청소년을 위한 식단작성

- 청소년기는 신체적으로 급격히 성장하는 시기이므로 충분한 영양소가 공급되도록 한다.
- 양질의 단백질, 칼슘 및 철분이 풍부한 식사가 제공되도록 식단을 구성한다.
- 두뇌활동에 도움을 주는 ω-3 지방산이 다량 포함된 등푸른 생선을 자주 제공하도록 계획하며, 들깨나 참기름 등을 활용한 조리를 식단에 포함하도록 한다.

청소년을 위한 중식 식단의 예시는 표 5-35와 같다.

표 5-35 청소년 중식 1주일 식단 예시

월	화	수	목	금	토
강낭콩밥	수수밥	비빔밥	차조밥	백미밥	옥수수밥
쇠고기뭇국	들깨배춧국	팽이버섯된장국	삼계탕	콘크림수프	맑은 동태탕
고등어구이	제육볶음	진미채무침	해물파전	생선가스	떡갈비
시금치나물	부추양파무침	배추김치	오이생채	샐러드	깻잎양념찜
배추김치	깍두기		깍두기	귤	열무김치

(5) 성인을 위한 식단작성

- 성인을 위한 식단은 만성질환을 예방하기 위하여 에너지, 당, 지방, 나트륨을 과도하게 제공하지 않는다.
- 전곡류, 채소류, 해조류 등 식이섬유가 풍부하게 계획한다.
- 음주, 흡연, 스트레스에 의해 부족하기 쉬운 비타민 A, 비타민 C, 비타민 E의 섭취를 위하여 녹황색채소를 식단에 풍부하게 계획한다.

성인을 위한 중식 식단의 예시는 표 5-36과 같다.

표 5-36 성인 중식 1주일 식단 예시

월	화	수	목	금	토
현미밥	흑미밥	찹쌀팥밥	차조밥	보리밥	떡만둣국
얼갈이국	동태찌개	미역국	육개장	호박된장찌개	
삼치무조림	두부전	쇠불고기	꽁치구이	돼지편육	오징어파전
양배추찜	호박볶음	상추쌈	부추고추전	냉이나물	도라지생채
실파김무침	오이생채	열무나물	미역초무침	느타리버섯볶음	배추김치
배추김치	깍두기	배추김치	깍두기	배추김치	귤

(6) 노인을 위한 식단작성

노인은 미각이 둔화되고, 위장기능이 약하므로 소화하기 쉬운 음식으로 식단을 구성한다.

- 식이섬유가 많은 채소보다는 부드러운 채소를 선택하며, 과일류도 바나나, 과일통조림이나 과일주스 등 소화가 잘 되는 식품을 포함한다.
- 조혈영양소의 결핍으로 빈혈이 되기 쉬우므로 철이 풍부한 식품과 철 이용률이 높은 동물성 단백질, 콩류, 녹색채소류를 식단에 많이 포함한다.
- 단백질 급원식품으로 질긴 육류보다는 생선류, 닭고기, 두부, 달걀 등으로 식단을 계획한다.

노인을 위한 중식 식단의 예시는 표 5-37과 같다.

표 5-37 노인 중식 식단 예시

월	화	수	목	금	토
보리밥	수수밥	기장밥	차조밥	백미밥	잡곡밥
애호박된장국	맑은순두부찌개	추어탕	시래깃국	곰탕	근대된장국
오리불고기	고등어구이	메추리알장조림	닭찜	두부달걀전	가자미무조림
상추겉절이	세발나물무침	도라지나물	시금치나물	꽈리고추찜	방풍나물
배추김치	배추김치	배추김치	배추김치	배추김치	배추김치

(7) 확대가족을 위한 식단작성

가정에 따라 가족 구성원이 각각 다르며, 각 개인의 성별, 연령, 노동량, 또는 근육활 동량에 따라 영양필요량에 차이가 크므로 가족 식단을 작성할 때는 가족구성을 미리 검토하여 알맞은 식단을 작성하도록 한다.

식사구성안에 따른 가족 식단의 각 식품군의 하루 섭취횟수는 가족 개개인의 하루 섭취횟수를 합하여 표 5-38과 같이 곡류 16회, 고기·생선·달걀·콩류 20회, 채소류 36회, 과일류 11회, 우유·유제품 7회, 유지·당류 27회로 구성되어 있다. 각 식품군별 섭취횟수를 끼니별로 배분하면 표 5-39와 같다. 식사구성안에 따라 음식의 종류와 분량을 기록한 가족 식단작성의 예는 표 5-40과 같으며, 가족을 위한 일주일 식단의 예는 표 5-41과 같다.

표 5-38 식사구성안을 활용한 가족 식단의 식품군별 섭취횟수

	곡류	고기·생선·달걀·콩류	채소류	과일류	우유·유제품	유지·당류
할머니(67세)	3	2.5	6	1	1	4
아버지(40세)	4	5	8	3	1	6
어머니(38세)	3	4	8	2	1	4
아들(13세)	3.5	5.5	8	4	2	8
딸(10세)	2.5	3	6	1	2	5
합계	16	20	36	11	7	27

표 5-39 각 식품군별 섭취횟수의 끼니별 배분

	곡류	고기·생선·달걀·콩류	채소류	과일류	우유·유제품	유지·당류
아침	4.0	6	12			9
점심	4.5	6	12			9
저녁	4.5	8	12			9
간식	3			11	7	
합계	16	20	36	11	7	27

표 5-40 식사구성안을 활용한 가족 식단작성의 예

메뉴	분량	아침	점심	저녁	간식
		쌀밥 북어뭇국 달걀찜 배추겉절이 오이나물	보리밥 배춧국 오징어초무침 버섯야채볶음 깍두기	잡곡밥 호박된장국 쇠고기불고기 시금치나물 배추김치	팥시루떡 액상요구르트 우유 감 사과
곡류	16회	쌀밥 840g (4)	보리밥 945g (4.5)	잡곡밥 945g (4.5)	팥시루떡 390g (3)
고기·생선·달걀·콩류	20회	북어 30g (2) 두부 80g (1) 달걀 180g (3)	오징어 480g (6)	쇠고기 48g (8)	
채소류	36회	무 210g (3) 배추 210g (3) 오이 420g (6)	배추 210g (3) 버섯 90g (3) 양파 210g (3) 깍두기 120g (3)	애호박 140g (2) 양파 140g (2) 시금치 280g (4) 배추김치 160g (4)	
과일류	11회				감 5개(500g) (5) 사과 3개(600g) (6)
우유·유제품류	7회				액상요구르트 3개(150mL) (3) 우유 4개(200mL) (4)
유지·당류	2회	유지 및 당류는 조리 시 가급적 적게 사용할 것을 권장함			

표 5-41 가족 1주일 식단의 예시

	아침	점심	저녁	간식
일	녹두밥 근대된장국 오삼불고기 멸치호두조림 동초겉절이	쇠고기콩나물밥 아욱국 조기구이 애호박볶음 배추김치	고구마밥 쇠고기뭇국 닭찜 참나물들깨무침 배추김치	감 치즈, 식빵 우유
월	현미밥 설렁탕 스크램블드에그 시금치나물 배추김치	보리밥 된장찌개 감자어묵조림 소라오이무침 깍두기	검정콩밥 대합미역국 멸치볶음 오징어초무침 열무김치	귤 토스트 우유
화	완두콩밥 낙지수제비국 돈육두루치기 깻잎양념장 배추김치	흑미기장밥 단배추된장국 코다리강정 브로콜리샐러드 오이소박이	수수밥 순두부찌개 돈육메추리알조림 단호박맛탕 파김치	포도 감자송편 두유
수	율무밥 홍합탕 탕수육 미역초무침 배추김치	강낭콩밥 추어탕 모둠산적 쑥갓두부나물 나박김치	기장밥 부대찌개 가자미조림 취나물무침 깍두기	오렌지주스 삶은 고구마 아이스크림
목	차조밥 들깨배춧국 갈비찜 미나리나물 갓김치	옥수수밥 경단미역국 궁중떡볶이 단배추나물 석박지	현미밥 꽃게탕 스크램블드에그 가지나물 배추김치	사과 콘플레이크 우유
금	보리밥 대구탕 너비아니새송이볶음 오이사과무침 배추김치	서리태밥 닭도리탕 동그랑땡 산나물무침 깍두기	팥밥 쇠고기미역국 연두부양념장 버섯볶음 총각김치	배 절편 우유
토	흑미밥 떡만둣국 돈육메추리알조림 콩나물무침 석박지	잔치국수 김밥 도토리묵무침 오이도라지무침 배추김치	약콩밥 쑥국 새우전 탕평채 백김치	귤 삶은 밤 요구르트(호상)

실습

생애주기별 혹은 가족을 위한 1주일 식단을 작성해 봅시다.

	월	화	수	목	금	토
아침						
점심						
저녁						
간식						

3) 웹사이트를 활용한 식단작성

식단작성 시 웹사이트를 활용하면 원하는 메뉴를 검색하여 식재료량, 레시피와 영양소 등을 확인할 수 있으므로 대상별 영양필요량에 맞춘 일일, 주간 혹은 월간 식단을 편리하게 작성할 수 있다. 또한 일부 프로그램에서는 식재료 단가가 연동되어 있어서 식단가를 고려한 식단을 작성할 수 있고, 식단표에 식품 알레르기 유발물질이 표시되며, 발주량 산출 및 조리계획서 출력이 가능하다.

(1) 식품의약품안전처 – 어린이급식관리지원센터

어린이급식관리지원센터에서는 센터에 등록된 어린이집, 유치원, 지역아동센터 등 어린이급식소 식단을 작성하기 위한 식단작성 프로그램https://menuplan.ccfsm.or.kr을 운영하고 있다. 식재료관리, 레시피관리, 식단형태관리 등의 기능이 있고, 식단의 형태는 일반형, 오전 간식 죽식형, 식품 알레르기 유발식품 대체식단, 달걀제외식단 등이 있다. 이 프로그램으로 작성한 영유아 식단의 실제는 표 5-42~표 5-44와 같으며, 식품 알레르기 유발물질 번호가 표시되어 있다.

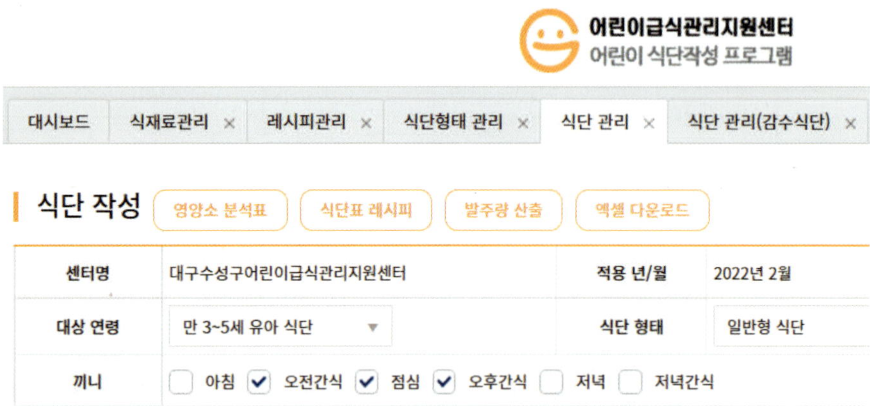

자료 : 식품의약품안전처·중앙어린이급식관리지원센터, 2022

표 5-42 이유식 식단의 실제

2022년 4월 영아 이유식 식단

	월	화	수	목	금	토
날짜	▶ 영아의 개인별 발달 수준을 고려하여 이유식을 제공해주세요. ▶ 식품 알레르기 유발물질 표시 ①난류(가금류) ②우유 ③메밀 ④땅콩 ⑤대두(콩) ⑥밀 ⑦고등어 ⑧게 ⑨새우 ⑩돼지고기 ⑪복숭아 ⑫토마토 ⑬아황산류 ⑭호두 ⑮닭고기 ⑯쇠고기 ⑰오징어 ⑱조개류(굴, 전복, 홍합포함) ⑲잣 (※아황산류는 표백제, 보존료, 산화방지제 목적으로 사용되는 식품첨가물의 형태로 대부분의 가공식품에 포함되어 있음)			QR코드	1	2
초기(4~5개월):10배죽				카카오톡 채널에서 4월 식단표와 레시피를 확인할 수 있어요.	쌀미음	쌀미음
에너지(kcal)/단백질(g)					48/1	
중기(6~8개월):8배죽					두부양배추죽(5)	대구살양파죽
에너지(kcal)/단백질(g)					64/3	63/3
후기(9~11개월):6배죽					두부양배추무른밥(5)	대구살양파무른밥
에너지(kcal)/단백질(g)					96/4	94/5
날짜	4	5	6	7	8	9
초기(4~5개월):10배죽	바나나미음	바나나미음	바나나미음	배미음	배미음	배미음
에너지(kcal)/단백질(g)		30/1			28/1	
중기(6~8개월):8배죽	쇠고기버섯죽(16)	닭가슴살양파죽(15)	명태살감자죽	쇠고기배추죽(16)	달걀노른자무죽(1)	두부미역죽(5)
에너지(kcal)/단백질(g)	73/4	65/4	66/3	73/3	85/3	63/3
후기(9~11개월):6배죽	쇠고기버섯무른밥(16)	닭가슴살양파무른밥(15)	명태살감자무른밥	쇠고기배추무른밥(16)	달걀노른자무무른밥(1)	두부미역무른밥(5)
에너지(kcal)/단백질(g)	109/5	97/5	99/5	109/5	127/4	94/4
날짜	11	12	13	14	15	16
초기(4~5개월):10배죽	애호박미음	애호박미음	애호박미음	감자미음	감자미음	감자미음
에너지(kcal)/단백질(g)		27/1			29/1	
중기(6~8개월):8배죽	두부버섯죽(5)	달걀노른자가지죽(1)	쇠고기애호박죽(16)	닭안심오이죽(15)	가자미살감자죽	쇠고기당근죽(16)
에너지(kcal)/단백질(g)	63/3	89/3	74/3	63/4	71/4	74/3
후기(9~11개월):6배죽	두부버섯무른밥(5)	달걀노른자가지무른밥(1)	쇠고기애호박무른밥(16)	닭안심오이무른밥(15)	가자미살감자무른밥	쇠고기당근무른밥(16)
에너지(kcal)/단백질(g)	94/4	127/4	110/5	95/5	106/5	111/5
날짜	18	19	20	21	22	23
초기(4~5개월):10배죽	브로콜리미음	브로콜리미음	브로콜리미음	고구마미음	고구마미음	고구마미음
에너지(kcal)/단백질(g)		28/1			34/1	
중기(6~8개월):8배죽	달걀노른자미역죽(1)	쇠고기연근죽(16)	두부무죽(5)	쇠고기청경채죽(16)	닭가슴살버섯죽(15)	대구살무죽
에너지(kcal)/단백질(g)	85/3	79/3	63/2	72/3	64/4	62/3
후기(9~11개월):6배죽	달걀노른자미역무른밥(1)	쇠고기연근무른밥(16)	두부무무른밥(5)	쇠고기청경채무른밥(16)	닭가슴살버섯무른밥(15)	대구살무무른밥
에너지(kcal)/단백질(g)	127/4	118/5	94/3	108/5	95/6	93/5
날짜	25	26	27	28	29	30
초기(4~5개월):10배죽	단호박미음	단호박미음	단호박미음	무미음	무미음	무미음
에너지(kcal)/단백질(g)		29/1			27/1	
중기(6~8개월):8배죽	두부가지죽(5)	명태살브로콜리죽	쇠고기양파죽(16)	달걀노른자시금치죽(1)	쇠고기무죽(16)	닭안심미역죽(15)
에너지(kcal)/단백질(g)	67/3	63/3	74/3	86/3	73/3	64/4
후기(9~11개월):6배죽	두부가지무른밥(5)	명태살브로콜리무른밥	쇠고기양파무른밥(16)	달걀노른자시금치무른밥(1)	쇠고기무무른밥(16)	닭안심미역무른밥(15)
에너지(kcal)/단백질(g)	94/3	94/5	111/5	129/5	110/5	95/6

원산지 표시	쌀 (밥, 죽, 누룽지)		쇠고기				닭고기	콩	수산물	
	백미	찹쌀	한우	육우	젖소	외국산		두부	명태	
	산	산	산	산	산	산	산	산	산	

수성구 어린이급식관리지원센터

자료 : 수성구 어린이급식관리지원센터, 2022

표 5-43 만 1~2세 유아 식단의 실제

2022년 3월 식단
<만 1~2세 기준>

	월	화	수	목	금	토
날짜	QR코드	1	2 튼튼싹싹 잔반zero식단	3	4	5
오전 간식	카카오톡 채널에서 3월 식단표와 레시피를 확인할 수 있어요.	삼일절 	딸기	쇠고기죽(5,6,16)	방울토마토(12)	미역죽(5,6)
점심			닭고기카레덮밥(5,6,15) 유붓국(5,6) 부추호박채전(5,6) 배추김치(9)	백미밥 버섯국(5,6) 돼지갈비찜(5,6,10) 콩나물무침(5) 배추김치(9)	백미밥 쇠고기된장찌개(5,6,16) 메추리알장조림(1,5,6) 봄동나물(5,6) 깍두기(9)	시래기나물밥/양념장(5,6) 홍합탕(18) 완자전(1,5,6,10) 배추김치(9)
오후 간식			증편/우유(2)	시리얼(6)/우유(2)	모닝빵샌드위치(1,2,5,6) /우유(2)	바나나쉐이크(2)
에너지(kcal)/단백질(g)			418/15	422/16	408/17	398/15
날짜	7	8	9	10 탄탄zero식단	11	12
오전 간식	사과/우유(2)	브로콜리죽	대통령선거일 	검은콩오곡죽(5)	귤	채소죽
점심	백미밥 들깨배춧국(5,6) 간장닭갈비(5,6,15) 김구이 깍두기(9)	백미밥 맑은육개장(5,6,16) 순살삼치구이(5) 감자조림(5,6) 배추김치(9)		백미밥 냉이조갯살된장국(5,6,18) 폭신두부달걀부침(1,2,5,6,9) 시금치나물(5,6) 깍두기(9)	백미밥 북어애호박국 소시지채소볶음(5,6,10) 연근조림(5,6) 배추김치(9)	쇠고기떡국(1,5,6,16) 백미밥½ 잔멸치아몬드볶음(5) 배추김치(9)
오후 간식	돼지고기볶음우동(5,6,10,18)	밤식빵(2,5,6)/우유(2)		찐고구마/우유(2)	치즈쇠고기주먹밥(2,5,6,16)	팥호빵(2,5,6)/우유(2)
에너지(kcal)/단백질(g)	414/17	431/18		432/16	422/14	408/15
날짜	14	15	16 튼튼싹싹 잔반zero식단	17	18	19
오전 간식	바나나	달걀죽(1)	방울토마토(12)	들깨부추죽	오렌지	전복죽(18)
점심	백미밥 얼갈이된장국(5,6) 돼지고기유자청볶음(5,6,10) 오이나물 배추김치(9)	백미밥 감잣국(5,6) 쇠고기알배추찜(5,6,16) 취나물무침(5,6) 깍두기(9)	잔치국수(5,6,9) 백미밥½ 미나리닭불고기(5,6,15,18) 배추김치(9)	백미밥 순두붓국(5,6) 돈까스(1,2,5,6,10,12,18) 옥수수피망볶음(2) 깍두기(9)	백미밥 쇠고기미역국(5,6,9,16) 팽이달걀스크램블(1,5) 브로콜리볶음 배추김치(9)	닭고기굴소스볶음밥 (5,6,15,18) 무챗국(5,6) 청포묵무침(5,6) 배추김치(9)
오후 간식	잼토스트(2,5,6)/우유(2)	약과(6)/우유(2)	참치주먹밥(5)/우유(2)	키위요거트(2)	송편/우유(2)	감자버터구이(2)/ 액상발효유(2)
에너지(kcal)단백질(g)	405/15	433/16	413/18	425/17	422/16	439/12
날짜	21	22	23 튼튼싹싹 잔반zero식단	24	25	26
오전 간식	배	버섯죽	사과	김가루채소죽	바나나	녹두죽(5)
점심	백미밥 만둣국(1,5,6,10) 순살고등어조림(5,6,7) 시금치토마토볶음(12) 배추김치(9)	백미밥 쇠고기뭇국(5,6,16) 두부조림(5,6) 청경채나물(5,6) 깍두기(9)	달걀실파볶음밥(1,5) 애호박젓국(5,6,9) 탕수육/레몬소스(1,5,6,10) 깍두기(9)	백미밥 시래기된장국(5,6) 닭살깨소스무침(1,5,6,15) 양파파프리카볶음(5) 배추김치(9)	백미밥 돼지고기김치찌개(5,6,9,10) **해물세발나물전**(5,6,9) 느타리버섯무침 깍두기(9)	토마토스파게티(2,6,12) 양송이수프(2,6) 쇠고기큐브스테이크 (5,6,16) 수제피클
오후 간식	팬케이크(1,2,5,6)/우유(2)	잡채(5,6)/우유(2)	찐감자/우유(2)	콩시루떡(5)/우유(2)	삶은달걀(1)/우유(2)	치즈깨주먹밥(2)
에너지(kcal)단백질(g)	411/17	413/14	418/18	408/17	402/17	431/19
날짜	28	29	30 튼튼싹싹 잔반zero식단	31		
오전 간식	오렌지	검은깨죽	키위	누룽지죽		
점심	백미밥 맑은새우탕(5,6,9) 채소달걀찜(1) 파래김자반(5) 배추김치(9)	백미밥 청국장찌개(5,6) 목살버섯구이(5,10) 양배추나물(5) 깍두기(9)	닭살데리야끼덮밥(5,6,15) 콩나물국(5) 잔멸치볶음(5) 깍두기(9)	백미밥 어묵국(5,6) 쇠고기무조림(5,6,16) 애호박나물(5) 배추김치(9)		
오후 간식	짜장떡볶이(5,6)/우유(2)	찐단호박/우유(2)	고구마김치전(5,6,9) /액상발효유(2)	롤케이크(1,2,5,6)/우유(2)		
에너지(kcal)/단백질(g)	402/15	394/15	426/15	418/18		

▶ 만1~2세 식단(간식포함) 에너지 기준 : 390~440Kcal
▶ 만1~2세 1일 단백질 권장섭취량 : 20g
▶ 만1~2세 기준 1회 우유 제공량 : 100ml

▶ 식품 알레르기 유발물질 표시
①난류(가금류) ②우유 ③메밀 ④땅콩 ⑤대두(콩) ⑥밀 ⑦고등어 ⑧게 ⑨새우 ⑩돼지고기 ⑪복숭아 ⑫토마토 ⑬아황산류 ⑭호두 ⑮닭고기 ⑯쇠고기 ⑰오징어 ⑱조개류(굴, 전복, 홍합포함) ⑲잣
(※아황산류는 표백제, 보존료, 산화방지제 목적으로 사용되는 식품첨가물의 형태로 대부분의 가공식품에 포함되어 있음)

▶ **탄탄zero식단** : 탄소배출을 줄이기 위해 난류, 해산물류, 콩류, 채소류 위주로 구성된 저탄소식단

▶ **튼튼싹싹 잔반zero식단** : 편식을 예방하고 골고루 먹기 실천을 위해 영유아 기호도를 반영한 식단

원산지표시	쌀 (밥, 죽, 누룽지)				쇠고기				돼지고기	닭고기	수산물			배추김치		콩 (두부류)	
	백미	현미	흑미	찹쌀	한우	육우	젖소	외국산			고등어			배추	고춧가루	두부	순두부
	산	산	산	산	산	산	산	산	산	산	산			산	산	산	산
	식육가공품 [예.햄(돼지고기):국내산]					완자전(돼지고기): 산, 소시지(돼지고기): 산, 돈까스(돼지고기): 산, 탕수육(돼지고기): 산											
	어육가공품 [예.참치(다랑어):원양산]					유붓국[가다랑어포(다랑어)]: 산, 참치(다랑어): 산											

수성구 어린이급식관리지원센터

자료 : 수성구 어린이급식관리지원센터, 2022

표 5-44 만 3~5세 유아 식단의 실제

2022년 5월 식단
<만 3~5세 기준>

	월	화	수	목	금	토
날짜	2	3	4 튼튼싹싹 잔반zero식단	5	6	7
오전 간식	바나나	참치채소죽	방울토마토(12)	어린이날	오렌지	깨죽
점심	기장밥 북엇국 닭고기우엉조림(5,6,15) 느타리버섯무침 배추김치(9)	흑미밥 두부젓국(5,6,9) 돼지고기된장볶음(5,6,10) 얼갈이나물(5,6) 깍두기(9)	쇠고기볶음밥(5,6,16) 무챗국(5,6) 해물완자전(1,5,6,9,17) 배추김치(9)		백미밥 근대된장국(5,6) 치즈달걀말이(1,2,5) 감자조림(5,6) 배추김치(9)	닭칼국수(6,15) 백미밥½ 온도토리묵/양념장(5,6) 배추김치(9)
오후 간식	잼식빵(2,5,6)/우유(2)	콩시루떡(5)/우유100ml(2)	고구마맛탕(5)/우유(2)		멸치주먹밥(5,6)/우유100ml(2)	우유미숫가루(2,5)
에너지(kcal)/단백질(g)	653/28	641/27	639/26		639/24	640/23
날짜	9	10	11 튼튼싹싹 잔반zero식단	12	13	14
오전 간식	사과	잣죽(19)	배	영양잡곡죽	바나나	쇠고기죽(5,6,16)
점심	현미밥 콩가루배춧국(5,6) 쇠고기떡조림(5,6,16) 참나물무침(5,6) 깍두기(9)	차조밥 달걀국(1,5,6) 돈까스(1,2,5,6,10,12,18) 시금치나물(5,6) 배추김치(9)	콩나물밥/양념장(5,6) 쇠고기탕국(5,6,16) 어묵볶음(5,6) 배추김치(9)	수수밥 조갯살미역국(5,6,9,18) 닭살양념구이(5,6,15) 무나물 배추김치(9)	백미밥 버섯국(5,6) 돼지고기김치찜(5,9,10) 애호박볶음(5) 깍두기(9)	새우감자볶음밥(5,6,9,18) 유붓국(5,6) 메추리알장조림(1,5,6) 배추김치(9)
오후 간식	브로콜리치즈전(2,5,6) /우유(2)	블루베리요거트(2)	단호박샌드위치(1,2,5,6) /우유(2)	무지개떡/우유100ml(2)	잡채(5,6)/우유(2)	모닝빵(1,2,5,6) /토마토쉐이크(2,12)
에너지(kcal)/단백질(g)	638/25	610/27	680/25	641/22	624/23	677/28
날짜	16	17	18 튼튼싹싹 잔반zero식단	19 탄탄zero식단	20	21
오전 간식	참외	호두죽(14)	오렌지	누룽지죽	사과	전복죽(18)
점심	기장밥 열무된장국(5,6) 순살찜닭(5,6,15) 잔멸치볶음(5) 배추김치(9)	흑미밥 콩나물국(5) 쇠고기장조림(5,6,16) 오이무침 배추김치(9)	돼지고기짜장덮밥(5,6,10) 다시마뭇국(5,6) 물만두(5,6,10) 배추김치(9)	백미밥 동태살두부들깨탕(5,6) 채소달걀찜(1) 청경채나물(5,6) 배추김치(9)	백미밥 닭고기배춧국(5,6,15) 새우새송이조림(5,6,9) 취나물볶음(5,6) 깍두기(9)	햄마늘종볶음밥(5,6,10) 미역미소된장국(5,6) 탕평채(5,6,16) 배추김치(9)
오후 간식	약밥(5,6)/우유(2)	김가루비빔국수(5,6) /우유100ml(2)	바람떡(5)/우유(2)	찐고구마/우유(2)	소보로빵(1,2,5,6)/우유(2)	수제비(5,6,9)/우유(2)
에너지(kcal)/단백질(g)	659/28	630/24	676/25	675/27	672/28	679/26
날짜	23	24	25 튼튼싹싹 잔반zero식단	26	27	28
오전 간식	바나나	뿌리채소죽(5,6)	키위	단호박죽	참외	콩죽(5)
점심	현미밥 아욱국(5,6) 간장제육볶음(5,6,10) 애호박나물(9) 배추김치(9)	차조밥 돈육우거지탕(5,6,10) 순살삼치카레구이(5,6) 브로콜리무침 깍두기(9)	멸치쌀국수(1,9) 백미밥½ 닭봉조림(5,6,12,15) 배추김치(9)	수수밥 쇠고기뭇국(5,6,16) 탕수두부(5,6) 파래김자반(5) 배추김치(9)	백미밥 버섯달걀탕(1) 오징어부추전(5,6,17) 숙주나물(5,6) 배추김치(9)	돼지고기데리야끼덮밥(5,6,10) 김칫국(5,6,9) 토마토샐러드(12) 깍두기(9)
오후 간식	궁중떡볶이(5,6,16) /우유100ml(2)	감자버터구이(2)/우유(2)	치즈채소주먹밥(2,5,6)	시리얼(6)/우유(2)	미니핫도그(1,2,5,6,10,12) /우유100ml(2)	채소튀김(5,6)/우유100ml(2)
에너지(kcal)/단백질(g)	630/25	665/29	625/24	647/22	631/24	623/22
날짜	30	31				QR코드
오전 간식	사과	치즈양송이버섯죽(2)				카카오톡 채널에서 5월 식단표와 레시피를 확인할 수 있어요.
점심	기장밥 어묵국(5,6) 쇠고기피망볶음(5,6,16) 가지나물(5,6) 배추김치(9)	흑미밥 맑은순두부찌개(5,6) 순살닭강정(1,5,6,12,15) 양배추키위샐러드 깍두기(9)				
오후 간식	밤식빵(2,5,6)/우유(2)	유부우동(5,6)				
에너지(kcal)/단백질(g)	636/27	667/26				

▶만3~5세 식단(간식포함) 에너지 기준 : 600~680Kcal
▶만3~5세 1일 단백질 권장섭취량 : 25g
▶만3~5세 기준 1회 우유 제공량 : 200ml
(※ 우유는 간식에 따라 100ml로 변경될 수 있음)
▶식품 알레르기 유발물질 표시
①난류(가금류) ②우유 ③메밀 ④땅콩 ⑤대두(콩) ⑥밀 ⑦고등어 ⑧게 ⑨새우 ⑩돼지고기 ⑪복숭아 ⑫토마토 ⑬아황산류 ⑭호두 ⑮닭고기 ⑯쇠고기 ⑰오징어 ⑱조개류(굴, 전복, 홍합포함) ⑲잣
(※아황산류는 표백제, 보존료, 산화방지제 목적으로 사용되는 식품첨가물의 형태로 대부분의 가공식품에 포함되어 있음)
▶**탄탄zero식단** : 탄소배출을 줄이기 위해 난류, 해산물류, 콩류, 채소류 위주로 구성된 저탄소식단
▶**튼튼싹싹 잔반zero식단** : 편식을 예방하고 골고루 먹기 실천을 위해 영유아 기호도를 반영한 식단

원산지 표시	쌀 (밥, 죽, 누룽지)				쇠고기				돼지고기	닭고기	수산물			배추김치		콩 (두부류)	
	백미	현미	흑미	찹쌀	한우	육우	젖소	외국산			오징어	명태		배추	고춧가루	두부	순두부
	산	산	산	산	산	산	산	산	산	산	산	산		산	산	산	산
	식육가공품 [예.햄(돼지고기):국내산]	돈까스(돼지고기): 산, 햄(돼지고기): 산, 미니핫도그[소시지(돼지고기)]: 산, 순살닭강정(닭고기): 산															
	어육가공품 [예.참치(다랑어):원양산]	참치(다랑어): 산, 해물완자(오징어): 산, 유붓국·유부우동[가다랑어포(다랑어)]: 산															

수성구 어린이급식관리지원센터

자료 : 수성구 어린이급식관리지원센터, 2022

(2) 교육부 – 교육행정정보시스템 NEIS

학교급식 식단은 교육부의 교육행정정보시스템http://neis.moe.go.kr으로 작성한다. NEIS의 급식시스템은 타 시스템과 연계되어 있어서 식단작성에 필요한 정보를 학교회계 시스템, 인사 시스템, 교무학사 시스템 등으로부터 가져올 수 있다. 식단관리에서 사용자가 자주 사용하는 식단을 등록하여 활용할 수 있으며, 주간 및 월간 식단 조회와 급식품 소요예정량 통계표 등을 일목요연하게 볼 수 있다. NEIS로 작성한 중학교 급식식단의 실제 예는 표 5-45와 같다.

(3) 식품의약품안전처 – 나의 영양식단관리

식품의약품안전처 식품안전나라https://www.foodsafetykorea.go.kr 〈나의 영양식단관리〉 프로그램은 가족의 건강한 식사를 위한 영양적인 레시피 제공 및 식단작성을 도와주는 프로그램이다. 메뉴 선택이 손쉬울 뿐 아니라 사용자 식품, 메뉴, 식단의 입력/저장/수정/삭제가 쉽다. 식단작성 시 메뉴별 재료의 수정/추가/삭제도 가능하다. 식단의 영양적 평가를 위하여 3대 영양소 비율(%), 한국인 영양소 섭취기준DRIs과 영양소기준치DV에 대한 %와 그래프도 생성된다. 식품영양성분은 식품군, 식품명, 영양소별, 영양소 함량으로도 검색할 수 있다.

(4) 농촌진흥청 – 메뉴젠

농촌진흥청과 국립농업과학원의 농식품올바로http://koreanfood.rda.go.kr 〈메뉴젠〉 프로그램은 식단작성 및 한국인 영양소 섭취기준을 바탕으로 1일 영양소 섭취량도 평가할 수 있는 프로그램이다. 음식 및 식재료의 영양성분 및 재료 중량 등의 정보가 수록되어 있으며, 사용자가 음식을 편집(재료 추가, 삭제, 중량 변경)하여 식단작성 및 활용할 수 있고, 작성한 식단의 저장·편집 및 엑셀 파일 다운로드 서비스가 제공된다. 회원가입 시 식단작성, 식단관리(저장/불러오기), 알레르기 유발식품 표출, 대체식품 추천 기능이 추가된다.

표 5-45 중학교 급식식단의 실제

월요일	화요일	수요일	목요일	금요일
5 클로렐라쌀밥 오징어국5.6.13.17. 돼지갈비떡찜5.6.10.13. 잡채5.6.10.13. 포기김치9. 초코타르트1.2.5.6.	6 가바쌀밥 소고기우거지국 5.6.13.16. 가자미빵가루오븐구이 2.5.6.13. 수제소시지볶음 1.2.5.6.10.13.15.16. 치커리파인애플생채 5.6.13. 깍두기9.	7 기장밥 녹두삼계탕13.15. 비빔만두 1.2.5.6.10.13.16. 도토리묵&양념장5.6. 깍두기9. 바나나	8 보리밥 새우완탕 1.5.6.9.16.18. 훈제오리부추무침 1.2.5.6.13. 아귀채볶음5.6.13. 콩조림5.6.13. 포기김치9. 아이스슈1.2.5.6.	9 김치볶음밥 5.6.9.10.13.18. 팽이장국5.6. 애플고르곤졸라피자 1.2.5.6. 마카로니콘샐러드 1.5.6.10.12.13.16. 깍두기9. 요구르트(상하)2.
12 녹두밥 육개장5.6.13.16. 생선까스&타르타르소스 1.5.6.13. 계란장조림1.5.6.13. 쑥갓두부무침5.6. 깍두기9.	13 율무밥 어묵쑥갓국1.5.6. 돈육고추장불고기 5.6.10.13. 멸치아몬드볶음5.13. 열무된장무침5.6. 포기김치9.	14 추가밥(小) 계란파국1.5.6. 자장면2.5.6.10.13.15.16. 탕수육&소스 5.6.10.11.12.13.18. 하트단무지13. 포기김치9.	15 차조밥 돈등뼈감자탕 5.6.9.10.13. 실곤약야채무침5.6.13. 들깨메밀전병 1.2.3.5.6.10.16. 깍두기9. 멜론	16 콩나물밥&양념장5.6. 청국장찌개5.6.9. 닭장각오븐구이5.6.15. 김부각5. 포기김치9. 매실에이드
19 찰수수밥 근대된장국5.6. 돼지고기수육10. 볼어묵조림5.6.13. 쌈추&쌈장5.6.13. 포기김치9.	20 찰현미밥 부대찌개 1.2.5.6.9.10.13.16. 코다리강정4.5.6.12.13. 궁중떡볶이5.6.13.16.18. 참나물사과겉절이13. 포기김치9.	21 찰흑미밥 사리곰탕5.6.16. 오징어초무침5.6.13.17. 호박전1.6. 깍두기9. 호상요구르트(딸기)2.	22 홍국미밥 황태뭇국1.5.6. 닭살데리야끼볶음 5.6.13.15.18. 고구마맛탕5.13. 우엉깨소스무침1.5.6.13. 포기김치9	23 고추참치덮밥 5.6.12.13.16.18. 유부장국5.6. 핫도그&케첩 1.2.5.6.10.12.15.16. 코울슬로샐러드1.5.13. 알타리김치9. 골드파인애플
26 기장밥 동태매운탕5.6.13. 동그랑땡전&케첩 1.2.5.6.10.12.15.16. 알감자꽈리고추조림 5.6.13. 포기김치9. 대추방울토마토12.	27 밤밥 김칫국9. 닭볶음탕5.6.13.15. 연근튀김5.6. 청경채깨소금무침5.6. 포기김치9.	28 주꾸미비빔밥5.6.13. 콩가루배춧국5.6. 채소계란찜1.2.9. 김가루쪽파무침 포기김치9.	29 옥수수밥 꽃게된장국5.6.8. 돈육김치볶음5.9.10.13. 두부구이5. 부추양파무침5.6.13. 무말랭이	30 후리가케밥1.5.6. 우동국1.2.5.6.7.8.9.18. 셀프새우또띠아 1.2.5.6.9. 깍두기9. 비피더스(사과)2.

자료: 대구 경일중학교, 2021

(5) 재치영양사

재치영양사http://www.yori.co.kr/는 단체급식 식단작성, 발주관리, 급식통계, 결산일지 관리 등의 기능을 제공하는 급식관리시스템이며 유료로 제공하고 있다. 식단관리프로그램에서 급식 인원과 끼니를 정한 후 음식명을 선택하여 식단을 작성하면, 식단표, 조리계획서, 영양소, 식단가 등의 정보를 확인할 수 있다.

4) 단가를 고려한 식단작성

식단작성 시 영양소 필요량과 기호도뿐 아니라 가정의 식생활비에 맞춘 단가를 고려한 식단을 작성할 때 식재료 단가를 제공하는 식단작성 웹사이트를 활용하여 작성할 수 있다. 참고로 표 5-46은 재치영양사의 산업체급식 단가를 기준으로 음식군별 음식의 단가를 저단가, 중단가, 고단가로 분류하고 각각에 해당하는 음식명을 제시한 것이다. 기준 에너지(약 700kcal)와 영양소 함량은 비슷하면서 단가(1,000~3,000원)를 달리하여 식단을 작성한 예는 표 5-47과 같다.

표 5-46 음식군 분류별 음식 단가(산업체급식 단가)

분류	단가 구분	음식명(단가, 원)
밥류 일품요리 면류	저단가 (499원 이하)	차조밥(307), 기장밥(308), 보리밥(310), 현미밥(322), 흑미밥(327), 강낭콩밥(329), 녹두밥(334), 수수밥(341), 팥밥(345), 검정콩밥(355), 율무밥(373), 오곡밥(377), 감자밥(393), 완두콩밥(398), 제육무밥(471), 대추찰밥(493)
	중단가 (500~799원)	쇠고기콩나물밥(540), 우동(562), 스파게티(597), 알밥(675), 잔치국수(687), 밤밥(691), 김밥(694), 감자채소볶음밥(696), 김치볶음밥(721), 비빔국수(723), 물냉면(730), 새우볶음밥(787)
	고단가 (800원 이상)	자장밥(801), 비프카레라이스(804), 굴표고버섯밥(840), 마파두부덮밥(858), 쇠고기잡채밥(879), 오므라이스(887), 낙지덮밥(890), 영양밥(925), 해시라이스(940), 불고기채소비빔밥(1,258), 쇠고기덮밥(1,445)
국류 탕류 찌개류 전골류	저단가 (299원 이하)	달걀파국(87), 콩나물국(99), 근대된장국(102), 배추된장국(106), 미역냉국(149), 건새우미역국(165), 냉이두부된장국(176), 북어콩나물국(179), 오이냉국(217), 청국장찌개(218), 건새우시금치된장국(231), 오징어국(240), 가지냉국(246), 감자수제비국(263), 쇠고기콩나물국(267), 쇠고기뭇국(270), 된장찌개(279), 참치김치찌개(287), 만두달걀국(293), 닭개장(297)
	중단가 (300~699원)	돈육김치찌개(303), 김치굴국(309), 쇠고기미역국(336), 굴두부찌개(396), 동태찌개(421), 달래된장찌개(424), 모시조개부추국(442), 굴해장국(462), 닭곰탕(470), 삼겹살김치찌개(471), 버섯된장찌개(497)
	고단가 (700원 이상)	사골육개장(701), 버섯전골(705), 짬뽕국(818), 어묵전골(827), 우거지갈비탕(971), 사골곰국(978), 추어탕(1,014), 알탕(1,069), 쇠갈비감자탕(1,076), 도가니탕(1,132), 갈비탕(1,184), 생태찌개(1,901), 꽃게찌개(2,577), 삼계탕(2,988), 꽃게탕(3,214)
구이류 전류 튀김류 볶음류	저단가 (299원 이하)	김구이(52), 고구마줄기볶음(100), 미역줄기볶음(119), 고사리볶음(131), 두부구이(148), 마늘종볶음(155), 감자볶음(164), 김부각(209), 우엉볶음(210), 달걀말이(212), 쥐포채볶음(218), 어묵볶음(218), 오이볶음(224), 햄야채볶음(241), 감자야채튀김(257), 고구마튀김(259), 김자풋고추볶음(280), 마파두부(291), 도라지볶음(293)
	중단가 (300~699원)	건새우볶음(303), 부추잡채(304), 부추돈육잡채(311), 멸치볶음(331), 돈육김치볶음(331), 죽순볶음(341), 조기구이(357), 삼치튀김(358), 가자미튀김(371), 고추잡채(372), 연근튀김(375), 애호박볶음(377), 뱅어포볶음(394), 애호박새우젓볶음(405), 돈육양념구이(406), 오징어채소볶음(422), 돼지불고기(432), 닭강정(462), 삼치엿장구이(546), 임연수구이(601), 낙지볶음(624), 코다리양념튀김(646)
	고단가 (700원 이상)	붕장어구이(758), 삼겹살김치볶음(790), 탕수어(796), 더덕구이(824), 쇠고기튀김(826), 쇠불고기(833), 전어구이(885), 닭다리굴소스볶음(890), 돼지갈비구이(943), 양념치킨(973), 더덕양념구이(1,034), 쇠갈비양념구이(1,114), 멸치호두볶음(1,135), 너비아니구이(1,141), 병어구이(1,625)
조림류 찜류 무침류	저단가 (299원 이하)	콩나물무침(86), 삼색초무침(100), 콩자반(119), 청경채찜(122), 배추무침(137), 달걀찜(140), 두부조림(151), 땅콩조림(154), 돌나물무침(156), 달걀장조림(165), 봄동겉절이(173), 김무침(180), 시금치나물(183), 도라지무생채(187), 탕평채(188), 우엉콩조림(195), 어묵조림(203), 쑥갓나물(218), 쥐포채조림(218), 냉이무침(221), 오이양파무침(229), 미역무침(245), 게맛살삼색냉채(254), 미나미무침(256), 멸치풋고추조림(268), 굴무생채(296)
	중단가 (300~699원)	감자조림(302), 도라지생채(307), 고등어무조림(323), 대구포무침(352), 북어채무침(355), 꽈리고추찜(361), 가지나물(361), 연근조림(367), 대구콩나물찜(399), 건새우조림(405), 굴야채무침(411), 꽁치무조림(422), 오징어숙회(435), 닭찜(474), 고춧잎무침(527), 오향장육(604)
	고단가 (700원 이상)	닭봉조림(726), 오징어냉채(796), 안동찜닭(888), 아귀찜(917), 미더덕찜(919), 병어조림(950), 더덕생채(1,033), 쇠갈비무조림(1,035), 사태찜(1,071), 돼지갈비찜(1,259), 쇠갈비찜(1,322), 꼬막찜(1,964), 꽃게양념무침(2,589)
김치류 · 장아찌류		깍두기(126), 석박지(126), 배추김치(211), 백김치(226), 열무김치(247), 총각김치(247), 나박김치(274), 부추김치(287), 동치미(351), 오이소박이(392), 마늘장아찌(471), 갓김치(567)

자료: 재치영양사, 2022

표 5-47 급식 식단 단가별 메뉴의 단가 및 영양소 비교

식단가	메뉴	단가(원)	열량(kcal)	탄수화물(g)	단백질(g)	지방(g)
저단가 식단	차조밥	307	408.8	91.5	8.4	0.7
	콩나물국	99	35.1	4.6	4.2	0.8
	멸치풋고추조림	268	100.7	2.9	7.9	6.5
	마파두부	291	172.3	9.7	12.5	8.7
	깍두기	126	26.4	5.4	1.3	0.2
	계	1,091	743.3	114.1	34.3	16.8
중단가 식단	밤밥	691	406.0	91.6	7.9	0.6
	달래된장찌개	424	89.0	12.2	6.5	2.0
	돈육양념구이	406	239.2	7.7	18.3	14.7
	가지나물	361	46.3	6.5	2.1	2.1
	배추김치	141	14.4	2.0	0.6	0.4
	계	2,023	794.8	120.0	35.5	19.8
고단가 식단	현미밥	322	408.5	91.4	8.3	0.7
	버섯전골	705	107.6	4.4	9.1	5.7
	쇠불고기	833	163.8	5.7	13.4	9.7
	더덕생채	1,033	71.8	12.1	2.9	1.8
	총각김치	165	24.8	4.4	1.9	0.3
	계	3,058	776.4	117.9	35.6	18.3

자료: 재치영양사, 2022

⌛ 실습

식단작성 웹사이트나 표 5-46을 참고하여 식단가(1,500원, 3,000원)를 고려한 1주일 식단을 작성해 봅시다.

3. 식단평가

식단평가는 식단계획 및 실행의 장단점을 알아내어 단점을 개선하여 다음 식단계획 시 반영함으로써 앞으로의 식생활계획을 합리적으로 이끌어가기 위한 중요한 과정이다. 식단평가를 위한 체크리스트는 표 5-48과 같다.

표 5-48 식단평가 체크리스트

평가 항목		그렇다	보통이다	그렇지 않다
1. 영양면 평가	• 6가지 식품군을 골고루 사용하였는가? • 영양필요량에 부족하지 않은가?			
2. 기호면 평가	• 각 음식이 색, 질감, 향, 농도, 모양, 준비된 형태, 온도의 대비를 이루었는가? • 전체적으로 식사대상자에게 만족을 주었는가?			
3. 경제면 평가	• 계절음식, 혹은 가격·식품 구입 면에서 효율적인 식품을 선택했는가?			
4. 위생면 평가	• 위생적으로 안전한 식단인가?			
5. 능률면 평가	• 조리자의 작업 부담을 고려하였는가?			
6. 환경 보존면 평가	• 근거리 농축산물을 선택하였는가? • 친환경 농산물을 선택하였는가?			

1) 영양면 평가

식단을 작성한 후 영양적으로 적절한지를 평가하기 위하여 식품구성자전거의 6가지 식품군이 골고루 포함되어 있는지 식품명을 보고 확인한다. 또한 식품군별 권장섭취 횟수와 분량이 식사구성안의 기준과 일치하면 영양적으로 충족된 것으로 평가한다.

식단에서 제공된 영양소 총량을 계산하여 영양소 섭취기준과 비교하여 영양면을 평가한다. 표 5-49는 개인과 집단의 식사평가에 영양소 섭취기준을 활용하는 방안이다. 개인의 식사섭취 평가는 평균필요량, 권장섭취량, 충분섭취량, 상한섭취량 등의 기준을 적용하여 적절 또는 부적절 수준에 도달할 위험 가능성을 평가평가한다. 집단의 식사섭취 평가는 부적절하게 섭취하는 사람의 비율을 추정하는 기준으로 평균필요량이 설정된 영양소만을 평가할 수 있으며, 방법으로는 확률적접근법과 Cut Point 방법 2가지가 있다.

표 5-49 개인과 집단의 식사섭취 평가

구분	개인	집단
평균필요량EAR	• 일상섭취량이 평균필요량 이하이면 섭취 부족 위험도가 높아지며, 평균필요량보다 낮아질수록 섭취량 증가 필요 가능성이 높아짐	• 일상섭취량이 평균필요량 이하이면 섭취 부족 위험도가 높아짐 • 집단 내에서 부적절한 섭취자의 비율을 추정하는 기준임
권장섭취량RNI	• 일상섭취량이 권장섭취량 이하이면 섭취 부족의 위험도가 낮아짐	• 집단의 영양평가 상태를 평가하는 데 사용하지 않음
충분섭취량AI	• 일상섭취량이 충분섭취량 이하이면 섭취 부족의 위험도가 낮아짐	• 일상섭취량이 충분섭취량 이하이면 섭취 부족의 위험도가 낮아짐
상한섭취량UL	• 일상섭취량이 상한섭취량보다 높을수록 과잉섭취 위험도가 높아짐 • 과잉섭취 가능성 조사에 사용함	• 일상섭취량이 상한섭취량보다 높을수록 과잉섭취 위험도가 높아짐

자료 : 한국영양학회, 2020

개인의 영양섭취상태를 평가한 사례는 다음과 같다표 5-50.

표 5-50 개인의 식사평가 예시 - '김영양'의 식사평가(22세 여대생, 50kg, 161cm, 저활동)

영양소	평균섭취량	평균필요량	권장섭취량	충분섭취량	상한섭취량	판정
탄수화물(g)	294	100	130			충분
단백질(g)	74	45	55			충분
지질(g)	64					충분
식이섬유(g)	24.9			20		충분
비타민 A(μg RAE)	386.4	460	650		3,000	부족
비타민 D(μg)	2.5			10	100	부족
비타민 E(mg α-TE)	22.2			12	540	충분
비타민 K(μg)	237.2			65		충분
비타민 C(mg)	151.3	75	100		2,000	적절

(계속)

영양소	평균섭취량	평균필요량	권장섭취량	충분섭취량	상한섭취량	판정
티아민(mg)	2.1	0.9	1.1			적절
리보플라빈(mg)	1.5	1.0	1.2			적절
니아신(mg)	11.3	11	14		35(니코틴산) 1,000(니코틴아마이드)	약간 부족
비타민 B_6(mg)	1.8	1.2	1.4		100	적절
엽산(μg)	585.8	320	400		1,000	적절
비타민 B_{12}(mg)	6.4	2.0	2.4			적절
판토텐산(mg)	6.1			5		충분
비오틴(μg)	5.0			30		부족
칼슘(mg)	579.8	550	700		2,500	약간 부족
인(mg)	1,201.5	580	700		3,500	적절
나트륨(mg)	3,566			1,500	2,300 (만성질환위험감소섭취량)	과다
염소(mg)	218.5			2,300		부족
칼륨(mg)	3,237			3,500		부족
마그네슘(mg)	123.8	230	280		350	부족
철(mg)	15.3	11	14		45	적절
아연(mg)	10.2	7	8		35	적절
구리(μg)	700	500	650		10,000	적절
불소(mg)	6.4			2.8	10.0	적절
망간(mg)	2.1			3.5	11.0	부족
요오드(μg)	310	95	150		2,400	약간 부족
셀레늄(μg)	57	50	60		400	부족
몰리브덴(μg)	1.7	20	25		500	부족
콜레스테롤(mg)	314				300(권고섭취량)	권고 이상

평가)

① 특정 개인의 성별, 연령, 기준체위 확인 및 활동수준 점검

예시) 대상: 저활동을 하는, 신장161cm, 체중 50kg의 22세 여대생

② 에너지 필요량 계산: 신장, 체중, 성별, 활동량 고려

※ 에너지 필요량 계산 공식

성인여자	354−6.91×연령(세)+PA[9.36×체중(kg)+726×신장(m)] PA(신체활동계수): 1.0(비활동적), 1.12(저활동적), 1.27(활동적), 1.45(매우 활동적)

(계속)

예시) 에너지 필요량 계산 : 약 2,000kcal

성인여자	354−6.91×22(세)+1.12[9.36×50(kg)+726×1.61(m)]=2,035.26kcal

• 에너지필요추정량은 정상체중 범위에서의 에너지 소비량으로 대상자의 비만도를 계산하여 정상체중 여부를 확인해야 함. 이 여대생의 체질량지수는 19.3kg/m^{2}이므로 정상체중에 해당됨.

③ 일상적인 식사의 섭취량을 3일간 섭취량의 평균을 구해 영양소 데이터베이스 이용하여 영양소 섭취량으로 계산 후, 영양소 섭취기준에 따라 영양소 섭취량을 평가함.

예시) • 성별·연령별 체위기준을 활용하여 예시의 20대 여대생의 일상적인 주중 이틀과 주말 하루의 식사를 영양소 섭취량으로 계산하여 평균섭취량을 구한 결과는 다음과 같음.
• 20대 여대생의 경우 여자 19~29세 기준인 신장 161.4cm, 체중 55.9kg, 체질량지수 21.4kg/m^{2}의 조건에 맞추어 영양소 섭취기준이 설정됨.

④ 다량영양소(탄수화물, 단백질, 지질)는 에너지 적정비율을 기준으로 평가
• 2020년 개정된 영양소 섭취기준에 의하면 총 에너지 중 탄수화물의 비율은 55~65%, 단백질의 비율은 7~20%, 지질의 비율은 15~30%가 되도록 권장하고 있음.

예시) 에너지 필요추정량 vs 일상적인 에너지 섭취량의 비교 결과
• 20대 여대생의 경우 하루 에너지필요추정량이 2,000kcal로 자신이 속한 연령대 기준치에 맞춰 평가하면 여대생의 주중 2일과 주말 1일, 총 3일 에너지섭취량에 대한 평균은 2,062kcal로 에너지필요추정량인 2,000kcal에 비해 약간 높음.

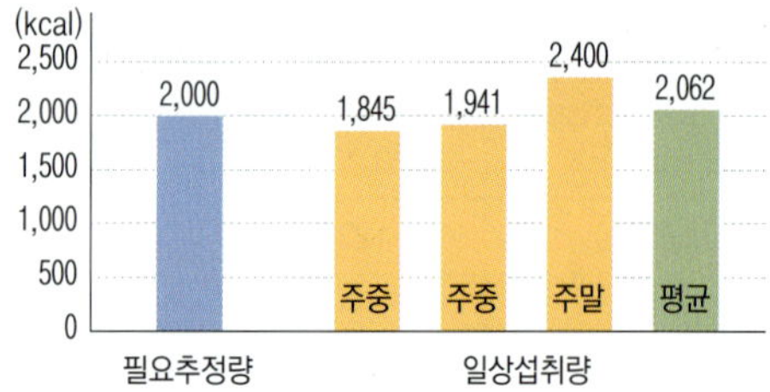

⑤ 비타민, 무기질 평가

예시) 20대 여대생의 비타민, 무기질 섭취량 평가는 다음과 같음.
• 지용성비타민의 경우 비타민 A는 평균필요량 미만으로 섭취하고 있어 섭취량을 두 배 이상 증가시킬 필요가 있으며, 비타민 D는 충분섭취량에 훨씬 못 미치게 섭취하고 있어 섭취량을 증가시킬 필요가 있음. 비타민 E와 K는 충분섭취량을 상회하고 있어 섭취가 적절할 가능성이 높음. 수용성비타민의 경우 비타민 C, 티아민, 리보플라빈, 엽산, 비타민 B_6와 B_{12}는 권장섭취량 이상으로 섭취하고 있어 적절할 가능성이 큼. 니아신의 평균섭취량은 평균필요량과 권장섭취량 사이에 있어 섭취량을 증가시킬 필요가 있으며, 판토텐산은 평균섭취량이 충분섭취량보다 높아 충분하지만, 비오틴은 평균섭취량이 충분섭취량의 1/5 수준으로 낮아 섭취량이 부족할 가능성이 있다고 판단됨.
• 무기질의 경우 칼슘은 평균섭취량이 평균필요량과 권장섭취량 사이에 있어 부족할 가능성이 있어 섭취량을 증가시킬 필요가 있으나, 인을 비롯한 철, 아연, 구리, 불소, 요오드는 권장섭취량 이상, 상한섭취량 미만으로 적절하게 섭취하고 있음. 나트륨은 만성질환위험감소섭취량보다 1,000mg 이상 높아 섭취량을 줄일 필요가 있으며, 염소, 칼륨, 마그네슘, 망간, 몰리브덴은 평균섭취량이 평균필요량보다 더 낮아 부족할 가능성이 매우 높아 섭취량을 증가시킬 필요가 있을 것으로 판단됨. 셀레늄도 평균섭취량이 평균필요량과 권장섭취량 사이에 있어 섭취량을 증가시킬 것을 권장함.

⑥ 그 밖의 평가

• 콜레스테롤의 경우에는 평균섭취량이 314mg으로 권고섭취량(300mg/일) 이상 섭취하고 있어서 섭취량을 줄일 필요가 있음.
• 식이섬유는 충분섭취량(20g)보다 충분한 25g을 섭취하였으므로 유지할 것을 권장함.

자료 : 보건복지부·한국영양학회, 2021

2) 기호면 평가

식사대상자들의 식습관과 기호에 따라 식품선택이나 조리법에서 식단을 다양하게 구성해야 한다. 특히 조리방법을 선택할 때 향, 맛, 맛의 조화, 질감의 조화, 음식의 겉모양, 온도, 전체적인 기호도 등을 조사하여 식단작성 시 고려한다표 5-51.

표 5-51 기호도 조사표

기호도 조사

아래 표를 보고 각 음식에 대한 평상시 느낌을 나타내는 칸에 √표를 해주세요.

음식명		평가항목																																		
		겉모양[1]							온도[2]							풍미[3]							질감[4]							전체적 기호도[5]						
		①	②	③	④	⑤	⑥	⑦	①	②	③	④	⑤	⑥	⑦	①	②	③	④	⑤	⑥	⑦	①	②	③	④	⑤	⑥	⑦	①	②	③	④	⑤	⑥	⑦
밥류	쌀밥																																			
	콩밥																																			
	비빔밥																																			
	카레라이스																																			
국류	쇠고기뭇국																																			
	콩나물국																																			
	삼계탕																																			
	해물탕																																			
반찬류	고등어구이																																			
	참치전																																			
	오징어볶음																																			
	돈가스																																			

*평가항목 설명

1) 겉모양 : ① 보기에 매우 나쁘다 ② 보기에 나쁘다 ③ 보기에 약간 나쁘다 ④ 보통이다 ⑤ 보기에 약간 좋다 ⑥ 보기에 좋다 ⑦ 보기에 매우 좋다

2) 온도 : ① 너무 식어서 먹을 수 없다 ② 매우 식었다 ③ 약간 식었다 ④ 적당하다 ⑤ 약간 뜨겁다 ⑥ 매우 뜨겁다 ⑦ 너무 뜨거워 먹을 수 없다

3) 풍미 : ① 매우 나쁘다 ② 나쁘다 ③ 약간 나쁘다 ④ 보통이다 ⑤ 약간 좋다 ⑥ 좋다 ⑦ 매우 좋다

4) 질감 : ① 매우 나쁘다 ② 나쁘다 ③ 약간 나쁘다 ④ 보통이다 ⑤ 약간 좋다 ⑥ 좋다 ⑦ 매우 좋다

5) 전체적기호도 : ① 매우 나쁘다 ② 나쁘다 ③ 약간 나쁘다 ④ 보통이다 ⑤ 약간 좋다 ⑥ 좋다 ⑦ 매우좋다

3) 경제면 평가

가정의 식생활비는 소득에 따라 달라지나 가족수에 따라서도 차이가 나게 된다. 소득에 관계없이 주식비는 가족수에 따라 결정되며 부식비는 소득과 많은 관계가 있다. 식단계획을 세울 때 식생활비로 사용할 수 있는 금액을 책정한 후, 식비의 내용을 주식, 부식, 기호식품, 외식비로 나누어 예산을 세워 계획에 의한 지출이 되었는지 평가해야 한다. 또한 식품의 구입량과 가격, 구입 형태, 구입 장소 등이 적합하여 지출이 예산 범위를 초과하지 않았는지 평가한다.

4) 위생면 평가

가정의 위생관리는 가족의 건강과 직결되므로 식단은 위생적인 면을 고려해서 작성되어야 한다. 또한 식단의 위생관리를 위해 가열하지 않는 식품, 살균과정이 없거나, 조리 후 생재료가 첨가되거나, 더운 것과 찬 것을 섞는 음식 등 잠재적으로 위해도가 높은 음식 등을 확인하여 가족의 건강을 지켜야 한다.

5) 능률면 평가

여성인력의 수요 증가, 여성의 교육기회의 증대, 생활수준의 증가 욕구 등에 따라 주부의 취업이 증가되고 있는데, 취업주부인 경우 식생활관리에도 충분한 시간을 할애할 수 없으므로 식단작성 시 시간·노력면을 고려해야 한다. 식생활관리자는 식단평가 시 조리자의 숙련도, 조리기구, 주방의 구조 및 설비를 고려하여 식사 준비에 소요되는 시간을 절약할 수 있는 효율적인 식단인지 평가해야 한다. 조리자의 작업 효율이 떨어져 식사 지연을 초래하거나 조리능력 미숙으로 품질 저하의 우려가 있는 경우와 새로 개발한 메뉴를 도입할 때는 조리자의 업무능력을 향상시켜야 한다. 결과적으로 시간·노력면 평가에는 작업의 단순화, 기계화, 표준화, 전문화 등을 고려해서 평가해야 한다.

6) 환경 보존면 평가

식생활에서 식품의 생산·유통·소비에서 일어나는 에너지 및 자원 사용, 폐기물 발생 등은 환경오염과 밀접한 관련이 있다. 식생활관리자는 후손에게 물려줄 자원과 환경 보호를 위해 식품 선택과 구입·보관·조리·식사·설거지 등 식생활 전 과정에서 에너지 및 자원 절약, 환경오염의 최소화를 이룰 수 있는 식생활관리가 이루어지도록 노력해야 한다. 식단평가에서 식품구매 시 근거리 농산물 및 친환경 농산물의 선택, 음식물쓰레기 감량 등 환경을 보존하기 위한 식단인지 평가해야 한다.

요점정리

- 식단이란 바람직한 식생활을 위한 식사계획으로, 매끼의 식사에 구성원의 영양과 기호를 충족시킬 수 있도록 음식의 종류와 분량을 정하는 것이다. 식단은 다양한 방법에 의해 계획된다. 생애주기에 따라 영아기, 유아기, 아동기, 청소년기, 성인기와 노인기 등으로 구분하여 영양계획을 해야 한다.
- 식생활관리자는 식단작성 시 식품비 예산을 세운 후 식사 대상자의 영양필요량, 식품 알레르기, 식습관과 기호성, 음식의 맛과 풍미를 높일 수 있는 식품 배합 등을 고려해서 식단작성을 해야 한다. 구매 및 조리 과정 시 가식부율과 건물의 팽창률, 식품의 안전성과 위생적인 면을 고려해야 하며, 주방의 시설 · 설비 조건, 조리자의 숙련도를 고려해서 식단을 구성해야 한다. 또한 식품의 계량과 목측량, 계절식품 및 대체식품을 알아두어 식단계획 시 반영하도록 한다.
- 식단작성 시 식사구성안이나 식단작성을 위한 웹사이트를 활용할 수 있으며, 식사구성안을 이용하여 식단을 작성할 경우 일일 에너지필요량 산출, 식품군별 1일 권장섭취횟수 결정, 권장섭취횟수를 세 끼니와 간식에 배분, 음식 종류와 식재료 분량 결정, 식단표 작성, 식단평가의 순으로 실시한다.
- 식단을 작성할 때 가정의 식비나 급식소의 식단가를 고려하여 저단가, 중단가, 고단가의 단가별로 영양소 함량이 비슷한 음식을 식단에 포함시킬 수 있다. 또한 대상을 고려하여 유아, 아동, 청소년, 성인, 노인과 이들을 포함하는 확대가족을 위한 식단을 작성할 수 있다.
- 식단평가는 식단계획 및 실행의 단점을 알아내어 개선한 후 다음 식단계획 시 반영하여 앞으로의 식생활계획을 합리적으로 이끌어가기 위한 중요한 과정으로, 영양면, 기호면, 경제면, 위생면, 능률면, 환경 보존면을 고려하여 평가한다.

CHAPTER 6

식품구매 및 보관관리

1. 식품의 바른 선택을 위한 정보
2. 식품구매 절차
3. 식품별 품질 감별
4. 식품의 보관관리

학습개요

식품구매는 식단을 작성한 다음 식단에 필요한 식품들을 언제, 얼마만큼, 어느 구입처에서, 어떤 방법으로 살 것인가를 계획하고 결정하는 과정이며, 음식의 품질에 중요한 영향을 미친다. 구매활동은 가정경제와 소비생활에 큰 영향을 미치므로 사용목적에 적합한 것을 선택하여 필요한 시점 전에 구입하고, 일정한 재고가 있어야 하는 식품에는 재고투자를 최소로 하면서 적정재고관리가 이루어지도록 하며, 최저비용으로 구입하는 것이 합리적인 구매이다.

학습목표

1. 식품구매에 필요한 정보를 활용할 수 있다.
2. 식단계획에 따라 식품구매량을 계획할 수 있다.
3. 식품별 감별법을 설명할 수 있다.
4. 식품감별법을 잘 활용하여 식품을 구매할 수 있다.
5. 식품별 보관 시 주의점을 설명할 수 있다.

1. 식품의 바른 선택을 위한 정보

좋은 식품을 필요한 양만큼 구입하여 적절한 방법으로 조리한 음식을 섭취함으로써 좋은 영양을 얻는 것은 바른 식생활의 기본이다. 오늘날에는 한 가지 식품을 사더라도 영양내용이 다른 다양한 종류가 있으므로 예전보다 많은 정보와 지식이 필요하다.

1) 구매장소

(1) 식품 구매장소의 종류

식품을 구입할 수 있는 장소는 산지 근처에서 형성되는 산지시장(1차시장)이 있으며, 도매시장(2차시장)은 1차시장에서 대량 물품을 구입한 뒤 소매시장(지역시장)의 소매업자에게 소량씩 판매한다. 현대의 소비자들은 각 구매시점에서 각자의 중요 목표에 따라 다양한 형태의 시장에서 식품을 구입하게 된다.

식품 구입 시장의 종류

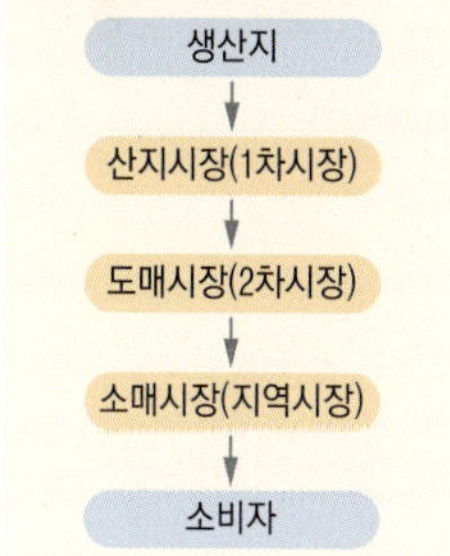

① 슈퍼마켓과 대형마트

슈퍼마켓은 농산물, 어육류, 유제품, 냉동식품, 제과 등의 식료품과 비식료품의 다양한 제품을 적은 마진을 남기며 셀프서비스로 판매하는 소매업태이다. 체인을 가진 슈퍼마켓은 점점 대형화되어 기업형 슈퍼마켓SSM : super supermarket이 빠르게 확산되고 있다. 기업형 대형 슈퍼마켓은 매장규모가 약 1,000m^2(300평)에서 3,000m^2(약 1,0000평) 안팎으로 동네 슈퍼마켓과 대형마트의 중간 형태이다. 대형 슈퍼마켓과 대형마트는 대규모 회사의 유명상표NB : national brand에 상점상표PB : private brand를 붙여 가격을 낮춘다. 상점상표 상품은 일반적으로 개발비, 광고비, 판촉비가 덜 소요되므로 소비자에게 싼값에 공급될 수 있다.

슈퍼마켓(동네슈퍼)과 기업형 슈퍼마켓 및 대형마트의 차이점은 표 6-1과 같다.

최근 대형마트에 비해 SSM을 찾는 이유는 ① 기름값을 아끼거나 환경을 생각하는 고객들이 자전거나 도보로 이용할 수 있는 가까운 슈퍼마켓을 찾기 때문, ② 먹

표 6-1 대형마트, 기업형 슈퍼마켓, 동네슈퍼의 차이점

	규모	주 판매 품목	입지 특성	주차시설
대형마트(대규모 점포)	3,000m²(1,000평) 이상	신선식품, PB, 공산품, 의류, 전자제품 등 백화점식 구성	대단지 아파트 인근, 유동인구가 많은 곳	대규모 완비
기업형 슈퍼마켓(준대규모 점포)	1,000m²(300평)~ 3,000m²(약1,000평)	신선식품, 공산품, 수입식품	동네 골목상권	30~150대 규모
동네슈퍼	660m²(200평) 미만	신선식품, 공산품	동네 골목상권	없거나 10대 미만

자료 : GS리테일, 롯데슈퍼, 홈플러스, 2009

을거리에 대한 불안감으로 대량 구입하여 냉장고에 보관하기보다는 매일매일 신선식품을 사 먹으려는 사람이 늘었기 때문, ③ 소용량 위주의 물건을 파는 경우가 많으므로 필요한 양만큼만 사는 합리적인 소비를 하려는 의식의 증가 등을 들 수 있다. 그러나 유통산업발전법에 따라 중소기업의 상생 발전을 위해 대규모 점포와 준대규모 점포에 대한 의무휴업일을 지정 운영중이다.

② 편의점

편의점은 제품 계열이 한정되어 있지만 재고 회전이 매우 빠르고 24시간 영업을 하는 소규모 상점이다. 운영비가 많이 들고 판매량이 적기 때문에 가격이 조금 높게 책정된다. 그러나 소비자들은 늦은 시간이나 시간이 부족할 때에 편리하게 이용할 수 있으므로 비싼 가격을 지불하면서도 이용한다. 식품의 종류가 제한되어 신선식품은 거의 없으며, 포장단위가 작아 소량의 간단구매에 편리하다. 특히 삼각김밥, 편의점 도시락 등은 직장인과 학생들에게 인기가 높다.

③ 창고형 할인점

창고형 할인점은 유명상표의 상품을 박리다매의 원칙하에 일상적으로 낮은 가격에 판매하는 곳이다. 작은 포장보다 큰 포장, 가족단위 포장, 경제적 포장 등으로 구분하여 몇 가지 상표만을 구비하여 판매한다. 유통기한이 길거나 소비량이 많은 상품은 창고형 할인점에서 구입하면 좋으나, 포장단위가 크고 회원제로 운영되는 경우가 많으므로 과소비가 되지 않도록 주의하여야 한다.

④ **전통시장(재래시장)**

전통시장은 채소류, 과일류, 곡류 등의 농산물이 신선하고 슈퍼마켓이나 대형할인점에 비해 가격이 저렴한 편이다. 그러나 주차시설과 위생관리의 미비가 전통시장의 이용을 저해하고 있다. 이에 재래시장은 시설의 현대화 및 환경개선 사업(전통시장 활성화 사업)을 통하여 전통시장을 활성화하려는 노력을 하고 있다. 또한 재래시장 상품권을 개발하고, 신용카드 거래가 가능하도록 신용카드 가맹점으로 가입하는 점포 수를 늘리고 있다.

전통시장 상품권(온누리상품권)

- 전통시장의 수요 진작과 지역 경제 활성화를 목적으로 중소벤처기업부와 소상공인시장진흥공단에서 발행하는 상품권
- 전국의 900여 가맹시장에서 현금처럼 사용이 가능하며 5천원, 1만원, 3만원권이 있음
- 중소상공인을 지원하고 전통시장을 활성화시키자는 취지로 온누리상품권을 임직원에게 상여금으로 지급한 예도 있음

⑤ **유기농산물 판매장**

농약과 화학비료 및 사료첨가제 등 합성 화학물질의 사용을 제한하여 생산한 농산물을 판매하는 곳으로 유기농쌀, 잡곡, 신선 과채류, 친환경육류, 수산물, 가공식품 등을 구입할 수 있다. 슈퍼마켓이나 할인점에서도 일부 품목을 판매하며, 온라인을 통해서도 물품 구입이 가능하다.

⑥ **로컬푸드 직매장**

로컬푸드local food에 대한 정의는 나라마다 다른데, 우리나라는 반경 50km 이내에서 생산된, 즉 가까운 인근 지역에서 생산된 농축산물을 로컬푸드라고 한다. 로컬푸드 직매장은 생산자와 소비자 간의 거리를 최대로 줄여 식품의 신선도와 안전성을 확보하고 환경적 부담을 경감시키며, 복잡한 유통단계를 없애고 생산자와 소비자 간 직거래를 통하여 지역 생산 농가에는 농산물 유통판로를 마련해 안정적인 소득을 보장해 주어, 먹거리 선순환 경제 시스템을 구축하기 위한 목적으로 운영되고 있다. 그러나 그 지역에서만 구입할 수 있는 것은 아니고, 온라인 유통망을 이용하여 완주시는 '건강한 밥상' 이름으로 전국에 로컬푸드를 배송하여 소비자들에게 좋은 식품을 판매하고 농가소득을 높이고 있다. 그림 6-1은 로컬푸드 직매장과 공급자의 이름이 명시된 로컬푸드 사례이다.

그림 6-1 로컬푸드 직매장과 로컬푸드 감자

⑦ 동네장터 및 직거래장터

동네장터는 대도시의 주거 밀집 지역과 중소도시에서 1주일에 한두 번 또는 5일장으로 열리며, 과일, 채소, 생선류 및 곡류 등을 판매한다. 직거래장터는 특별 행사 시에 생산자가 직접 판매하며 가격이 저렴한 편이다.

⑧ 온라인 쇼핑몰 및 인터넷 주문 배달

식품 전문 사이트, 백화점과 대형마트의 인터넷사이트, 온라인 반찬전문점 등 인터넷상의 쇼핑몰을 통하여 식품을 구입할 수 있으며, 홈쇼핑에서 즉석식품이나 전처리된 식품을 구입할 수 있다. 대형 온라인쇼핑 포털에서 유명맛집 음식 배달, 가정대용식HMR : Home Meal Replacement 및 식재료의 배달이 확대되고 있다. 또한 농산물 전자상거래 우수농가 홈페이지를 통하여 우수농산물의 구입이 활성화되고 있다.

⑨ 도매시장

도매시장은 산지시장에서 대량의 물품을 구입한 뒤 이를 지역시장의 소매업자들에게 소량씩 나누어 판매하는 역할을 하며 보통 소비지역에 접근해 있다. 전국적으로 소규모로 분산되어 생산되는 농수산물의 질적·양적 차이를 조정하고 대량거래에 의한 유통경비를 절감할 수 있다.

(2) 식품 구매장소 결정 요인

구매장소의 결정은 식생활관리의 영양면, 경제면, 위생면 및 능률면의 목표 달성에 크게 기여한다. 그러나 여러 목표를 모두 만족시킬 수 있는 적합한 장소는 없으므로 식품구매의 중요 목표에 따라 구매장소를 결정해야 한다. 구매장소의 결정에 영향을 미치는 요인을 보면 다음과 같다.

- 위치 : 냉장·냉동식품 구입 후의 품질을 위하여 집에서 가까운 곳, 주차하기 좋은 곳이 좋다.
- 식품의 품질 및 가격 : 유통기한이 지난 식품이나 품질이 손상된 물품이 없어야 하며, 다양한 상품을 갖추고 있어 소비자가 한곳에서 여러 가지 상품을 구매할 수 있고 가격이 적절한 곳이 좋다.
- 물리적 환경 : 매장의 밝기, 온도, 복도의 폭, 선반의 높이 등 구매할 식품을 찾거나 비교하기에 편리한 곳이 좋다.
- 위생성 : 진열상태나 바닥, 냉장고 및 냉동고가 청결하고 위생적인 곳이 식품의 품질과 안전성을 유지하는 데 중요하다.
- 직원의 서비스 : 직원이 소비자가 원하는 식품을 잘 찾아주거나 손상되지 않도록 포장을 잘하고 고객불만처리제도가 잘 되어 있는 곳이 좋다.

2) 구매 표시정보

좋은 식품을 올바르게 선택하여 저렴한 가격으로 구입하기 위하여 구매와 관련된 여러 가지 정보를 알고 있는 것이 유리하다. 식품표시의 중요내용, 영양표시, 단위가, 친환경인증제도, 농산물이력추적관리제도, 식품이력추적관리제도, 축산물이력제, 수산물이력제 등은 효율적인 식품구매를 돕는다.

(1) 식품표시

식품표시란 식품을 가공할 때 들어가는 원료식품, 식품첨가물, 기구 및 용기, 포장지에 기재하는 문자, 숫자 또는 도형이다. 식품표시는 식품의 유통기한, 원재료명, 성분명, 원산지표시 등 식품구매에 유익한 정보를 준다.

① 유통기한

유통기한이란 일정수준의 품질과 안전성이 보장되는 기한을 말하고, 유통업자가 소비자에게 식품을 유통·판매하는 것을 허용하는 최종일로 유통기한이 지난 식품은 판매해서는 안 된다. 구입한 식품은 유통기한 내에 소비하는 것이 바람직하나, 유통기한은 그날 이후는 먹을 수 없음을 의미하는 것은 아니므로 가식성 여부는 식품의 저장수명에 따라 다르다. 유통기한 관련 표시방법은 식품 종류에 따라 조금씩 다르며 유통기한, 제조일자, 포장일자, 소비기한(유효일), 품질유지기한 등이 있다표 6-2. 소비자 입장에서는 구입한 식품을 언제까지 사용할 수 있는지에 대한 정보가 가장 필요하므로 유통기한, 품질유지기한 외에 소비기한의 표시도 필요하다.

표 6-2 유통기한 관련 표시방법

종류	의미	해당식품 및 주의점
유통기한 expiration date, sell by date; EXP, E*	• 유통업자가 제품을 유통하거나 소비자에게 판매할 수 있는 최종일	• 도시락, 설탕, 빙과류, 가공소금류 등은 제조일자 또는 제조일로부터 00까지로 유통기한 표시 예) 도시락 : 00월 00일 00시까지
품질유지기한 best before date; BE	• 정해진 보관방법으로 보관했을 때 최상의 품질을 유지하는 최종일	• 김치절임식품, 간장, 된장 등 조미식품, 다류, 잼류, 벌꿀, 전분, 밀가루, 레토르트식품, 통조림식품 등 • 품질유지기한이 지난 식품이라도 위생적 문제가 생기기 전까지는 유통과 소비가 허용됨
제조연월일 manufacturing date; M	• 최종공정을 마친 날짜 • 포장을 제외한 더 이상의 가공이 필요하지 않은 시점	• 도시락, 설탕, 빙과류, 가공소금류 등
소비기한(유효일) use by date	• 정해진 보관방법으로 보관했을 때 위생적으로 안전성이 보장되는 최종일	• 소비기한이 지난 식품은 소비할 수 없음 • 우리나라는 미시행

*약자 예시

자료 : 식품 등의 표시기준 [시행 2022.1.1.]

② 원재료명 및 성분

'원재료'란 식품 또는 식품첨가물의 제조·가공 또는 조리에 사용되는 물질로서 최종 제품 내에 들어 있는 것을 말하며, '성분'이란 제품에 따로 첨가한 영양성분 또는 비영양성분이거나 원재료를 구성하는 단일물질로서 최종제품에 함유되어 있는 것을 말한다. 우리나라에서는 식품의 제조·가공 시 사용된 모든 원재료를 표시해야 하며, 제품의 조건에 따라 일부 원재료는 표시가 생략될 수 있다.

식품표시에서 원재료명은 많이 사용한 순서에 따라 표시해야 하며, 중량비율로서 2% 미만인 경우에는 함량 순서에 따르지 아니하고 표시되어 있다. 그러나 한국인에게 알레르기를 유발하는 것으로 알려져 있는 19종의 알레르기 유발물질에 해당하는 알류(가금류에 한함), 우유, 메밀, 땅콩, 대두, 밀, 고등어, 게, 새우, 돼지고기, 복숭아, 토마토, 아황산류(이를 첨가하여 최종 제품에 이산화황이 1킬로그램당 10밀리그램 이상 함유된 경우만 해당), 호두, 닭고기, 쇠고기, 오징어, 조개류(굴, 전복, 홍합 포함), 잣 등을 함유하거나 이들 식품으로부터 추출 등의 방법으로 얻은 성분과 이들 식품 및 성분을 함유한 원재료를 사용했을 경우에는 함유된 양과 관계없이 원재료명을 표시해야 한다. 알레르기 영양문제가 있는 경우는 알레르기유발성분명을 잘 확인하고 식품을 선택해야 한다.

③ 원산지 표시

원산지 표시는 농수산물이 채취된 국가 또는 지역을 말하며, 표시대상품목은 국산농산물 222품목, 수입농산물과 그 가공품 161품목, 농산물 가공품 268품목이다. 농산물에 대해 국산 또는 생산한 시, 도명을 쓰고(예, 원산지 : 국산 또는 안성시), 수입농산물은 국명, Made in 국명 등의 방법을 사용한다**그림 6-2**.

음식점과 집단급식소에서도 원산지 표시를 실시하고 있는데, 소비자가 알아볼 수 있도록 메뉴판 및 게시판에 표시하여야 하고, 푯말을 사용할 수도 있으며 급식소는 원산지가 기재된 주간/월간 메뉴표를 공개해야 한다. 소비자들은 원산지 표시 대상품목에 대해서는 원산지 표시를 확인하고 구매 선택하는 습관을 들여야 한다.

쌀, 배추김치 및 육류의 원산지 표시방법

쌀, 배추김치 및 육류의 원산지 등은 소비자가 알아볼 수 있도록 식품표시 및 음식점의 메뉴판과 게시판에 표시하도록 규정하고 있다. 아래와 같은 원산지 표시 읽는 방법을 잘 익혀 식품선택에 활용해야 한다.

1. 식품 등의 원산지 표시방법

1) 쌀(밥류) 조리음식

- 국내산 : 밥 쌀(국내산), 김밥 쌀(국내산)
- 수입산 : 밥 쌀(중국산), 김밥 쌀(미국산)
- 원산지가 다른 쌀을 혼합한 경우 : 밥 쌀(국내산과 중국산 섞음)

2) 배추김치

- 국내산 배추를 사용하여 국내에서 조리 판매 : 배추김치(배추 국내산)
- 수입한 배추를 사용하여 국내에서 조리 판매 : 배추김치(배추 중국산)
- 외국에서 제조, 가공된 배추김치 : 배추김치(중국산)
- 위의 세 가지 방법이 섞인 배추김치 : 배추김치(국내산과 중국산을 섞음)

3) 쇠고기(가공물 포함) 조리음식

- 국내산 쇠고기 : 원산지와 식육의 종류(한우, 육우, 젖소)를 함께 표시
- 수입산 쇠고기 : 수입국가명 표시

4) 돼지고기 · 닭고기

- 국내산 : 삼겹살(국내산), 삼계탕(국내산)
- 수입한 돼지를 국내에서 2개월 이상, 수입한 닭을 국내에서 1개월 이상 각각 사육한 후 국내산으로 유통하는 경우 : 삼겹살 국내산(돼지 덴마크산), 삼계탕 국내산(닭 프랑스산)
- 수입산 : 삼겹살(덴마크산), 삼계탕(프랑스산)

5) 원산지나 식육의 종류가 동일할 때 일괄표시 가능

- 예) 우리 업소에서는 "국내산 한우 쇠고기"만 사용합니다.

2. 식품접객업, 집단급식소 원산지표시제

- 대상품목 : 쇠고기, 돼지고기, 닭고기, 오리고기, 양고기, 염소고기(유산양 포함), 쌀(밥, 죽, 누룽지), 배추김치(배추와 고춧가루), 콩(두부류, 콩국수, 콩비지) 등 농산물 9품목; 넙치, 조피볼락, 참돔, 미꾸라지, 뱀장어, 낙지, 명태, 고등어, 갈치, 오징어, 꽃게, 참조기, 다랑어, 아귀, 주꾸미 등 수산물 15품목
- 대상 음식점 : 일반음식점, 휴게음식점, 집단급식소, 위탁급식소
- 표시방법

꿀이네 메뉴판

- 삼겹살(돼지고기 : 국내산)
- 목살(돼지고기 : 칠레산)
- 공기밥, 누룽지
- 고추장찌개, 된장찌개

우리 업소에서는 국내산 쌀과 중국산 콩(두부)만을 사용합니다.

원산지 표시는 음식명 바로 옆이나 밑에 원산지 표시대상과 함께 표시해야 하며, 일괄표시 가능

짱이네 메뉴판

- 닭갈비(닭고기 : 국내산과 미국산을 섞음)
- 배추김치(배추 : 중국산, 고춧가루 : 국내산)

음식 원료 원산지가 바뀔 때마다 해당 원산지를 정확하게 표시해야 함

그림 6-2 원산지 표시 읽는 방법

자료 : 국립농산물품질관리원(www.naqs.go.kr) [2022.1.31.]; 해양수산부(www.mof.go.kr) [2022.1.31.]

④ 유전자변형식품GMO : Genetically modified organism 표시

유전자변형식품이란 유전자변형 기술을 이용한 새로운 농·축·수산물 중 안전성이 확인되어 식품 또는 식품첨가물로 이용할 수 있는 것을 말한다. 유전자변형된 콩, 옥수수, 콩나물을 원료로 사용한 식품 중 제조 가공 후에도 유전자변형 DNA나 외래 단백질이 남아 있는 식품에 '유전자변형식품' 또는 '유전자변형○○ 포함식품'으로 표시하고 있다. 국내에 안전성 심사 승인을 받은 농산물은 콩, 옥수수, 면화, 카놀라, 사탕무, 알팔파가 있으며, 우리나라는 아직 유전자변형 농산물의 재배가 허용되지 않고 있다.

(2) 영양성분표시

식품의 영양성분표시는 제품의 일정량에 함유된 영양소의 함량에 대한 정보를 표시한 것으로, 소비자가 자신의 요구에 맞는 식품을 선택할 수 있도록 도움을 준다. 식품 구매자가 자신의 건강에 맞는 영양섭취를 위해 식품을 선택하거나 건강에 특정 문제가 있어 일정한 성분을 선택 또는 피하고자 할 때 영양표시는 중요한 정보원이 된다. 영양표시는 영양성분표시, 영양강조표시 등을 포함하며, 표시대상식품은 장기보존식품(레토르트식품), 과자류 중 과자, 캔디류 및 빙과류, 빵류 및 만두류, 초콜릿류, 잼류, 식용유지류, 면류, 음료류, 특수용도식품, 어육가공품 중 어육소시지, 즉석섭취식품 중 김밥, 햄버거, 샌드위치, 커피(볶은 커피 및 인스턴트 커피는 제외), 장류(한식메주, 재래한식메주, 한식된장 및 청국장은 제외)가 있다.

① 식품 등의 영양표시기준의 내용

- 의무표시대상 영양성분 : 열량, 나트륨, 탄수화물, 당류, 지방, 트랜스지방, 포화지방, 콜레스테롤, 단백질의 9가지와 기타
- 의무표시대상 영양성분에 대해 명칭, 영양성분 함량 및 %영양성분기준치를 표시해야 함
- 열량, 트랜스지방은 1일 영양성분기준치에 대한 비율을 표시하지 않음
- 임의로 표시할 수 있는 영양소는 비타민, 무기질, 지방산류 및 아미노산류임

⏳ 실습
식품의약품안전처(MFDS)의영양교육 동영상(https://www.mfds.go.kr/식품안전나라-건강·영양[2022.1.31.])을 본 후, 자주 먹는 과자나 음료를 구입하여 영양표시 내용이 나의 건강에 잘 맞는지 토론해 봅시다.

- %영양성분기준치는 1회 영양성분기준치에 대해 해당 식품의 1회 제공량 혹은 100g, 100mL당 제공하는 양을 나타냄
- 영양성분기준치에 대한 비율(%)은 해당식품에 포함된 각 영양정보 함량의 영양소 기준치에 대한 비율로 표시방법은 반올림하여 정수로 표시하며, 2% 미만은 0으로 표시할 수 있음
- 식품의약품안전처는 영양성분 의무표시대상 식품의 '1회 분량 기준량'을 마련하였음

자료 : 식품의약품안전처, 영양표시제도 [2022.1.31.]

② 영양표시를 통한 정보 읽는 법

영양표시를 읽을 때에는 1회 제공량은 얼마만큼인지, 한 포장 안에 몇 회 분량이 들어 있는지, 실제적으로 얼마만큼 먹는지를 꼭 생각하고 판단해야 한다.

흰 식빵 – 내용량 420g(1,290kcal)

영양정보	총 내용량 420 g 1,290 kcal
총 내용당량	1일 영양성분 기준치에 대한 비율
나트륨 1800 mg	90%
탄수화물 276 g	84%
당류 54 g	54%
지방 11.4 g	22%
트랜스지방 0 g	
포화지방 0.6 g	4%
콜레스테롤 36 mg	12%
단백질 21 g	38%
1일 영양성분 기준치에 대한 비율(%)은 2,000kcal 기준이므로 개인 필요 열량에 따라 다를 수 있습니다.	

① 제품 앞면의 총 열량을 확인한다. 본 제품은 420g(1,290kcal)이므로 한 포장을 다 먹으면 1,290kcal를 섭취하게 된다.
② 영양성분 표시단위(총 내용량, 100g, 단위내용량, 1회섭취참고량)를 확인하고, 내가 실제로 먹은 양과 비교한다.
③ 현명하게 선택한다.
④ 열량 : 식품으로부터 얻을 수 있는 에너지량
⑤ %영양성분기준치 : 식품에 함유된 영양소 함량이 높은 것인지, 낮은 것인지 그리고 전체 하루 식사에서 얼마나 많이 또는 적게 기여하는지 나타낸다.
⑥ 제한해야 할 영양소 : 지방, 포화지방, 트랜스지방, 콜레스테롤, 나트륨 이들 영양소 섭취량이 하루 전체 식사에서 1일 영양성분기준치를 넘지 않도록 해야 한다.
⑦ 충분히 섭취할 영양소 : 비타민과 무기질
충분히 섭취하면 건강을 증진시키고, 질병 또는 질병상태의 위험을 감소시키는 데 도움이 된다. 그러나 너무 과잉으로 섭취하는 것은 바람직하지 않으므로 하루 전체 식사에서 1일 영양소 기준치만큼만 섭취하도록 한다.

그림 6-3 영양성분표시에서 식품정보 읽는 방법

자료 : 식품의약품안전처, 영양표시정보 [2022.1.31.]

(3) 단위가격 표시

식품 구입을 효율적으로 하기 위해서는 포장단위에 따른 가격이 아니라 단위가로 환산하여 비교할 필요가 있다. 단위가는 물품의 가격을 물품의 부피나 무게의 단위로 나누어 g당, mL당, 100g당, 100mL당 가격으로 나타낸 것으로, 같은 종류의 물품이 상표나 포장단위에 따라 가격이 다를 때 비교할 수 있는 정보를 준다.

단위가가 낮다고 해서 포장단위가 필요 이상 큰 식품을 구매하여 변질되어 버리는 경우도 있으므로 주의한다. 특히 할인점에서 식품구매를 할 때 이러한 문제가 발생할 수 있다.

포장단위가와 단위가 비교

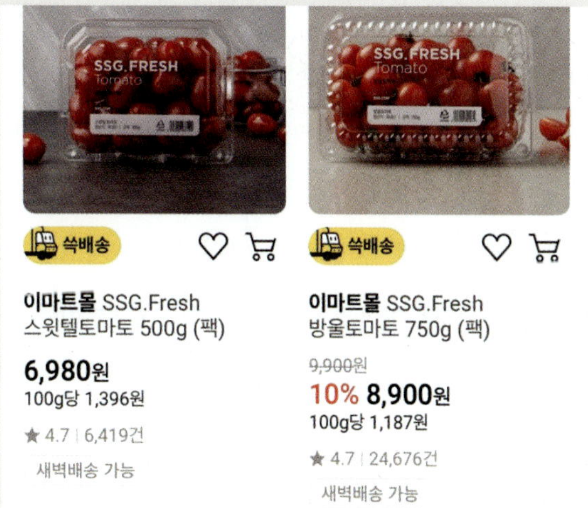

(4) 친환경농축산물 인증표시

친환경농축산물이란 환경 보전과 안전한 농산물 공급을 위해 농약과 화학비료 및 사료첨가제 등 화학자재를 사용하지 아니하거나 최소량만 사용하여 친환경농업으로 생산한 농산물과 유기축산물, 무항생제축산물을 말한다. 친환경농축산물 인증의 종류 및 기준은 표 6-3과 같다.

표 6-3 친환경농축산물 인증의 종류

	유기농산물	유기축산물	무농약농산물	무항생제축산물
기준	유기합성농약과 화학비료를 일체 사용하지 않고 재배 전환기간 : 다년생작물은 3년, 그 외 작물은 2년	유기농산물의 재배·생산 기준에 맞게 생산된 유기사료를 급여하면서 인증기준을 지켜 생산한 축산물	유기합성농약을 일체 사용하지 않고, 화학비료는 권장 시비량의 1/3 이내 사용	항생제, 합성항균제, 호르몬제가 첨가되지 않은 일반사료를 급여하면서 인증기준을 지켜 생산한 축산물
인증 로고	유기농 (ORGANIC) 농림축산식품부 / 유기농산물 (ORGANIC) 농림축산식품부	유기축산물 (ORGANIC) 농림축산식품부	무농약 (NON PESTICIDE) 농림축산식품부	무항생제 (NON ANTIBIOTIC) 농림축산식품부

자료 : 친환경인증관리정보시스템(www.enviagro.go.kr) [2022.1.31.]

(5) 농산물이력추적관리 표시

농산물이력추적관리제도는 농산물을 생산부터 판매까지 단계별로 정보를 기록·관리하여 해당 농산물의 안전성 등에 문제가 발생할 경우 해당 농산물을 추적하여 원인 규명 및 필요한 조치를 할 수 있도록 관리하는 제도이다. 안전성 등의 문제 발생 시 신속한 원인 규명과 정확한 제품회수, 표시의 신뢰성 확보에 의한 공정한 거래나 위험관리에 기여 및 품질관리·안전관리와 재고관리의 효율화가 목적이다. 농산물을 생산하는 데 사용한 종자와 재배방법, 원산지, 농약 사용량, 유통과정이 바코드에 기록되며, 별도의 정보시스템(국립농산물품질관리원의 GAP정보서비스www.gap.go.kr → 이력추적정보조회)을 통해 인터넷으로 소비자가 무료로 이용할 수 있다.

Traceability 이력추적 농림축산식품부

수산물이력 정보

국립수산물품질관리원(www.fishtrace.go.kr)에서 이력추적관리 가능

(6) 식품이력추적관리 표시

식품을 제조·가공 단계부터 판매단계까지 단계별로 정보를 기록·관리하여 식품의 안전성 등에 문제가 생겼을 때 그 식품을 추적하여 원인을 규명하고 필요한 조치를 하는 제도이다. 마트의 키오스크나 가정에서 인터넷www.tfood.go.kr(식품이력조회정보서비스)으로, 모바일로 기업명, 제품명 또는 식품이력조회번호를 입력하면 식품의 기본정보, 원재료정보, 품질정보 및 출하정보를 볼 수 있다. 이는 안전

한 식품선택을 위한 '소비자의 알권리'를 보장하고, 해당 식품의 안전성 등에 문제가 발생할 경우, 신속한 유통차단과 회수조치를 할 수 있도록 관리하는 제도이다.

2. 식품구매 절차

1) 가정에서의 식품구매 절차

가정에서의 식품구매 절차는 다음과 같다그림 6-4.

(1) 구입할 식품 종류와 양의 결정

식단계획이 이루어졌다면 식품구매에 대한 필요성을 파악하고, 구매할 식품의 종류, 양 및 품질을 정하여 구매해야 한다. 작성한 식단에 따라 필요한 식품의 품목과 양을 계산한다. 즉 식품 구입량은 각 음식 레시피의 1인 분량에 예상 식수를 곱하고, 폐기율을 고려한 출고계수를 곱하여 계산한다표 6-4.

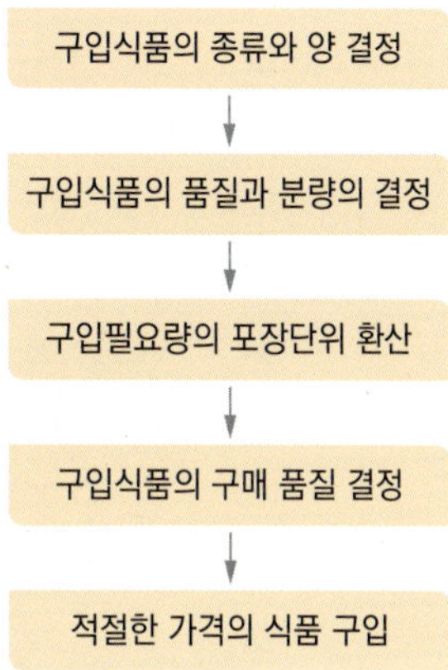

그림 6-4 가정에서의 식품구매 절차

(2) 구입식품의 품질과 분량의 결정

구입식품의 품질과 분량은 식단의 내용에 따라 결정되는데, 가정에서의 식품 구입량, 구입 시기와 종류는 식생활관리자의 시간과 노력에 따라 달라진다. 식생활관리자의 중요 관리요인이 시간이라면 편의식품을 선택하고, 식비절약이 중요하다면 가공되지 않은 식품을 구입하는 것이 좋다. 식생활관리자가 시간이 걸리더라도 정확한 식품 구입량과 구입시기, 식품의 종류를 잘 계획해 두면 식품 구입과 조리 시간을 절약할 수 있다.

표 6-4 식품별 폐기율, 가식부율 및 출고계수

	식품명	폐기율(%)	가식부율(%)	출고계수[1]		식품명	폐기율(%)	가식부율(%)	출고계수
곡류	고구마	10	90	1.11	과일류	참외	25	75	1.33
	감자	6	94	1.06		귤	25	75	1.33
채소류	달래	36	64	1.56		배	24	76	1.31
	미나리	26	74	1.35		대추(건)	19	81	1.23
	시금치	14	86	1.16		사과	14	86	1.16
	양배추	13	87	1.14	고기·생선·달걀	모시조개	83	17	5.88
	마늘	10	90	1.11		쇠갈비	50	50	2.00
	배추	8	92	1.08		닭고기	39	61	1.64
	호박	8	92	1.08		동태	37	63	1.58
	오이	8	92	1.08		조기	34	66	1.51
	양파	7	93	1.07		고등어	31	69	1.44
	풋고추	6	94	1.06		오징어	28	72	1.38
	무	5	95	1.05		갈치	21	79	1.26
	콩나물	0	100	1.00		낙지	15	85	1.17
	상치	0	100	1.00		달걀	11	89	1.12
과일류	수박	42	58	1.72		굴	0	100	1.00
	밤	37	63	1.58		쇠고기	0	100	1.00
	포도	29	71	1.40		돼지고기	0	100	1.00

[1] 출고계수 = 100/(100 − 폐기율)
자료 : 대한영양사협회, 2007

(3) 구입 필요량의 포장단위 환산

식품의 구매 형태와 포장단위 규격을 파악하여야 시장에서의 실제 구매량을 결정할 수 있다. 두부 1모, 콩나물 1봉, 시금치 1단 등의 포장단위 무게를 알아두는 것이 좋다. 가정에 저장되어 있는 식품의 양을 파악하여 유효기간 내에 사용 가능한 분량인지를 확인한 후 구매 포장단위를 결정한다. 제5장의 가족식단표 5-40의 1일 식품구매량 산출의 예는 표 6-5와 같다.

표 6-5 가족식단(표 5-40)의 1일 구매량 산출

식품명		식단상의 필요량(g)	폐기율(%)	구매필요량(g)	재고량(g)	실제구매량(g)	구매명세/비고
쌀(백미)	쌀밥	450[1)]+410	0	1,270	300	8kg	
	보리밥	+410					
	잡곡밥	= 1,270					
납작보리		40[2)]	0	40	500	×	
잡곡		40[3)]	0	40	복합잡곡 1kg	×	콩, 조, 수수 등 기호에 따라 선택
팥시루떡		390	0	390	0	390	
쇠고기		480	0	480	100	380	불고기용으로 구입
북어		30	0	30	0	500g 1봉지	북어채 구입
오징어		480	22	615(≒480×1.28 or 480≒0.78)	0		다듬어진 오징어는 폐기율 0
두부		120	0	120	0	두부 1모(500g)	1/5모 사용 후 냉수 채워 밀봉 냉장 보관
달걀		180	14	209≒210(3.5개)	10개	×	1개 60g
배추	배추겉절이	175	8	190≒200	0	1포기	1포기 1,300g
	배춧국	210	8	230(210×1.09)	0		
버섯		75	0	75	0	80	계절 버섯을 다양하게 구입
무		175	5	184≒190	0	중1개	중 1개 510g
애호박		140	8	152≒160	0	1개	1개 330g
양파	버섯양파볶음	175+140	8	342≒350	중 1개	중 2개	중 1개 166g
	호박된장국	= 315					
오이		350	8	380	중1개	중1개	중 1개 200g
깍두기		100	7	108≒110	3L	0	
배추김치		140	0	140	2L	0	
시금치		245	14	285≒300	0	1단	
감		500	0	500	0	4개	1개 140g
사과		400	0	400	5개	×	1개 200g
액상요구르트		450mL	0	450	0	3개	150mL×3개
우유		800mL	0	800	0	800mL	200mL×4
간장, 고추가루, 고추장, 된장, 소금, 식초, 식용유							양념재고 사용
파		적당량	16	가족기호에 따라 적당량			깐파, 깐마늘은 폐기율 0
마늘		적당량	17				

1) 밥은 쌀무게의 2.1배 가정

2) 약 10%의 잡곡밥으로 가정

3) • 쌀 10 : 콩 1
• 쌀 20 : 흑미 1
• 수수는 하루 이상 물에 담그는데, 5번 이상 물을 갈아주고, 비벼가면서 힘주어 씻는다.

자료 : 폐기율 - 대한영양사협회, 1996; 목측량 - 식품연구소, 1988; 대한영양사협회, 2007; 농촌진흥청·대한지역사회영양학회, 2009

식품구입량

- 폐기부분이 없는 식품 구입량
  = 1인분 사용량 ×예상식수
- 폐기부분이 있는 식품 구입량
  = 1인분 사용량 ×출고계수 ×예상식수
- 출고계수
  = 100/(100－폐기율)
  = 100/가식부율

(4) 구입식품의 구매품질 결정

경제적인 면과 조리하는 음식의 종류에 따라 적절한 품질의 식품을 구입한다. 예를 들면 쇠고기국에 사용할 쇠고기와 불고기용 쇠고기는 다른 품질을 사용하는 것이 좋다. 따라서 준비할 음식의 조리법을 잘 파악하여 구매할 식품의 품질과 특성을 미리 기억해 두면 좋은 품질의 식품을 저렴한 비용으로 구입할 수 있다.

(5) 적절한 가격의 식품 구입

식품을 적절한 가격에 구입하기 위해서는 식품의 품질을 잘 감별할 수 있어야 한다. 계절식품 활용으로 식품비를 절약할 수 있으며(제5장 참조표 5-5), 일시적 가격 상승이 있을 때는 대체식품을 잘 활용하는 것이 좋다.

(6) 구입 식품의 품질 유지

식품 구입 시 신선한 식품의 선택뿐만 아니라 식품의 구입순서에도 신경을 써야 한다. 무거운 식품을 먼저, 가볍거나 부서지기 쉬운 식품과 냉장·냉동 식품은 계산 전 마지막 단계에 구입하도록 동선을 관리한다. 구입한 식품은 저장까지 품질 유지에 신경을 써야 하며, 가격이 쌀 때 다량 구입하여 식품별 적절한 저장법으로 보관해야 한다.

2) 급식소에서의 식품구매 절차

급식소에서의 식품구매가 효과적으로 이루어지지 않는다면 영리를 목적으로 하는 급식업체는 최대한의 이윤 창출을 추구할 수 없으며, 비영리급식소에서는 지출규모가 필요 이상으로 커질 수 있다. 급식소에 따라 특징적인 구매절차를 가질 수 있으며, 기본적인 단계는 다음과 같다그림 6-5.

(1) 구입식품의 종류, 수량 및 품질 결정

식단이 작성되면 급식생산부서에서 구매부서로 필요한 식품의 종류와 구매 수량이나 품질 등을 결정하여 구매를 요청한다.

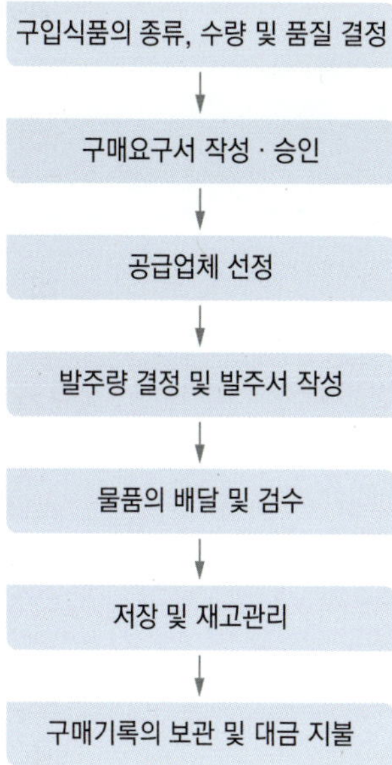

그림 6-5 급식소의 식품구매 절차

(2) 구매요구서 작성·승인

구매요구서는 구매하고자 하는 제품의 품질 및 특성을 기술한 서식으로 물품의 사용부서, 구매부서, 검수부서, 창고관리 부서 및 공급업체에서 고유 업무 수행 시 참고하며, 급식소 전체의 품질 표준을 유지하는 데 중요한 서식이다. 구매를 요청하는 부서에서 사전에 작성한 구매요구서를 제출하여 구매담당자의 승인을 받아 구매가 처리된다.

(3) 공급업체 선정

구매담당자는 구매요구서에 근거하여 필요한 물품을 공급해 줄 수 있는 업체를 선정한다. 공급업체의 위생관리능력, 운영능력 및 위생상태를 고려하여 계약을 체결한다. 계약 시 물품 공급에 필요한 제반사항, 즉 날짜, 가격, 배달조건 등에 관하여 명시하고, 예기치 않은 상황이 발생할 경우 계약조건을 재협상할 것 등의 내용을 포함한다. 계약기간은 식품의 종류, 창고의 크기와 수량, 사용시기, 대금 지불시기 등을 고려하여 설정하는데, 채소류, 육류, 과일류, 난류, 어패류, 반가공식품은 주단위로, 설탕, 식용유, 밀가루는 월단위로, 가격 변동이 적은 조미료, 고춧가루, 깨 등은 3개월 단위로 일반적으로 계약이 이루어진다.

(4) 발주량 결정 및 발주서 작성

구매요구서의 물품필요량에 근거하여 발주량을 결정한다. 재고량이 없는 경우는 요청한 물품의 필요량을 그대로 발주량으로 하고, 재고가 있는 경우에는 재고량을 고려해 발주량을 결정한 후 발주서를 작성하여 구매업체에 보내 구매를 요청한다.

(5) 물품의 배달 및 검수

물품이 배달될 때 납품서 또는 거래명세서를 받고, 검수담당자는 배달된 물품을 철저하게 검수한다.

(6) 저장 및 재고관리

포장단위나 가격에 따라 필요량보다 많이 구입된 것은 적절한 방법으로 저장하여 재고로 관리한다.

(7) 구매기록의 보관 및 대금 지불

구매과정에 사용된 모든 기록은 다음 구매활동의 자료가 되고 대금 지불의 근거로 사용되므로 일정기간 보관한다.

3. 식품별 품질 감별

조리 용도에 맞게 좋은 식품재료를 구매하려면 식품의 품질을 감별할 수 있어야 한다. 신선한 식품을 눈으로 감별하기 위해서는 식품의 신선도 기준에 대한 지식을 갖추고 있어야 한다.

1) 곡류 및 전분류

(1) 곡류

좋은 쌀은 윤기가 나고 알맹이가 광택이 나면서 쌀알이 통통하고 고르다. 흰 부분이 적고 벌레 먹은 쌀이나 싸라기가 없으며, 도정한 지 15일 이내의 것으로 쌀알을 앞니로 씹었을 때 강도가 센 것이 좋다. 보리는 낟알이 고르고 담황색을 띠며 윤기가 있고 이물질이 섞여 있지 않아야 한다.

(2) 전분류

고구마는 껍질색이 밝고 선명한 적자색을 띠며 조직이 단단하고 상처가 없으며 먹었을 때 단맛이 나는 것이 좋다. 감자는 충분히 잘 여물어 단단하고 알이 굵고 모양이 균일하며 껍질에 물기가 없고 상처가 없어야 한다. 껍질이 녹색을 띠는 것은 햇볕을 받은 것이고 속까지 푸른 것은 질이 떨어지는 것이다. 푸른색 부분은 솔라닌이 많으므로 제거하고 조리해야 한다. 봄철의 저장감자는 상처가 없는 것, 싹이 나지 않은 것을 고른다.

2) 채소류

채소류는 식용을 목적으로 하는 과수 이외의 식물로 뿌리, 줄기, 잎, 꽃 등을 식용하는 것이다. 요즘은 친환경농법으로 생산된 농산물이 판매되고 있으며, 가격은 일반 채소류보다 비싸다. 제철에 노지 재배된 채소류는 가격이 싸고 영양가도 좋다.

양배추 씻는 법

양배추는 겉잎 2~3장은 떼어낸 후 겹겹의 잎을 떼어 녹차물이나 베이킹소다를 푼 물에 5분 정도 담가 두었다가 흐르는 물에 씻음. 녹차 속 사포닌과 카테킨 성분이 양배추의 잔류 농약을 제거하고 체내 중금속을 배출하는 데에 도움을 줌. 식초의 유기산이 세척 시 양배추의 베타카로틴 성분을 파괴할 수 있으므로 주의할 것

(1) 경엽채류

잎·줄기 부분을 식용하는 채소로서 수분함량이 높고 비타민과 무기질의 함량이 높으며, 잎이 진할수록 비타민 A 함량이 많다표 6-6.

표 6-6 경엽채류의 감별

품명	좋은 농산물	좋지 않은 농산물
배추	• 모양이 좋고 속이 꽉 채워져 단단하며 겉잎 버림이 적고 신선하고 수분이 적어 보이는 것 • 짓눌림, 상처가 없는 것	• 속이 덜 채워져 가볍고 무른 것 • 줄기부분이 억세고, 푸른 빛이 너무 강한 것
양배추	• 겉잎이 깨끗하고 윤기가 나며 청색기가 많은 것 • 겉잎이 잘 벗겨지지 않고 속이 꽉 차 단단하고 무거운 것	• 겉잎에 상처가 있거나 시들거나 짓무른 것 • 속이 덜 채워져 가벼운 것 • 병충해(민달팽이)의 피해가 있는 것
상추	• 부드럽고 깨끗하며 잎이 너무 크지도 않고 작지도 않은 것 • 줄기부분을 잘랐을 때 우윳빛과 같은 흰 액체가 나오는 것	• 깨끗하지 못하며 잎의 크기가 고르지 않은 것 • 잎이 얇고, 누렇게 뜬 잎이 섞여 있는 것
양상추 (결구상추)	• 줄기가 짧고 뿌리를 깨끗이 잘랐으며 잎 수도 많고 주름이 고르게 잡혀 있으며 두꺼워 보이는 것	• 초록 잎이 많은 것 • 잎에 상처가 있어 누렇게 된 것
시금치	• 잎수가 많고 두껍고 싱싱하며 마른 잎이 없는 것 • 병충의 피해가 없고 뿌리와 줄기의 아래 부분의 붉은색이 선명한 것	• 잎과 줄기가 일정하지 않고 웃자랐거나 꽃대가 나온 것 • 줄기가 길고 뿌리를 자르지 않은 것
미나리	• 줄기가 굵고 마디 사이가 길며, 줄기에 붉은 빛이 없는 것 • 잎은 진한 녹색으로 윤기가 나는 것	• 잔뿌리가 많고 길이와 굵기가 고르지 않은 것 • 줄기가 짧거나 부러진 것이 있으며 가는 것

콜리플라워

브로콜리

(2) 화채류

꽃을 주로 식용하는 채소로 브로콜리는 비타민 A·C, 칼슘, 철의 좋은 공급원이며, 콜리플라워는 비타민 C의 함량이 매우 높다표 6-7.

표 6-7 화채류의 감별

품명	좋은 농산물	좋지 않은 농산물
콜리플라워	• 꽃 덩어리가 단단하고 꽃눈이 벌어지지 않은 것	• 꽃 덩어리가 강하게 뭉쳐지지 않은 것
브로콜리	• 꽃송이들이 많이 피지 않고 꽃송이가 진녹색으로 싱싱하며 입자가 균일하고 깨알처럼 작은 것 • 줄기는 단단하며 연한 것	• 꽃송이가 노랗게 바랜 것

(3) 과채류

일반적으로 열매를 식용하는 것으로 당질 함량이 많은 호박과 수분이 많은 오이가 대표적이며, 고추, 토마토, 가지 등이 있다표 6-8.

표 6-8 과채류의 감별

품명	좋은 농산물	좋지 않은 농산물
오이	• 색깔이 선명하고 굵기가 일정하며 육질이 단단하면서 수분이 많고 속씨는 적으며 꽃이 붙어 있을 정도로 싱싱한 것	• 중간 부분이 가늘고 구부러진 것 • 표피에 주름이 있으며 껍질이 두껍고 억세게 보이는 것
애호박	• 껍질은 연한 녹색으로 부드러운 것 • 육질이 치밀하고 단단하며 모양은 균일하고 씨가 적은 것	• 굵기가 균일하지 않고 표면에 광택이 없는 것
토마토	• 너무 크지 않고 모양이 균일하며, 꼭지가 마르지 않고 만져보아 단단하고 무거운 것 • 잘라 보았을 때 육질이 치밀하고 분질화의 느낌이 있는 것 • 착색이 2/3 정도 되어 꼭지부분은 푸른색을 띠는 것	• 배꼽이 썩었거나 모양이 좋지 못한 것이 혼입되어 있는 것 • 착색 정도가 일정하지 않으며, 과숙 또는 완연한 미숙과인 것 • 전체적으로 색깔이 퇴색된 것처럼 보이며 색깔이 선명하지 않고 중간색으로 착색된 것
가지	• 껍질이 얇고 매끈한 흑자색의 광택이 나는 것으로 크기가 균일하고 통통하며 육질이 연하고 씨가 없는 것	• 몸통이 날씬한 것
피망	• 색이 고르고 윤택이 나며 두꺼운 표피를 가진 것	• 색이 흐리며 껍질이 얇아진 것

(4) 근채류

뿌리를 식용으로 하는 채소로 다른 채소에 비해 당질 함량이 더 많고 수분함량이 적다. 무, 당근, 양파, 파, 연근, 토란, 우엉, 마, 마늘, 생강 등이 있다표 6-9.

표 6-9 근채류의 감별

품명	좋은 농산물	좋지 않은 농산물
무	• 몸통이 곧고 모양이 바르며 흠이 없고 바람이 들지 않은 것 • 육질이 단단하고 연하며, 먹었을 때 매운 맛이 적고 단맛이 나는 것	• 크기와 모양이 일정하지 않은 것 • 잔뿌리가 있거나 굴곡이 심하며 껍질이 거칠어 보이는 것 • 바람이 들고 속살이 경질화되어 질기고 검은 심줄이 있는 것
양파	• 적황색 껍질로 덮여 있으며 중심부를 눌러 보아 무르지 않을 정도로 육질이 단단한 것	• 껍질 부분이 잘 벗겨지며 흰색 부분이 드러나 있는 것 • 약간 회색이나 어두운 색을 띠는 것
연근	• 몸통에 상처가 없고 무거우며 엷은 주황색으로 길이가 길고 굵은 것 • 모양이 균일하며 표면이 건조하지 않고 잘랐을 때 속이 희고 부드러운 것	• 표면에 상처가 있으며 휘거나 건조한 것 • 길이가 짧거나 가는 것
우엉	• 모양이 곧고 직경이 3cm 정도로 굵기가 균일한 것 • 바람이 들지 않고 연하며 흠이 없는 것	• 색상이 고르지 않은 것 • 건조하고 잘랐을 때 부드럽지 않은 것
마늘	• 겉껍질과 속껍질이 강하게 부착된 것 • 표피가 담적색이고 크기와 모양이 균일한 육쪽마늘	• 색깔이 변질되고 쭈글쭈글 한 것 • 쪽수가 많으면서 마늘통이 작은 것 • 싹이 난 것
생강	• 섬유질이 적고 연한 것 • 발이 6~7개로 굵고 황토흙에서 재배한 것으로 껍질이 잘 벗겨지는 것	• 발이 가늘고 껍질이 잘 벗겨지지 않는 것 • 발의 개수가 많은 것

(5) 버섯류 및 산채류

버섯류 중에는 비타민 $B_1 \cdot B_2$가 풍부한 표고버섯을 가장 많이 사용하며, 버섯의 형상이 흐트러지지 않고 삿갓모양을 하며, 살이 두툼하고 줄기가 짧고 짙은 황갈색을 띠는 것이 좋다. 양송이버섯은 크림색으로 광택이 있고 갓이 피지 않고 둥근 모양으로 단단하고 손상이 없는 것이 좋다. 팽이버섯은 갓이 작고 백색이며 중심부는 담갈색이고 살이 두꺼운 것이 좋다. 느타리버섯은 대의 길이나 갓이 균일하고 표면에 윤기가 나는 것이 좋다.

건표고버섯

팽이버섯

느타리버섯

산채류는 들이나 산 등에 자생하는 식물로 특유의 향이 강하고 비타민, 무기질이 풍부하다. 두릅, 쑥, 취나물, 씀바귀, 달래, 칡, 냉이, 돌나물, 고사리 등이 많이 식용되며, 최근 다양한 종류가 온상과 노지에서 재배되고 있다.

싸리버섯

표 6-10 산채류의 감별

품명	좋은 농산물
냉이	잎은 녹색이 진하고 너무 피지 않은 것으로 뿌리가 질기지 않고 향이 진한 것이 좋다.
두릅	5월경에 어린 순을 따서 이용하는 것으로 순이 연하고 굵은 것이 좋으며, 잎이 퍼지지 않고 향기가 강한 것이 좋다.
고사리	잎이 너무 퍼지지 않고, 대가 통통하고 연하며 부드러운 것이 좋다.
취	연하고 부드러우며 고유의 푸른색을 띠는 것이 좋다.
참나물	잎은 짙은 녹색을 띠고, 줄기는 가늘고 연하며 특유의 향이 나는 것이 좋다.
고구마줄기	줄기가 연하고 굵으며 싱싱하고 잎이 제거된 것이 좋다.
비름나물	어린잎과 줄기를 식용으로 하며, 줄기는 가늘며 잎은 작고 옅은 녹색을 띠는 것이 연하다.

두릅

취나물

3) 과일류

과일류는 저장성이 좋은 식품이 아니므로 되도록 신선한 것을 선택하도록 한다. 과일의 감별법은 **표 6-11**과 같다.

비름나물

자료 : https://blog.naver.com/greentangerinecom

망고

자몽

표 6-11 과일류의 감별

품명	좋은 농산물	좋지 않은 농산물
사과	• 껍질색이 고르고 밝은 느낌이며 두드렸을 때 탄력감이 있는 것	• 덜 익어 외관상 푸른색이 많거나 너무 익어 색깔이 어둡고 광택이 없어 보이는 것
배	• 과피가 얇고 매끄러우며 짙은 황색으로 육질이 단단하고 연한 것으로 달고 수분이 많은 것	• 과실이 작으며 크기와 모양이 고르지 않은 것 • 과실 표면이 울퉁불퉁한 것
귤	• 중간 크기의 평평한 모양으로 껍질이 얇은 것 • 색이 선명하며 속이 꽉 차고 쪽수가 적은 것 • 꼭지가 작고 싱싱한 것	• 껍질이 두꺼우며 과육에 섬유질이 많이 붙어 있는 것 • 겉껍질과 쪽 사이에 공간이 있으며 무르거나 썩은 것
오렌지	• 구형 또는 타원형으로 과피는 윤기가 나고 정상부에 배꼽이 클수록 단맛이 강함	• 껍질의 수분이 부족하고 두꺼운 것
한라봉	• 제주도에서 귤과 오렌지를 접목시킨 개량종으로 오렌지보다 신맛이 덜하고 순하며 단맛이 남 • 껍질이 두꺼우며 잘 벗겨지는 것	• 껍질이 단단한 것
복숭아	• 과실이 크고 모양과 향기가 좋으며 꼭지가 달려 있고, 꼭지 반대편이 쏙 들어가 있는 것 • 단단한 품종은 선홍색이 고르게 퍼져 있는 것이 좋고, 백도는 연둣빛이 돌지 않는 투명한 빛깔이 좋으며, 천도는 검은 빛이 도는 빨간색이 꼭지까지 퍼져 있는 것이 좋음	• 과실의 크기가 작고 모양이 고르지 않은 것 • 과실이 펑퍼짐하게 보이며 씨 쪼개짐이 있는 것 • 덜 익은 것으로 과실 표면에 푸른색이 많고 색깔이 선명하지 않은 것
포도	• 포도분이 많이 묻어 있고, 꼭지와 속줄기가 싱싱하며 과피는 얇고 고유의 향기가 나고 속즙이 많은 것	• 송이가 작고 포도알과 알 사이의 간격이 엉성한 것 • 송이에 청색 알과 껍질 결점 알이 있는 것
딸기	• 굵고 크기와 모양이 균일하고 꼭지가 싱싱하며 외피에 손상이 없고 적색이 짙고 선명한 것 • 과육이 단단하고 독특한 향기가 강하며 당도가 높은 것	• 낱알이 작고 모양이 고르지 않은 것 • 미숙과 또는 기형과가 혼합된 것 • 착색이 불량한 것 • 손상, 압상 등으로 부분적으로 짓물러진 것
참외	• 육질이 단단하며 색이 진하고 골이 깊은 것	• 육질이 무르며 껍질이 두꺼운 것
수박	• 껍질이 얇고 탄력이 있으며 꼭지 부위의 줄기가 싱싱한 것 • 과육의 수분함량이 많은 것	• 껍질이 두꺼우며 꼭지 부위의 줄기가 마른 것
멜론	• 꼭지 반대편을 눌러 보았을 때 살짝 들어가며 부드러운 것 • 선이 촘촘하고 줄이 고른 것	• 육질이 너무 단단한 것
파인애플	• 외피가 누르스름하며 손으로 눌렀을 때 과육이 부드러운 것 • 후숙이 잘 된 것	• 과육이 단단한 것
바나나	• 며칠 뒤에 먹을 경우에는 껍질이 적당히 푸른빛을 띠는 것이 좋음 • 바로 먹을 경우에는 껍질이 노란색을 띠는 것이 좋음	• 껍질에 상처가 있는 것 • 후숙된 것
망고	• 검은 반점이 없고 매끈한 것	• 껍질에 검은 반점이 있는 것
자몽	• 완전한 동그란 모양이고 무거운 것 • 껍질이 매끄럽고 담황색인 것	• 무게가 가벼운 것

4) 고기, 생선, 달걀 및 콩류

(1) 고기류

쇠고기의 색은 선홍색을 띠는 것이 신선도가 좋으며, 쇠고기의 표면이 지나치게 검고 점성이 느껴지고 이취異臭가 나는 것은 좋지 않다. 돼지고기는 암퇘지가 연하고 육질이 우수하다. 색은 분홍색이 좋고, 색깔이 지나치게 창백하면 조리 시 감량이 크고 퍽퍽한 맛이 나며, 진한 암적색은 늙은 돼지의 고기이거나 오래 보관된 고기일 가능성이 높다. 식생활에서 주로 구매하는 쇠고기, 돼지고기, 닭고기의 감별법은 표 6-12와 같다.

한우고기, 육우고기, 젖소고기 구분

- 한우고기 : 순수한 한우에서 생산된 고기
- 육우고기 : 육용종, 교잡종, 젖소수소 및 출산 경험이 없는 젖소암소에서 생산된 고기
- 젖소고기 : 출산 경험이 있는 젖소암소의 고기

표 6-12 고기류의 감별

품명	감별 방법
쇠고기	• 고기의 결이 촘촘하게 들어차 있는 것이 육질이 부드럽고 연하다. • 고기의 풍미와 식욕을 돋우는 지방은 유백색을 띠며 적당히 부드럽고 탄력과 광택이 있는 것이 좋다. • 썰어진 절단면의 결이 곱고 윤기가 있으며 선홍색을 띤 것이 신선하고 연하며 맛이 좋다. • 조리목적에 적합한 고기의 부위를 선택하는 것이 가장 중요하다. • 쇠고기는 육량(A, B, C)과 육질(1++, 1+, 1, 2, 3, 등외) 등급을 병행하여 표시한다.
돼지고기	• 고기의 색이 분홍색을 띠는 붉은색이 좋다. • 지방의 색이 희고 굳은 것이 연하고 냄새가 없다. • 결이 곱고 탄력이 있는 고기가 신선한 어린 돼지의 고기로 맛이 있다.
닭고기	• 품질이 나쁜 것은 살이 단단하지 못하여 풀어진 상태이며 날개부분이 끈적거린다. • 고기색이 선명하고 투명감이 있는 것이 신선하다.

(2) 생선류, 패류

신선한 생선은 생선 고유의 선명한 색택을 가지며 광택이 있고 눈알이 맑으며 아가미가 담적색 또는 암적색으로 단단하다. 육질이 단단하고 탄력이 있으며, 비늘이 있는 생선은 비늘이 어체에 붙어 있고, 복부가 팽팽하며 불쾌한 냄새가 나지 않아야 한다표 6-13.

표 6-13 생선류와 패류의 감별

품명		감별 방법
생선류	고등어, 삼치, 대구, 명태(동태)	• 생선류는 특유의 색을 가지며, 살이 단단하고 이취가 없어야 한다. • 고등어는 등색이 푸르게 윤택이 나고 살이 단단한 것이 좋다. • 삼치는 등쪽이 회청색이며 윤기가 흐르는 것이 좋다. • 잘린 대구는 싱싱하고 투명할 정도로 하얀 것이 좋다.
조개류	가리비, 굴, 조개, 패주, 소라, 홍합, 바지락, 꼬막, 백합 등	• 조개껍데기가 두꺼운 것은 늙은 조개로 속알이 적으며, 껍데기가 얇은 것이 어린 조개이다. • 물기가 있고 입이 열리거나 굳게 닫힌 것은 죽은 것이다. • 봄철의 조개류는 산란기이므로 맛이 나쁘며 독성을 가질 수 있으므로 조심하고, 가을 및 겨울철의 것이 맛이 더 좋다.
갑각류	게, 새우, 가재, 바닷가재 등	• 딱딱한 껍데기가 여러 조각으로 마디마디 나누어져 있는 것이 특징이다. • 신선류의 가격이 더 비싸고 신선류도 많이 수입 판매된다. 구입하여 바로 조리하는 경우에는 신선한 것을 사고, 냉동보관 후 사용할 것은 굳이 신선류를 구입하지 않아도 된다. • 새우는 종류에 따라 크기와 모양이 다르며, 녹색을 띤 회색에서부터 갈색을 띤 붉은색까지 있으나 조리 후에는 모두 분홍색을 띤다. • 게는 살아 있거나 암컷이 수컷과 냉동게보다 더 비싸다. • 크기가 클수록 가격이 비싸다.
연체류	문어, 낙지, 꼴뚜기, 오징어, 한치, 갑오징어, 해삼 등	• 신선한 오징어는 등쪽이 흑갈색이며 빛나고 살이 단단하고 탄력이 있으며, 선도가 떨어짐에 따라 흰색이 되고, 더 오래되면 어두운 적갈색이 되며 탄력이 없어진다. • 좋은 오징어, 문어, 낙지는 발이 절단되지 않고, 해동 시 특유의 끈적거림이 많으며 발에 붙어 있는 돌기가 달라붙을 것처럼 흡착력이 좋은 것이 신선한 것이다.

(3) 달걀

달걀은 크고 껍질 표면이 꺼칠꺼칠하고 광택이 없고 깨끗하며, 흔들어 보았을 때 속이 꽉 차서 소리가 나지 않는 것이 좋다. 국내 시판 달걀은 중량규격에 따라 왕란(68g 이상), 특란(68g 미만~60g), 대란(60g 미만~52g), 중란(52g 미만~44g), 소란(44g 미만)으로 분류하며 외관, 투광, 할란판정을 통하여 1+등급, 1등급, 2등급, 3등급 등 4가지 품질등급으로 구분한다. 최근에는 닭의 사료로 달걀의 성분을 조절한 저콜레스테롤 달걀, 게르마늄 달걀 등 기능성 달걀이 생산되고 있다.

(4) 콩류

고지방 저탄수화물 콩류에는 대두, 저지방 고탄수화물 콩류에는 팥, 녹두, 완두, 강낭콩 등이 속한다. 풋완두콩(꼬투리완두)과 풋콩은 비타민 C가 많아 채소로 분류

된다. 콩과 팥은 고유의 난알 모양을 가지고 알맞게 성숙하였으며 껍질이 얇거나 고르며 충실하고 이물질이 들어있지 않는 것이 좋다.

우유의 지방함량
- 일반우유 : 유지방 3~4%
- 저지방우유low fat milk : 유지방 1~2%
- 탈지우유skim milk : 유지방 0.1~0.5% 이하
- 무지방우유non-fat milk : 유지방 0%(식품공전에서는 0.5% 이하)

5) 우유 및 유제품

신선한 우유는 약간 단맛이 나며, 물컵 속에 우유를 한 방울 떨어뜨렸을 때 구름과 같이 퍼지면서 내려가는 것이 좋다. 유통기한을 확인하여야 하며, 생산일자가 최근인 우유를 사도록 한다. 일반우유, 저지방우유, 무지방우유, 칼슘이나 DHA강화우유 및 검은콩, 검은깨, 발아현미, 녹차 등을 첨가한 우유가 판매되므로 가족의 건강을 위하여 필요성에 맞게 적절히 구입하도록 한다.

가당 연유는 유백색에서 황색의 균일한 액체로 이미, 이취가 없어야 하며, 구입 후 실온에서 보관 가능하나 개봉 후에는 냉장고에 보관한다. 치즈는 종류마다 고유한 맛과 질감, 색을 지니며, 지나치게 건조되지 않아야 한다.

6) 견과류

아주 단단한 겉껍데기를 벗기면 속껍질이 있으며 곡류와 두류처럼 속껍질에 싸여 있는 종실 부위를 먹는다. 밤은 크기가 균일하며 주름이 없고 윤기가 나는 것이 좋다. 호두는 껍질까지 있는 경우는 외피가 깨끗하고 골이 얕은 것이 좋고, 알호두는 속피가 노랗고 윤기가 있고 깨끗한 것이 좋다. 잣은 크기가 균일하고 고유의 색택이 있고 윤기가 나며 건조상태가 양호한 것이 좋다.

⌛ 실습
국립농산물품질관리원-원산지관리-원산지 식별정보에서 우리 농축산물의 식품감별 특징을 그림으로 보세요(http://www.naqs.go.kr/[2022.1.31.]).

4. 식품의 보관관리

식품은 구입하여 조리할 때까지 영양 손실을 줄이고 부패가 없도록 식품별로 올바른 저장방법으로 적절한 장소에 보관해야 한다. 적절한 저장관리로 장기 보관

하면 식생활비와 식사관리 시간을 절약할 수 있다. 식품은 유통기한이 가장 적게 남은 것을 먼저 사용하며, 먼저 구입한 식품을 먼저 사용하는 선입선출 방식FIFO : first in first out으로 관리하여야 한다.

1) 실온 보관

곡류, 근채류, 통조림 등은 적절한 온도와 습도가 유지되고 직사광선이 닿지 않으며 환기와 방충, 방서가 가능한 곳에 실온 보관한다. 미역, 감자, 고구마, 양파, 마늘 등은 서늘하고 바람이 잘 통하는 곳에 저장하고, 콩, 곡류, 건어물은 통풍이 잘 되며 그늘지고 건조한 곳에 보관한다. 바나나, 파인애플, 망고, 멜론 등 열대과일은 실온에 보관한다.

2) 냉장·냉동 보관

식품과 음식은 냉장고에 가장 많이 보관·저장하게 된다. 식품마다 용도와 필요 시간에 따라 냉장과 냉동 방법을 효율적으로 선택하고, 냉장실과 냉동실에서의 위치도 식품마다 적절하게 선택하여야 한다그림 6-6. 냉장고에 보관한다고 해서 식품이 안전한 것은 아니므로 매달 한 번씩은 냉장고를 청소하여 청결하게 관리한다.

(1) 냉장실

냉장실은 0~7°C(습도 75~95%)의 중간온도를 유지하는데, 냉동식품을 녹일 때, 또는 육류, 낙농제품류, 채소, 과일류를 보관하는 데 사용한다. 냉장상태는 미생물의 번식을 지연시킬 뿐 완전히 막을 수는 없다.

식품별로 적절한 온도와 장소에 보관하고 필요한 물품은 일시에 꺼내도록 계획하여 냉장고 여는 횟수를 줄여 온도가 잘 유지되도록 해야 한다. 조리하지 않은 식품은 냉장실 아래쪽에, 조리식품은 냉장고 위쪽에 보관하면 냉장고 안에서 식품끼리의 오염을 막을 수 있다. 냄새를 흡수하는 식품은 냄새나는 식품과 분리 보관

그림 6-6 냉장고의 식품 보관

> **실습**
> 식품의약품안전처의 식품안전나라포털-알림·교육-교육자료에서 식생활안전 가이드 포스터_식품별 냉장고 보관을 검색하여, 우리 집 냉장고의 식품보관 상태 사진과 비교하고 우리집 냉장고의 식품보관 방법의 개선점을 토론한다. https://www.foodsafetykorea.go.kr/ [2022.1.31]
>
> 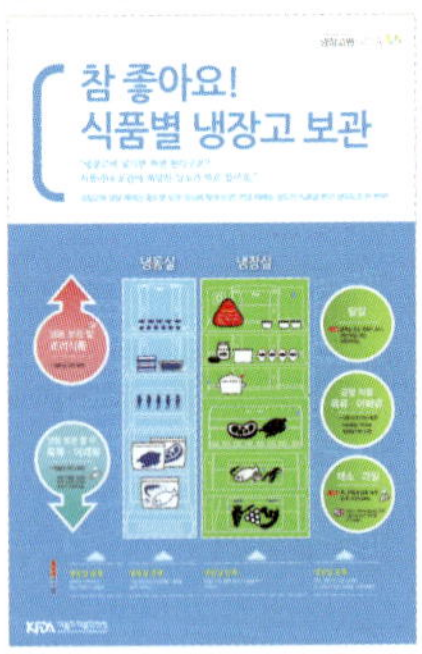
>

하며, 식품 사이와 그릇의 밑부분까지 찬 공기가 순환되고 선입선출이 가능하도록 식품을 배열한다.

(2) 냉동실

냉동저장실은 주로 육류 등 장기간 냉동해 두었다가 사용할 수 있는 식재료를 보관하며, -24~-18°C의 온도를 유지하도록 한다. 최근 냉동저장실의 이용이 크게 확대되고 보편화되었지만, 식품을 냉동하더라도 장기 보관이 되면 탈수, 오염, 부패 등으로 품질 저하가 일어나게 된다. 냉동식품을 녹여서 조리해야 하는 경우는 되도록 냉장실에서 녹이도록 하고, 일단 얼었다가 녹은 식품은 재냉동하지 않도록 한다.

고기류는 비닐팩에 얇게 펴서 냉동한 후에 세워두면 공간을 절약할 수 있고, 투명한 플라스틱 용기에 식품을 넣어두면 내용물을 볼 수 있어 좋다. 유부, 어묵 등 얇은 포장 식재료는 문 선반에 세워 보관하면 좋다.

(3) 김치냉장고

김치냉장고는 김치의 발효 조건에 맞게 개발된 기기로, 일반냉장고에 비해 온도 변화가 적어 김치를 장기간 저장하기에 좋다. 김치 외에 채소나 과일을 보관하는 경우에도 냉장고보다 신선도가 오래 유지되어 활용도가 높다. 그러나 채소나 과일을 보관할 때는 김치 냄새가 배지 않도록 김치와 다른 구역에 보관하고 냉해를 막기 위해 온도를 조금 높여야 한다.

김치냉장고

김치맛을 위한 발효조건
- 김치가 익는 과정은 젖산 발효로 0~-2℃가 적당
- 온도가 올라가면 발효가 너무 빨리 일어나거나 잡균이 번식하여 맛이 없어짐
- 산소농도가 높으면 김치 안의 세균이 발효가 아닌 산소호흡을 하여 젖산이 만들어지지 않음

(4) 와인냉장고Wine cellar, wine chiller

와인셀러는 최적의 온도(8~15°C)와 습도 및 진동의 정도를 유지하면서 와인 본래의 맛과 향을 잃지 않도록 보관이 가능하다. 좋은 와인셀러는 온도 차이가 크지 않고 1°C 단위로 미세하게 온도를 조절하여 와인의 맛을 한층 높여주고 장기간 보관할 수 있다.

보관장소가 지나치게 건조할 경우 코르크 마개에 수축이 일어나고 바깥 공기가 병 안으로 들어가 와인 맛이 변하므로 적당한 습도 유지가 중요하며, 지나치게 습할 경우에는 라벨이 손상될 수 있다. 와인셀러의 진동이 심할 경우 와인 바닥에 침전물이 가라앉고, 이에 따라 산화가 촉진되어 와인 고유의 맛을 떨어뜨릴 수 있으므로 전문 와인셀러에 보관하는 것이 좋다. 직사광선은 물론 형광등 불빛도 와인의 맛과 향에 변화를 줄 수 있기 때문에 특수 유리로 빛을 차단한 와인셀러가 좋다.

와인냉장고

와인 보관 최적 온도 및 습도
- 레드와인 : 13~15℃
- 화이트와인 : 8~9℃
- 습도 : 60~70%

3) 건조 보관

건조법은 식품의 수분함량을 15~25%로 줄여 보존성을 증가시키고 안전하게 저장하는 방법이다.

(1) 자연건조법

가장 오래되고 전통적인 식품저장 보관방법으로 곡류, 감자류, 해산물, 채소류에 많이 사용된다. 그러나 햇빛과 바람을 이용하는 자연건조법은 비타민 손실이 가장 많고 품질이 변하기 쉬우며 대규모 건조에는 부적당하다. 봄에는 산나물류, 김부각, 해조류 등, 여름에는 애호박, 가지, 감자부각, 고추부각, 고춧잎, 콩잎 등을 말린다. 가을에는 무말랭이, 무청, 늙은 호박오가리, 곡류, 대추, 곶감 등을, 겨울에는 메주, 과메기, 황태 등을 주로 말린다.

(2) 식품건조기 이용

식품건조기

시판 식품건조기는 원하는 대로 온도와 시간을 설정하여 식품 건조나 청국장 및 요구르트 제조 등에 이용된다. 과일이나 채소, 해조류를 영양가와 맛을 보존하면서 건조시켜 직접 집에서 간식거리나 천연조미료를 만들 수 있다. 자연건조는 시간이 오래 걸리고 부패할 수 있으나 건조기를 사용하면 보다 빠른 시간 내에 방부제 없이도 위생적이고 안전하게 식품을 원하는 상태로 건조시킬 수 있다. 말린 식품은 빠른 시일 내에 먹는 것이 좋고 1년 이상 보관하지 않는다.

4) 식품별 보관방법

생활이 바빠지는 현대사회는 식품을 매일 구입하기보다는 1주일에 1~2회 정도 구입하여 냉장고나 다용도실에 식품 재료를 보관하는 추세이다. 식품은 보관하는 방법에 따라 품질이 변하므로 식품마다 적절한 보관방법을 선택하여 신선도와 맛을 유지하는 것이 현명한 식생활관리이다.

(1) 곡류

곡류의 저온 보관
- 온도 : 15℃ 이하
- 습도 : 70~80%

곡류는 온도 및 습도가 낮고 햇빛이 닿지 않는 곳에 보관한다. 전곡의 형태로 보관하는 것이 가장 적당하나, 보통 가정에서는 도정한 쌀의 형태로 보관하고 있다. 도정된 쌀은 해충이나 미생물들이 침범하기 쉽고 온도나 습도의 영향을 빨리 받아 변하기 쉬우며 밥맛도 나빠지므로, 가족의 2주분 정도 되는 적당한 소포장으로 구입하여 가능한 한 빨리 소비하는 것이 좋다. 쌀을 상온에 보관하여 쌀벌레가 생기면 그늘에 펴서 말리고, 쌀통에 마늘, 붉은고추나 숯을 넣어두면 쌀벌레가 잘 생기

표 6-14 곡류의 장기 보관방법

종류	보관장소	보관방법
쌀가루	냉동실	• 쌀을 불려 방앗간에서 빻거나 떡집에서 구입 후 소량씩 얼림
팥	냉장/냉동실	• 냉장실의 채소칸에 보관 • 삶은 후 소량씩 얼림
밥	냉동실	• 식혀서 1인분씩 나누어 얼림
빵	냉동실	• 적당한 분량으로 나누고, 큰 덩어리빵은 잘라서 밀봉하여 얼림

지 않는다표 6-14.

(2) 육류

육류는 실온에서 쉽게 변패하므로 저장온도를 낮추는 것이 중요하다. 닭고기는 치명적인 식중독균인 살모넬라에 감염되기 쉬우므로 사용한 도마나 칼은 다른 식품을 다루기 전에 깨끗이 닦고 살균해서 사용한다. 또한 구입 후 바로 조리해야 하며, 냉장 시에는 1~2일간, -18°C 이하의 냉동 시에는 더 오래 저장할 수 있으며, 한 번 조리할 양만큼 나누어 보관한다. 오랫동안 보관하려면 썰지 않고 덩어리째 표면에 식용유를 살짝 발라 비닐 랩에 싸서 냉동보관하면 고기의 산화를 지연시킬 수 있다.

(3) 어패류

생선은 구입한 후 바로 조리하는 것이 가장 좋으며, 냉장을 하면 일시적으로 부패를 지연시킨다. 그러나 냉장온도에서도 부패를 촉진하는 효소가 활동하므로 가능한 한 냉동보관해야 한다. 생선은 세척 후 보관해야 하며, 냉장고에 보관할 때에는 2~3일 이내에 조리하고, -18°C 이하에서 냉동저장해 두어도 6개월 이상은 보관하지 않는 것이 좋다. 냉장고에 넣어둘 때는 생선 비린내가 다른 음식에 스며들지 않게 잘 밀봉해 두어야 한다.

(4) 채소류, 과일류

진흙이 묻은 채소는 표면을 깨끗하게 씻어서 냉장보관한다. 잎채소는 물을 약간 적신 후 통에 담고, 파는 적당한 크기로 잘라 통에 넣어 냉장보관하다가 조리 직전에 씻는다. 오이, 토마토 등은 비닐봉지에 담아서 채소칸에 보관한다. 가지는 5°C 이하에서는 수축하여 상하기 쉬우므로 실온에 보관하는 것이 가장 좋다. 냉장 보관 시에는 가지를 통째로 비닐봉지에 넣어 시들기 전에 사용하는 것이 좋다.

과일은 열대과일을 제외하고는 냉장보관하고, 사과는 에틸렌가스가 나와 다른 과일을 숙성시키므로 따로 보관한다표 6-15.

표 6-15 채소류, 과일류의 보관방법

식품 종류	보관장소	보관방법
감자 고구마 양파	실온	• 직사광선이 통하지 않는 봉지에 담아 습기가 적고 환기가 잘 되는 곳에 보관 • 고구마는 특히 이동 보관 시 상처가 생기지 않도록 주의 • 망이나 바구니에 담아 습기가 차지 않도록 하여 직사광선을 피해 보관
마늘	냉동실	• 찧은 후 소량씩 비닐봉지에 넓게 펴서 네모로 조각내어 얼린 후 세워서 보관
파	실온/냉장/냉동실	• 금방 사용할 것은 실온 보관 • 다듬어서 신문지에 싸거나 통에 담아 냉장보관 • 씻은 후 용도에 맞게 썰어 소량씩 얼림
딸기	냉장/냉동실	• 냉장보관 후 먹기 전에 씻음 • 씻어서 물기 제거 후 설탕에 굴려서 냉동보관
바나나	실온/냉동실	• 실온보관 • 껍질째 냉동보관

(5) 달걀류

달걀은 둥근 쪽에 기실이 있으므로 뾰족한 곳이 아래로 향하도록 하고, 냉장고 문 쪽의 달걀보관실에 보관하는 것이 편리하게 사용할 수 있다. 달걀은 냄새를 잘 흡수하므로 냄새가 강한 식품과 같이 두지 않고, 달걀 포장용기는 완전 소독단계가 아니므로 포장용기째 냉장고에 보관하지 않는다. 달걀껍질은 완전히 세척된 것이 아니므로 만졌을 때는 손을 씻는다.

(6) 우유 및 유제품

우유는 냉장보관하고 냄새를 잘 흡수하므로 개봉 후에는 밀폐하여 보관한다.

버터는 유지의 자동산화에 의한 품질 저하, 오염 및 온도 상승을 방지할 수 있는 곳에 보관한다. 또한 냄새를 흡수하는 성질이 있으므로 냉장고에 보관할 때는 밀폐용기에 넣거나, 작은 조각으로 썰어 -18°C 이하에서 냉동보관하면 장기간 보관 가능하다.

연질치즈와 숙성시키지 않은 치즈는 저장기간이 짧으므로 냉장저장해야 한다. 개봉한 치즈는 진공포장이나 밀봉하여 1~3°C 내외에서 냉장보관하며, 0°C 이하에서 보관하면 치즈에 함유된 수분이 얼어서 치즈가 부스러지고 풍미가 저하되므로 연질치즈는 냉동보관하지 않는다.

모든 식품을 냉장고에 보관하려고 하지 말자

가정용 전기냉장고는 1910년대에 미국에 최초로 등장했다. 한국산 전기냉장고는 1960년대에 생산되기 시작하여 계속적인 발전을 하며, 최근에는 냉장고를 한 대 이상, 김치냉장고까지 가지고 있는 가정이 늘고 있고, 냉장고가 미적인 디자인으로 바뀌며 가정 내 인테리어 역할까지 하고 있다. 고작 60년만에 냉장고는 생활필수품이 되어 가정 내에 잉여식품을 많이 보관하게 되고, 상온에 보관해도 되는 식품들도 냉장고에 보관하는 경우가 많아졌다. 이러한 냉장고에 대한 의존이 지구에 미치는 영향, 가족의 영양관리에 미치는 영향에 대해 생각해 보자. 냉장고에게 음식관리를 맡기지 말고, 식품 보관에서 좀더 의식적인 식생활관리를 고민해 보자.

요점정리

- 구매 장소는 슈퍼마켓과 대형마트, 편의점, 창고형 할인점, 전통시장, 유기농산물 판매장, 동네장터, 직거래장터, 온라인쇼핑몰과 인터넷 주문배달 및 도매시장 등이 있으며, 식생활관리의 영양면, 기호면, 경제면, 위생면 및 능률면의 목표 달성을 위해 위치, 식품의 품질 및 가격, 물리적 환경, 위생성 및 직원의 서비스에 따라 구매 장소를 결정한다.
- 좋은 식품을 올바르게 선택하기 위해서는 유통기한, 원재료명, 원산지표시, 영양표시, 단위가를 통하여 식품의 정보를 얻어야 하며, 친환경농산물인증제도, 농산물이력추적관리제도, 식품이력추적 관리제도, 유전자변형 표시 등의 정보도 합리적인 구매를 위해 필요하다.
- 식단의 계획에 따라 식품의 종류, 양 및 품질을 정하고 식품별 폐기율과 재고량을 파악한 후 구매 결정을 해야 적절한 양의 식품을 구매할 수 있다. 식품의 품질 특성을 잘 활용하여 좋은 품질의 식품을 감별, 구입하여야 한다.
- 식품을 구입한 후에는 식품별 적절한 방법으로 실온, 냉장 또는 냉동 저장하고, 식품 간에 교차오염이 일어나지 않게 주의하며, 선입선출 방식으로 소비한다. 실온 저장 시에는 온도와 습도를 잘 유지하고 환기가 잘 되도록 하며, 직사광선을 피하고 방충 · 방서가 잘 되게 한다.

CHAPTER

7

식생활의 위생 및 안전관리

1. 위생관리
2. 안전관리
3. 음식물 쓰레기 관리

학 습 개 요

음식은 원재료부터 조리단계를 거쳐 최종 소비에 이르기까지 많은 단계에서 각종 기기와 여러 사람의 손을 거치면서 위해요소가 존재할 가능성이 있다. 이러한 위해요소를 제거하여 안전한 식사를 제공하기 위해서 식생활관리자는 위생관리의 중요성과 식중독 발생 현황, 원인과 예방대책에 대해 올바르게 이해하고, 식품이나 음식 취급과정에서 안전사고가 발생하지 않도록 주의해야 하며 음식쓰레기를 효율적으로 관리할 수 있어야 한다.

학 습 목 표

1. 식생활관리의 단계별 위생관리를 할 수 있다.
2. 조리 단계에서 가스, 전기를 관리할 수 있다.
3. 음식물 쓰레기의 감량화, 재활용, 매립소각의 단계를 알고, 식생활관리에서 바람직한 방법을 실천할 수 있다.

1. 위생관리

위생관리의 목적은 식중독 예방이며, 이를 위해 식품의 안전성을 확보하기 위한 기본적인 수단으로 식품위생관리가 필요하다. 식품위생은 식품으로 인하여 일어날 수 있는 모든 위해요소를 제거하여 인간의 건강을 유지하고 증진시키는 과학이라 할 수 있다.

- 식품 위해요소 : 식품 위해요소란 식품으로 인해 건강상의 해를 끼칠 수 있는 모든 요인을 의미하며 생물학적, 화학적, 물리적 위해요소가 있다.

식품 위해요소의 종류

- 생물학적 위해요소 : 곰팡이, 세균, 바이러스 등의 미생물과 기생충, 원충 등의 생물체
- 화학적 위해요소 : 자연적 구성성분에서 발생되는 버섯독, 복어독, 곰팡이 독소 등과 식품의 생산 및 가공 중에 오염되는 농약, 항생제, 중금속, 세제, 살균제 등
- 물리적 위해요소 : 유리, 금속 및 플라스틱과 같은 다양한 이물질

위해가 될 수 있는 요소는 식품의 원료가 생산되는 단계에서부터 소비자의 식탁에 차려지는 단계까지 모든 과정에 존재할 가능성이 있다. 이러한 식품위생관리를 위한 여러 노력 중 현재로서는 가장 체계화되어 있는 관리기법이 HACCPHazard Analysis Critical Control Points 시스템이라 할 수 있다.

오염되지 않은 식재료나 음식이 오염된 식재료, 기구, 사람과의 접촉으로 한 식품에서 다른 식품으로 미생물이 전파되는 것을 교차오염cross contamination이라 하는데, 사람man, 재료material, 기계machine, 공정method을 철저히 관리management함으로써 방지해야 한다.

- 식중독 예방 3대 요령 : 첫째 '손 씻기'로 손은 비누를 사용하여 손가락 사이사이, 손등까지 골고루 흐르는 물로 20초 이상 씻는다. 둘째는'익혀 먹기'로 음식물은 중심부온도가 74°C, 1분 이상 조리하여 속까지 충분히 익혀먹는다. 셋째는 '끓여 먹기'로 물은 끓여서 마신다그림 7-1.

HACCP이란?

HACCP은 위해요소분석Hazard Analysis과 중요관리점Critical Control Point의 영문 약자로서 '해썹' 또는 '식품안전관리인증기준'이라 한다.

HA 위해요소분석 + **CCP** 중요관리점

HA 위해요소분석	CCP 중요관리점
원료와 공정에서 발생가능한 병원성미생물 등 생물학적, 화학적, 물리적 위해요소분석	위해요소를 예방, 제거 또는 허용 수준으로 감소시킬 수 있는 공정이나 단계를 중점관리

가정에서 HACCP이 필요할까?

HACCP을 지정받은 식품은 제조가공의 단계에서 철저한 위생관리를 통하여 안전한 상태로 사장에 공급된다. 그 이후에 가정에서 이루어지는 구매, 조리, 식사 등의 과정에서 문제가 발생한다면 우리 가정의 건강을 위협받게 된다. 식품의약품안전처의 가정용 해썹HACCP 매뉴얼은 구매/보관, 준비단계, 냉동/해동, 세척, 가열, 식사/보관의 단계별 발생할 수 있는 위험요소들의 주의사항, 그 이유, 관리사항을 가정에서 쉽게 활용할수 있게 단계별로 제시되어 있다. 가정에서 HACCP을 적용하여 가족의 건강과 식탁 안전을 지키자.

구입 단계	➡	조리 단계	➡	제공 단계
• 필요한 양질의 재료를 계획에 맞게 신선도와 유통기한 등을 고려하여 구입 • 구입 후 재료는 계획에 따라 필요량만 깨끗하게 세척 • 보관 재로는 보존 기준에 따라 실온, 냉장, 냉동 등으로 보관		• 재료 손질을 위한 조리 기구는 재료 유형별로 각각 이용 • 조리시 음식물의 내부까지 완전히 익도록 가열(85 1분 이상) 예) 육류의 경우 육즙이 투명하고 육색이 변하기 전까지 가열, 난류와 어패류는 내부까지 익히기		• 개인별 개별 접시를 제공하여 음식을 덜어 먹기 • 남은 음식은 과감히 음식물 쓰레기 함에 버림 • 음식 제공이 끝난 후에는 모든 기기·도구 및 공간이 청결하게 유지되도록 소독 및 세척

가정용 HACCP 매뉴얼

자료 : 식품의약품안전처(www.kfda.go.kr)

그림 7-1 식중독 예방 3대 요령

자료 : 식품안전나라(www.foodsafetykorea.go.kr)

1) 주방의 위생관리

주방의 위생관리를 위해서는 시설과 기기·기물류 등이 청소하기 쉬워야 하며, 배치에 있어서도 오염 가능성을 최소화하는 것이 중요하다. 주방장비는 식품과 직접 접촉하고 박테리아나 해충들이 서식할 수 있으므로 금이 가거나 깨지지 않아야 한다. 흡수성이 없는 소재를 사용해서 사전에 오염을 방지하고, 녹이 슬지 않으며 튼튼한 재료를 이용해야 한다.

(1) 주방시설 위생관리

① 바닥, 벽 및 천장

액체가 스며들어 손상된 틈에 생긴 미생물은 제거가 안 되므로 흡수성이 없는 재질을 선택해야 한다.

② 급·배수

급수는 음용할 수 있는 물이어야 하며, 하수도, 배수구 또는 파이프의 오염물질이 음용수로 들어갈 수 있는 물리적 연결인 교차연결cross-connections에서 역류가 발생하면 음용수의 오염이 일어나므로 매우 위험하다. 그리고 배수관 파이프에 기름이 응축되어 막히는 경우가 있으므로 정기적으로 트랩을 세척해 주어 기름을 제거해야 한다.

③ 환기, 냉난방

환기 후드 시스템으로 과도한 열, 증기, 냄새, 연기 등을 배출해 기름때 등이 음식, 기기, 기구, 테이블보나 식사도구에 부착되는 것을 막아 쾌적한 주방 환경을 제공해야 한다. 적정 주방의 온도는 21~22°C이며 습도는 30~79%가 적당하다.

④ 조명 및 채광

주방에는 적절한 조명장치와 빛의 반사를 감소시키는 부드러운 색을 사용해야 한다. 적절한 조명은 눈의 피로와 긴장을 감소시키고 사고와 실수를 줄이며, 세척한 식기의 얼룩을 발견할 수 있어 위생에 도움이 된다. 자연채광이 곤란한 경우에는 인공조명 시설을 갖추어 효과적으로 작업을 할 수 있도록 밝게 한다.

(2) 조리 기기·기구 위생관리

① 냉장고와 냉동고

내부를 정리정돈하며 음식물이나 때가 냉장고와 냉동고 안팎 등에 묻어 있는지 매일 확인하여 세제와 물로 잘 닦은 다음 락스로 소독하고 마른행주로 물기를 닦아낸다.

② 도마

생식품용과 조리된 식품용, 채소용과 고기용 도마를 서로 분리하여 교차오염을 방지해야 한다. 음식물에 따라 도마의 색을 다양하게 하여 구분하는 경우도 있다. 나무도마는 쉽게 오염될 가능성이 있으므로 되도록 흡수성이 없는 단단한 오크나 단풍나무로 된 나무도마를 이용한다. 딱딱한 고무나 실리콘, 아크릴 블록으로 만든 도마의 경우 쉽게 기계에 넣어 씻고 소독할 수 있는 장점이 있다.

③ 칼

일반적으로 가정에서는 과도와 식칼 두 가지만을 사용하고 있지만, 하나의 식칼로 생선, 육류, 채소 등 여러 가지 재료를 함께 다루면 교차오염되어 미생물이 증식하기 쉽다. 식재료를 육류, 어패류, 채소, 조리완제품으로 구분하여 각각 다른 칼을 사용하는 것이 좋다. 하지만 가정에서는 많은 칼을 보유하기는 어려우므로, 채소 및 조리완제품용과 육류 및 어패류용으로 최소 두 가지로 나누어서 사용하는 것이 좋다.

④ 식기류 및 조리 기기·기구

식기 및 조리 기기·기구는 바닥으로부터 15cm 이상(단체급식의 경우 60cm 이상)의 높이에서 보관해야 물이 튀거나 먼지가 묻는 것이 방지되어 위생적이다. 모든 식기 및 조리기기·기구는 덮개를 이용하여 식품 접촉 표면에 먼지나 응축수가 들어가지 않도록 한다. 깨끗한 식기 및 물품들은 보관 전에 세척 및 소독해야 한다 그림 7-2.

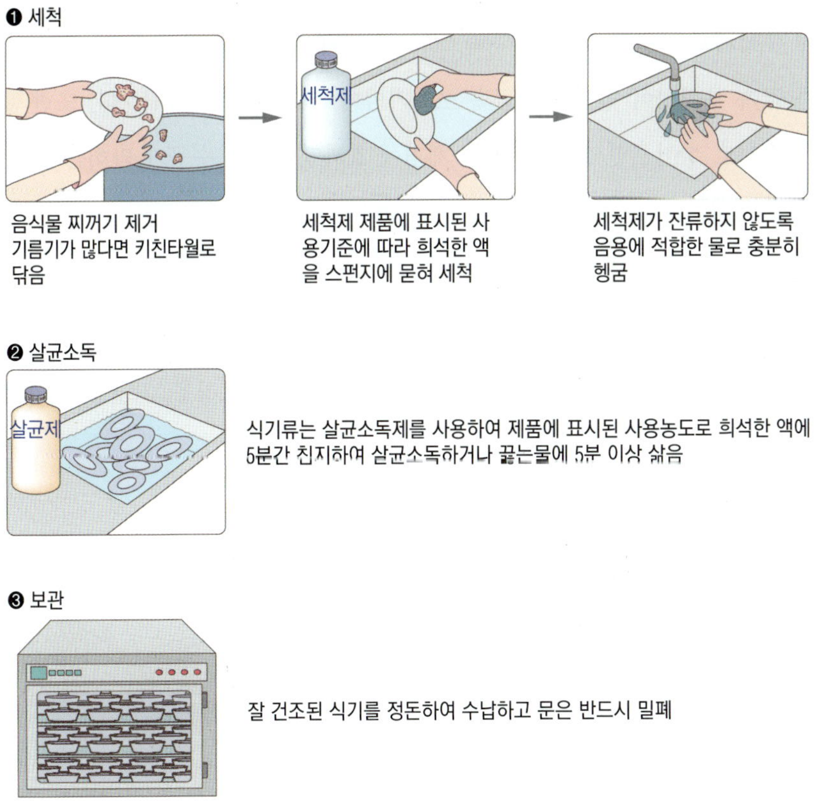

그림 7-2 식품용 기구의 살균소독

(3) 주방용품의 위생관리

① 싱크대

식품이나 식기를 씻는 개수대부터 그릇이나 식품을 보관하는 수납장, 물이 빠지는 배수구까지 어느 곳 하나 소홀하게 다루어서는 안 된다. 물때와 기름때, 여기저기 튀어 말라붙은 음식 찌꺼기들로 쉽게 지저분해지는 싱크대는 설거지가 끝난 뒤에 수세미에 중성세제를 묻혀 닦은 다음, 염소계 소독제(락스) 희석액(100ppm)으로 깨끗이 닦은 뒤 미리 끓여둔 물로 헹궈준다. 때가 잘 끼는 상판이나 벽 주위도 수시로 닦는 것이 좋다.

② 배수구의 쓰레기망

쓰레기망은 음식물 찌꺼기가 끼어 있으면 세균의 온상이 되기 쉬우므로 설거지를 끝낸 후 전용 칫솔로 망에 낀 더러운 물질을 털어낸 다음, 전용 스펀지나 수세미에 중성세제를 묻혀 닦아준 뒤 락스(100ppm)에 5분 이상 담가 둔 뒤 헹군다. 락스는 금속 부식성이 있으므로 금속 쓰레기망의 경우에는 잘 헹궈준다. 또한 끓인 물을 수시로 부어주면 살균 및 악취 제거에 효과적이고 배수구가 막히는 것도 방지할 수 있다.

③ 행주

습기에 늘 노출되어 있는 주방의 필수용품인 행주는 병원균을 키우는 온상이 되기 쉽다. 행주는 용도에 따라 모양이나 색깔로 구분하여 조리용, 기구용, 청소용으

그림 7-3 행주 관리방법

로 구분하여 사용하면 교차오염을 막을 수 있다. 사용 후 깨끗이 씻어 햇빛에 널어 말린 후 각 보관용기에 넣어 관리한다그림 7-3. 사용빈도에 따라 일상 사용의 5배 이상의 장수를 준비한다. 1회용 행주를 이용하는 것도 좋은 방법이나 반복 사용하지 않는다.

④ 수세미

하루에도 몇 번씩 사용하는 수세미는 늘 젖어 있거나 음식물이 끼어 있기 때문에 위생상태가 매우 걱정되는 주방용품 중 하나이다. 일반 가정에서 많이 쓰이는 초록 수세미는 다용도로 오래 쓸 수 있다는 장점이 있지만, 거품내기가 어려우며 세균이 쉽게 자라기 때문에 한 달에 한 번 정도 교체하는 것이 좋다. 스펀지 양면 수세미는 물을 잘 흡수하여 세균을 증식시키는 원인이 될 수 있으므로 사용 후 반드시 꼭 짜서 둔다. 소독은 염소계 소독제(락스) 희석액(100ppm)에 수세미를 30분 이상 담가 둔 뒤 끓는 물을 부어 잘 헹군 뒤 햇빛에 말린다.

희망하는 농도의 소독액 제조법

$$\text{소독제의 양(mL)} = \frac{\text{물의 양(mL)} \times \text{희망하는 소독액의 농도(ppm)}}{\text{소독제의 유효 염소농도(\%)} \times 10{,}000}$$

예) 염소계 소독제(차아염소산나트륨, $NaClO_3$)로 100ppm짜리 소독액 약 2L를 만들기 위해서 소독제로 락스(유효 염소농도 4%)를 사용할 때

$$\text{락스의 양(mL)} = \frac{2{,}000\text{(mL)} \times 100\text{(ppm)}}{4\text{(\%)} \times 10{,}000} = 5\text{(mL)}$$

즉, 물 2L당 락스 5mL를 혼합하면 됨(락스 500mL 병의 경우 병뚜껑 한 컵이 10mL)

2) 식생활관리자의 개인 위생

식품을 다루는 사람들에 의해 미생물이 음식으로 전달됨으로써 식품오염을 일으킬 수 있다.

- 손의 위생 : 손톱을 항상 짧고 깨끗하게 유지하여 더러운 이물질이 끼이지 않

도록 주의하고, 매니큐어를 바르거나 장신구를 하지 않는다. 손의 표면에 있는 미생물을 제거하기 위해 사용되는 소독액은 손을 씻은 뒤 최종적으로 사용해야 한다그림 7-4. 화장실을 이용한 후, 날음식(고기류나 가금류 등)을 다루기 전후, 머리카락이나 얼굴, 몸, 상처 등을 만진 경우, 쓰레기를 버리고 난 후, 옷이나 앞치마를 만진 후, 비위생적인 장비나 손을 오염시킬 수 있는 것들을 만졌을 때 등의 상황에서는 반드시 손을 씻어 식품오염을 사전에 방지하여야 한다.

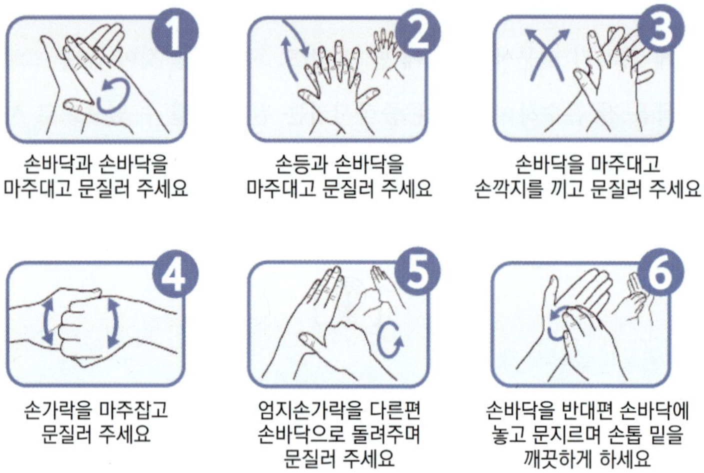

그림 7-4 올바른 손씻기

자료 : 질병관리청(https://nih.go.kr/)

- 음식맛을 볼 때의 위생 : 음식을 맛보는 경우 침으로 인한 오염이 발생할 수 있으므로, 작은 그릇을 사용하여 음식물을 덜어내어 깨끗한 수저를 이용하여 맛을 보아야 한다.
- 복장 위생 : 조리복은 외출복과 구분하여 사용하는 것이 좋으며, 청결하게 유지해야 한다.

3) 조리 전 단계의 위생관리

메뉴를 계획하고 발주를 통해 식재료가 입고되는 순간부터 최종 식사가 이루어지는 모든 과정에서 위해요소가 존재할 가능성이 있다. 식생활관리자는 생산 전 과정, 즉 조리 전 단계(구입 → 저장) → 조리 단계(식재료 준비 → 조리) → 조리 후 단계(상차림 → 세척 및 소독 과정)에서 위해에 노출될 수 있는 요인을 정확히 진단하여, 위해를 제거하거나 감소시킬 수 있는 관리방안을 적용해야 한다.

(1) 구입단계

식품은 신선하고 좋은 재료를 사용하여야 한다. 따라서 식품을 구입하거나 사용하기 전에 유통기한, 외관, 냄새, 맛 등을 통해 신선한 것인지를 확인해야 하므로 식품감별에 대한 정확한 지식을 가지고 있어야 한다. 식품구입 시 주의점을 살펴보면, 동결되지 아니한 어패류와 식육은 매일 필요한 양만을 구입하여 먼저 구입한 것을 우선적으로 사용한다. 또한 외관 또는 관능검사 결과 선도가 우수한 것을 구입하며, 축산물위생처리법에 의하여 검사를 받지 아니한 식육, 위생 처리되지 않은 우유나 유통기한 경과제품 또는 유통기한 표시가 없는 식품은 사용해서는 안 된다.

(2) 저장단계

식품을 보관할 때는 식중독이나 세균에 의한 감염을 예방할 수 있어야 하고, 영양가를 손실시키지 않도록 저장해야 한다. 또한 식품은 각각의 형태와 종류에 따라서 그 식품에 맞는 최적의 조건에서 저장해야 한다. 상하기 쉽거나 상할 위험성이 있는 식품은 0~5°C에서 짧은 기간 동안 저장한다. 냉동저장은 -18°C 이하의 온도(-23~-18°C)에 저장한다. 건조저장의 경우 상하지 않는 식품은 15~21°C, 습도 50~60%에서 저장하며, 적절한 환풍으로 식품의 품질 유지와 해충을 방지하며 식품을 바닥에 놓지 않는다.

4) 조리단계의 위생관리

(1) 식재료 준비단계

식재료의 준비작업은 바닥에서 하지 않아야 하며, 작업 시 맨손으로 취급하지 말고 고무장갑을 사용한다. 준비작업을 마치고 싱크대를 세척, 소독한 후 조리작업을 실시한다. 준비단계에서는 특히 가열하지 않고 제공되는 채소류 및 과일류의 세척 및 소독과 냉동상태인 육류와 어패류, 가금류의 해동과정의 위생을 중요하게 관리해야 한다. 육류 및 어패류는 위생해충, 이물 혼입, 부패, 이취 등이 없는지 점검한 후 충분히 씻고, 갈비, 사골, 잡뼈 등은 핏물을 충분히 뺀다. 해동 시에는 냉장해동(5°C 이하)하거나, 흐르는 찬물(21°C 이하)이나 전자레인지를 이용하여 해동한다. 냉장해동 시 24시간 이상 소요되므로 냉동고에 보관중인 식재료를 사용하기 하루 전에 냉장고로 옮겨서 해동한다. 21°C 이하의 흐르는 물에서 해동 시에는 냉동식품이 녹을 때 생기는 물 때문에 다른 식품이나 싱크대의 접촉면이 오염되지 않도록 해야 하며, 식품을 녹인 후 사용한 모든 용기나 기구는 청소하고 소독해야 한다.

(2) 조리단계

세균번식의 위험이 있는 온도 범위
5~57℃

문제를 일으킬 수 있는 식중독균을 완전 사멸시키거나 안전한 수준 이하로 관리하기 위해서는 적절한 가열온도로 조리해야 한다. 육류, 가금류, 어패류 및 알류를 가열 처리할 때 중심부가 완전히 가열되었는지를 확인하고, 음식을 자주 저어서 음식의 온도가 균일하게 유지되도록 한다. 단체급식소에서는 가열조리 후 제공되는 음식(예 : 국, 찌개, 탕, 구이, 조림, 볶음 등) 조리 시 온도계를 사용하여 중심부가 74°C 이상에서 1분 이상 충분히 가열되었는지 확인하도록 한다.

5) 조리 후 단계의 위생관리

(1) 상차림단계

조리 완료 후부터 먹기 전까지의 음식을 위험한 온도범위(5~57°C)에 노출되지 않도록 세균 번식이 억제되는 온도범위로 유지하는 것은 위생관리상 중요하다.

조리가 완료된 음식은 적온(보냉 5°C 이하, 보온 60°C 이상)이 유지되도록 하며, 세척·소독된 용기에 덮개를 덮어 보관하고 2시간 이내에 식사하도록 한다. 최소한 조리 후 28°C 이하에서는 2~3시간 이내, 60°C 이상에서는 5시간 이내, 5°C 이하 유지 시는 24시간 이내에 음식을 먹도록 한다.

음식의 적온 유지
- 보냉 : 5℃ 이하
- 보온 : 60℃ 이상

단체급식소에서는 배식 종료 전에 보존식을 준비한다. 보존식은 식중독의 사고가 발생할 때 그 원인을 명확하게 하고 적절한 대응책을 강구하기 위해, 당일 조리된 메뉴의 1인 분량(메뉴당 50~100g 이상)을 살균 처리된 보존식 전용용기에 담아 -18°C 이하에서 144시간 이상(최대 6일 권장) 보관하는 것이다. 보관기간에 식중독 등의 문제가 발생하지 않으면 보존식은 폐기하도록 한다.

(2) 세척 및 소독 단계

식사 후에는 곧바로 쓰레기통 및 잔반통을 깨끗이 치우고 식탁 및 주방 내부 청소를 실시한다. 사용한 모든 도구는 반드시 씻고, 헹구고, 소독해야 한다. 식기는 손세척, 기계세척, 재질, 내용물 등에 따라서 애벌씻기 정도를 결정한다. 음식 찌꺼기의 세정을 위해서는 일반적으로 온탕(약 40°C)에 담갔다가 온탕과 세제, 물리적 압력으로 오물을 제거하고, 온탕으로 헹구어 잔류세제를 없애도록 한다. 세제는 용도, 효율성 및 안전성을 고려하여 구입하고 사용방법을 숙지하여 사용해야 하며, 세제를 임의로 섞어 사용하는 일이 없도록 하고 반드시 식품과 구분하여 안전한 장소에 보관한다.

세정 후에는 여러 가지 소독 방법에 의해 식기를 살균한 후 종류별로 분류하여 정리·수납한다. 소독은 기구·용기 및 음식의 표면에 존재하는 미생물을 안전한 수준으로 감소시키는 과정을 말한다. 소독시에는 미생물을 안전한 수치로 감소시키기 위한 소독제의 선택, 농도, 침지시간 등을 결정하고, 사용방법을 반드시 숙지하여 사용해야 한다254~257쪽 참조.

2. 안전관리

식사관리 중 특히 조리작업에서 안전관리는 준수되어야 한다. 사고는 조리작업의 올바른 방법을 모르거나 부주의했을 때 발생한다. 조리기구를 다룰 때, 음식을 조리하거나 특히 기름을 사용할 때, 가스나 전기를 사용할 때는 항상 주의하여야 한다.

1) 가스관리

가스는 가연성이므로 사용 시 부주의로 누출되면 화재나 폭발사고의 위험이 있으므로 주의해야 한다. 가스는 색, 맛, 냄새가 없으나 누출 시 쉽게 알 수 있도록 착취제(메르캅탄mercaptane)를 첨가하고 있다. 많은 가정에서 열원으로 액화석유가스LPG와 도시가스(액화천연가스LNG)를 사용하고 있다. 가스가 누출되면 LPG는 공

가스 사용 전 : 환기

① 완전연소를 하려면 신선한 공기가 필요하므로 자주 환기를 시킨다.
② 가스 냄새를 맡아보아 화장실 냄새(암모니아 냄새)가 나면 가스가 새는 것으로 본다.
③ 빨래, 고무장갑, 행주, 식용유 등 가연성 물질을 옆에 두지 않는다.
④ 가스선 개폐의 올바른 순서를 익혀둔다.
⑤ 가스레인지는 자주 청소하여 불꽃구멍 등에 음식찌꺼기 등이 끼어 있지 않도록 한다.

가스 사용 중 : 불꽃 확인

① 불이 붙지 않은 상태로 점화스위치가 켜져 있으면 가스가 새어 위험하므로 불꽃을 확인한다.
② 파란 불꽃인지 확인한다. 황색이나 적색 불꽃이면 창문을 열어 환기한다.
③ 조리 시 음식물이 넘쳐 불이 꺼지면 가스가 누출되므로 사용 중에는 불이 꺼지지 않았는지 자주 살핀다.

가스 사용 후 : 밸브잠금 및 가스레인지 관리

① 조리가 끝난 후에는 중간밸브와 최종밸브를 잠그고 확인한다.
② 가스레인지 구멍을 가끔 솔로 닦아 막히지 않도록 한다.

폐암 예방을 위한 주방 환기요령

- 가스레인지 점화 시 일산화탄소, 이산화질소, 이산화황, 포름알데히드 등의 유독가스가 나오는데, 이런 가스는 면역기능을 약화시키고 기관지염을 일으킨다. 비흡연 여성 중 조리를 많이 한 여성이 조리를 거의 하지 않은 여성에 비해 폐암 발병률이 3~4배 높은 것으로 보고되었다.
- 오염된 공기가 바닥에 깔려 있는 시간을 피해 오전 10시 이후, 오후 9시 이전에 30분씩 하루에 3회, 맞바람 치는 두 개의 창문을 활짝 열어 환기를 시키는 것이 좋다.
- 주방의 레인지후드는 먼지를 밖으로 배출하고, 조리 시 생긴 습기를 제거하는 역할을 한다. 가스레인지를 사용하기 5~10분 전부터 먼저 후드를 작동하고, 조리 후에도 5~10분 정도 더 후드를 틀어 놓아야 아산화황, 일산화탄소, 이산화질소 등을 없앨 수 있다.

기보다 1.5~2배 무거워 바닥에 가라앉지만, LNG는 공기보다 0.6~0.7배 가벼워 천장 근처에 모인다. 따라서 가스가 새는 것을 탐지할 수 있도록 경보기를 설치하고 안전한 가스 사용법을 익혀 사고를 예방하여야 한다.

① 가스 누출 시 응급대책

가스 누출이 감지되는 즉시 중간밸브와 최종밸브를 빨리 잠그고, 창문과 출입문을 열어 환기를 하며 주변의 가용성 물질을 치운다. 또한 스파크로 인한 폭발 위험이 있으므로 전기기구도 절대로 사용하지 말고 빨리 지역 관리소에 연락하여 도움을 받는다. 가스안전관리에 대한 정보는 한국가스안전공사www. kgs.or.kr를 활용한다.

② 휴대용 가스렌지 사용 시 주의할 점

휴대용 가스렌지(이동식 부탄연소기)는 레인지에 가스 캔용기를 결합시켜 경량화시키고, 크기를 최소화하여 간편하게 휴대할 수 있다. 그러나 연료로 사용하는 부탄은 추운 겨울철에는 기화가 잘 되지 않아 불이 약해지거나 쉽게 꺼지기도 한다. 이동식 부탄연소기를 사용할 때는 다음과 같은 점을 주의해야 한다.

- 실내에서 사용할 때는 환기에 유의한다.
- 기기의 윗면보다 바닥이 큰 그릇이나 불판을 쓰면 버너헤드 바로 옆에 부착된 가스용기가 연소 시 생긴 복사열의 영향을 받아 폭발할 위험성이 있다.

가스누출 점검방법

주방용 액체세제를 물과 1 : 1의 비율로 섞어서 비눗방울이 잘 일어나게 한 다음 붓이나 스펀지를 이용하여 호스와 이음새 주위에 거품을 충분히 발라준다. 가스가 조금이라도 누출되는 경우는 비눗방울이 부글부글 끓어 가스 누출을 판별할 수 있다.

가스자동차단기

- 가스 중간밸브를 자동으로 차단하는 장치로 건망증으로 인한 과열사고를 예방하고, 가스 사용 후 반드시 잠가 놓아야 하는 가스 중간밸브를 자동으로 차단하는 가스안전 보조기기이다.
- 가스 사용을 위해서 중간밸브를 열듯 잠금장치의 레버를 돌리면 사용시간이 자동으로 설정되고 시간이 지나면 자동으로 레버가 닫혀 가스를 차단하며, 가스 누출과 화재폭발 방지 기능을 한다.
- 최근에는 지자체에서 치매안심마을이나 어르신들 아파트에 설치하여 가스안전사고를 예방하고 있다.

- 겨울철에 캔용기에 가스가 남아 있는데도 나오지 않을 때에는, 용기를 꺼내어 따뜻한 헝겊 등으로 감싸서 보온해 주면 다시 쓸 수 있다. 그러나 이때 용기를 불에 직접 가열하면 폭발의 위험이 있으므로 피해야 한다(겨울철용으로 제조된 용기를 여름에 사용할 경우 용기파열의 위험이 있다).
- 다 쓴 부탄가스 용기를 버릴 때는 용기에 구멍을 뚫은 후 버린다.

2) 전기관리

전기는 가스가 발생하지 않고 온도 조절이 쉬워 이용이 편리하지만 비싸다. 주방기기 중에는 전기를 열원으로 사용하는 것이 많으므로, 전기 사용의 부주의로 인한 사고가 발생하지 않도록 주의하여야 한다.

① 전기기구의 사용 매뉴얼을 완전히 숙지한 다음 사용한다.

② 전기 조작 및 연결 부분은 물기가 닿지 않도록 한다. 물 묻은 손으로 전기기구를 만지면 감전의 위험이 있으며, 습기 찬 곳에 전기기구를 두지 않는다.

③ 플러그는 콘센트에 완전히 접속시키고, 뽑을 때에는 코드를 잡지 말고 플러그 몸체를 잡고 뽑아야 한다.

④ 전열기 사용 중에 자리를 비우지 말고 사용 중 정전이 되면 스위치를 꺼둔다.

⑤ 한 개의 콘센트에 여러 개의 플러그를 꽂아서 표시된 정격치 이상으로 가전 제품을 연결하면, 코드에서 열이 나고 그 열로 코드가 녹아내려 감전 위험이 있으므로 문어발식으로 배선을 연결하지 않는다.

⑥ 가끔 사용하는 전열기구는 사용한 다음 플러그를 빼 둔다.

⑦ 스위치, 콘센트, 전기기구 부근에 가연물, 인화물질을 두지 않는다.

⑧ 습기가 많은 장소에서는 감전사고의 예방을 위해 콘센트는 반드시 접지하여야 한다.

⑨ 전기안전관리에 대한 정보는 한국전기안전공사www.kesco.or.kr를 활용한다.

멀티탭power strip

전기가 필요한 장소와 벽에 설치된 콘센트의 거리가 멀어서 연장하거나 콘센트의 수를 늘리기 위한 기구이다. 멀티탭에 정격치가 10A, 250V, 1,000W라고 표시되어 있으면 합계의 전류치가 10A 이하, 사용전압 250V 이하, 전력치가 1,000W 이하에서 사용하라는 의미이다. 정격치 이상으로 사용하여 허용한도를 초과하면 열이 나고 코드가 녹아내려 감전 화재의 위험이 있으므로 최대 정격용량의 70%만 사용하도록 한다. 멀티탭은 과부하차단기능과 접지단자가 있는 것을 사용한다.

3) 안전사고 예방 및 대책

음식물을 조리할 때는 칼날, 고열, 기름, 전기, 가스 등을 다루기 때문에 절단, 화상, 감전, 낙상, 화재 등의 안전사고의 위험이 많다.

(1) 절단사고

① 작업 종류에 따라 알맞은 칼을 사용하고 용도 외에는 사용하지 않는다. 즉 깡통을 따거나 박스, 서랍 등을 열기 위해 칼을 사용해서는 안 된다.

② 무딘 칼이 날카로운 칼보다 위험하므로 칼을 수시로 갈아둔다.

③ 도마 없이 칼을 사용하면 칼날이 손상되고 칼이 쉽게 미끄러져 위험하므로 항상 도마를 사용한다.

④ 커터기나 핸드믹서를 사용한 후에는 스위치를 끈 후에 플러그를 뽑는다.

⑤ 사기나 유리 그릇이 깨졌을 때는 손으로 줍지 말고 청소도구를 사용하며, 반드시 종이에 싸서 버린다.

칼 가는 방법

칼갈이봉 사용법

- 칼날에 칼갈이의 각도를 20° 정도로 대고 칼갈이 전체를 사용하여 가볍게 원을 그리듯이 아래로 잡아당긴다.
- 다시 뒷면에 칼을 20° 정도 대고 칼을 스치듯 앞으로 전진시키면서 내려주는 과정을 반복한다.

숫돌. 사용법

- 사용 전에 숫돌을 물에 담가 수분이 충분히 배어들게 한 후, 젖은 헝겊을 깔아서 숫돌을 고정하고 표면에 이물질을 제거하고 물을 적신다.
- 칼을 오른손으로 잡고 왼손으로 칼 표면을 누르면서 칼날과 숫돌이 45° 정도 되게 한다.
- 칼을 밀 때 힘을 주고, 힘을 빼고 당긴다.

전용칼갈이Twin Sharp 사용법

- 왼손에 칼갈이 손잡이를 꽉 잡고 가볍게 칼을 똑바로 세워 칼갈이에 넣는다.
- 천천히 앞쪽에서 몸쪽으로 당기는 동작으로 10회 정도 갈아준다 (밀고 당기면 안 됨).

(2) 화상사고

① 뜨거운 팬이나 조리 기구를 옮길 때에는 젖은 행주가 아닌 마른 행주를 사용한다.

② 조리 시 냄비나 팬의 손잡이를 안쪽으로 향하게 하여 건드려 쏟지 않도록 한다.

③ 뜨거운 냄비의 뚜껑을 열 때는 사람이 없는 쪽으로 김이 나가도록 열어야 한다.

④ 뜨거운 기름에 물이 떨어지지 않도록 한다.

⑤ 뜨거운 냄비를 옮길 때는 미리 옮길 장소를 마련하고 뜨거운 김을 빼낸 후 옮긴다.

⑥ 압력솥은 가열이 끝난 후 내부의 수증기를 빼거나 식혀서 내부 압력이 내려간 후 뚜껑을 연다.

⑦ 압력솥의 폭발을 막기 위해 음식물은 솥 크기의 1/2~1/3 정도만 넣어서 조리한다.

(3) 감전사고

① 젖은 손이나 행주로 전기 기구를 만지지 않는다.

② 습하거나 물기가 있는 장소에서는 감전 위험에 대해 특히 주의한다.

(4) 낙상사고

① 주방바닥은 미끄럽지 않은 재질을 사용한다.

② 바닥에 물기가 있을 때는 즉시 닦아낸다.

③ 높은 곳에 물건을 올리거나 내릴 때는 안전 사다리를 사용하고, 의자를 사용한 경우 회전의자는 매우 위험하다.

(5) 화재사고

① 조리 시 앞치마 끈이나 옷이 조리장비에 물려 들어가 불이 붙을 수 있으므로 주의한다.

② 소화장비는 정기검사를 통해 관리하고, 눈에 잘 띄는 곳에 두며 사용법을 평소에 잘 익혀둔다. 소화기는 넘어지지 않게 안전한 곳에 보관하고, 정상적인 조건에서 5년 정도가 수명이다.

③ 화재 발생 후 5분 이내에 조치하지 않으면 대형 화재로 번질 위험이 있으므로 신속하게 119에 전화한다.

④ 화재 시에 안전을 우선으로 침착하게 행동하고, 환자가 발생할 경우 안전한 곳으로 옮긴다. 화재가 발생한 건물이나 연기나 증기가 가득한 방에는 들어

가지 않는다.

⑤ 화재 시 소화기는 안전핀을 뽑은 후 불 가까이 접근하여 사용하며, 바람을 등지고 좌우를 비로 쓸 듯이 골고루 약제가 방사되도록 사용한다.

소화기의 종류 및 사용법

소화기는 눈에 띄고 사용하기 쉬운 장소에 비치하며 수시로 관리한다.

① 포말소화기 : 내부용기(황산알미늄)와 외부용기(중조)에 다른 약품이 들어 있어 거꾸로 흔들면 약품의 혼합과 화학반응이 일어나 기포가 품어져 나온다. 노즐의 끝을 누르고 용기를 거꾸로 하여 흔든 후 노즐을 불꽃방향으로 하여 사용한다.

② 분말소화기 : 축압식 용기 안에 불가연성 탄산가스를 축압한 것으로 레버 조정만으로 중탄산염, 인산염류, 탄산나트륨 등의 분말약제가 방출된다. 바람을 등지고 서서 손잡이 옆의 안전핀을 뽑은 후 왼손으로 노즐을 잡고, 오른손으로 손잡이와 레버를 잡아 분말을 방출한다. 습기가 70% 이상이면 응결되므로 직사광선과 습기가 없는 곳에 비치하고 분말소화기의 유효기간은 보통 5년이므로 수시로 약제를 점검하고 흔들어준다. 한 번 사용한 소화기는 재충약한다.

3. 음식물 쓰레기 관리

1) 음식물 쓰레기 현황

(1) 음식물 쓰레기의 발생 추이

음식물 쓰레기란 생활폐기물에 포함되며, 농·축·수산물 유통과정 중에서 버려지는 쓰레기, 가정과 음식점에서 조리과정 중 식품을 다듬고 버리는 식품 쓰레기, 먹고 남긴 음식물 쓰레기, 보관했다가 그냥 버려지는 식품폐기물로 나눌 수 있다.

하루에 발생하는 생활폐기물량은 2018년 기준으로 우리나라 전체에서 58,035톤/일이며, 그중 음식물 쓰레기가 14.5천톤/일(0.27kg/인/일)으로 25.8%를 차지하고 있다그림 7-5.

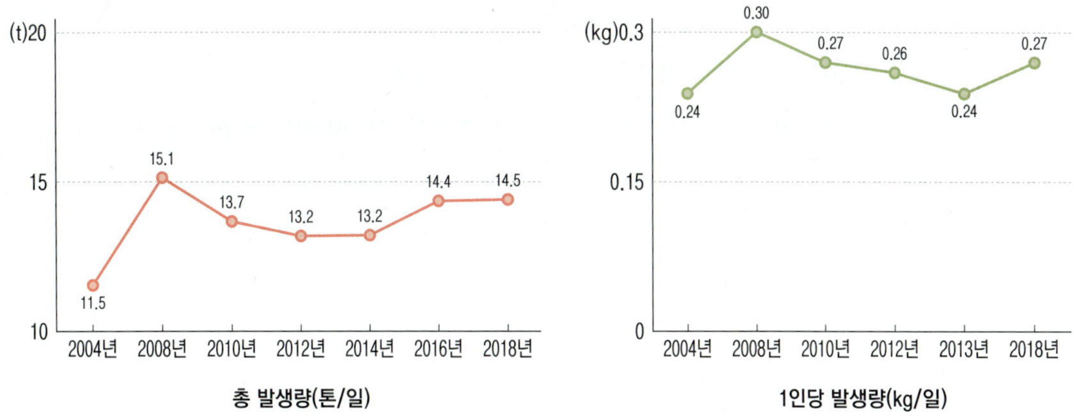

그림 7-5 음식물 쓰레기 발생량 추이

자료 : 환경부, 2018

음식물 쓰레기는 가정에서 버리는 것이 53%로 가장 많고, 다음으로 음식점(30%), 대형 유통업소(12%), 구내식당(5%) 순이다. 음식물 쓰레기 중 채소류가 53%로 가장 많고, 어육류 29%, 곡류 13%, 과일류 5%이다.

음식물 쓰레기 발생량 변화 추이를 살펴보면 2008년까지 계속적인 생활폐기물 및 음식물 쓰레기의 증가를 보이다가 2008년을 피크로 쓰레기 양이 드디어 감소하기 시작하여 현재는 가장 많은 양을 기록했던 2008년과 비교하면 600톤(6.4%) 정도 줄어들었다. 이는 생활폐기물이 증가한 것에 반하여 절대량이 감소하였다. 이는 지속적인 쓰레기 저감화를 위한 대대적인 교육과 규제를 통한 노력의 결과로 보인다. 그러나 각 개인이 쓰레기 발생량을 줄이도록 앞으로도 환경과 자원을 생각하는 교육과 정책을 병행 강화해 가야 할 것이다.

(2) 음식물 쓰레기의 증가 원인

음식물 쓰레기가 지속적으로 증가하는 이유는, 첫째로 세대수 증가에 있다. 2000년 이전에는 인구 증가가 그 원인이었으나, 현재는 1~2인 가구가 크게 증가하였다. 그중에서도 특히 1인 가구가 2020년 현재 전체 세대수의 32% 이상으로 앞으로도 지속적인 증가가 예상된다. 둘째로는 국민소득 증가로 더 많은 외식비

지출을 하는 식생활 패턴으로 변했기 때문이다. 마지막으로 푸짐한 상차림을 선호하는 국민의식 때문에 과다한 반찬을 제공하며, 남은 음식의 재사용은 위생상 금지되었기에 음식물 쓰레기는 계속 증가할 수밖에 없는 구조라 할 수 있다.

2) 음식물 쓰레기 감량 방안

(1) 가정에서의 음식물 쓰레기 감량 방안

가정에서 음식물 쓰레기가 발생하는 원인은 42.9%가 필요 이상으로 많은 양의 음식의 조리, 28.2%가 무계획한 식품구매, 19.3%가 잘못된 음식 보관 때문이었다. 특히 우리나라 고유의 음식문화인 접대문화가 음식물 쓰레기 발생의 주된 요인으로 조사되었다. 또한 가정 내 음식물 쓰레기 중 과일 껍질과 야채 손질 후 발생되는 쓰레기가 51.4%로 가장 큰 비중을 차지하였으며, 남은 반찬과 밥이 37.4%, 상한 음식이 10.1%로 파악되었다.

그러므로 다음과 같이 문제점을 개선하여 음식물 쓰레기를 줄이도록 한다.

① 구매 전에 식단을 미리 작성하여 과잉구매를 피하고 계획적인 구매를 한다.
② 가족의 식사량에 맞추어 계량컵이나 계량스푼 등을 사용하여 필요량만 조리한다.
③ 과도한 상차림을 피하고 음식은 남기지 않도록 한다. 음식이 남을 상황에서는 재섭취할 수 있도록 개인 접시에 덜어 먹는다.
④ 음식물 쓰레기를 배출할 때는 물기 제거로 오수를 줄여 환경오염을 최소화한다.

(2) 급식소의 음식물 쓰레기 감량 방안

급식소에서 발생하는 음식물 쓰레기는 크게 전처리에서 나오는 쓰레기, 잔반 및 잔식으로 나눠볼 수 있다.

- 전처리에서 나오는 음식물 쓰레기 : 원재료 상태로 입고된 식품의 전처리 시 발생하며, 대량의 식재료를 처리하는 단체급식소에서의 발생량은 상당하다.
- 잔반plate waste에 의한 음식물 쓰레기leftover : 제공된 음식을 고객이 먹고 남긴

것으로, 잘못된 1인 1회 분량 설정, 고객의 기호에 맞지 않는 음식 제공 등이 원인이다.

- 잔식에 의한 음식물 쓰레기 : 과잉 생산 및 조리overproduct되어 배식되지 않고 남은 음식을 말한다. 수요 예측의 불확실성 및 부정확성과 조리원이 배식 시에 1인1회 분량을 제대로 제공하지 못한 것이 원인이 될 수 있다.

이러한 원인을 고려하여 급식 생산 단계별로 음식물 쓰레기 감량 방안을 시도해야 한다.

① 식단계획 단계에서의 감량 방안

좀더 구체적으로 급식소의 특성(병원, 학교, 사업체, 지역 등)과 피급식자의 특성 및 기호도를 파악하여 식단작성 시 반영하고 정확한 표준레시피를 작성한다.

② 식품 발주 및 식품구매 단계에서의 감량 방안

표준레시피를 이용하여 정확하게 식품량을 발주하여 낭비를 줄이고, 식품구매 시 선도가 좋은 것으로 선택하며, 필요 이상의 덕용포장이나 이중포장을 배제하고, 리필제품을 적극 활용한다.

③ 식품 입고 및 검수 단계에서의 감량 방안

입고 전에 먼저 식품 보관 창고, 냉장고, 냉동고를 정리하여 먼저 입고된 것을 앞쪽으로 배치하여 선입선출하도록 하며, 입고날짜 등도 표시하도록 한다. 또한 수·조육류는 용도에 맞게 부위별로 발주·검수하도록 한다.

④ 식품 전처리 및 식품 보관 단계에서의 감량 방안

다듬는 과정에서 비가식부를 최소화하고, 식품의 종류에 따라 냉동 및 냉장의 저장기간 등을 고려하여 보관함으로써 관리나 보관 미숙으로 인한 낭비가 없도록 유의한다.

⑤ 조리단계 및 배식단계에서의 감량 방안

음식 맛을 위해 조리법을 개선하여 잔반을 줄인다. 또한 표준레시피에 근거한 분량을 정확히 계량할 수 있는 표준화된 조리기구를 사용하고, 배식 시 사용하는 기구도 대, 중, 소로 분류하여 적정량을 제공한다.

⑥ 퇴식 및 잔반·잔식 처리단계에서의 감량 방안

퇴식 시 영양사를 배치하여 홍보 및 교육을 실시함과 동시에 잔반음식을 확인하여 급식 생산계획에 반영하고, 잔식의 재활용을 위한 레시피를 개발한다.

⑦ 교육 및 홍보를 통한 감량 방안

급식소 종사자 전원이 음식물 쓰레기 최소화를 위한 지속적인 교육, 홍보를 통해 공감대를 갖고 실천할 수 있도록 한다.

음식물 쓰레기 줄이기 자가점검표

✓ 식품 구매 전

- □ 장보기 전에 3~7일치 식단을 미리 계획한다.
- □ 장보러 가기 직전에 남은 식재료를 확인한다.
- □ 장보기 전에 필요한 식품종류와 양을 메모해 가지고 간다
- □ 주 1회 냉장고를 정리한다.

✓ 식품 구매 시

- □ 싸다고 충동구매를 하지 않는다.
- □ 필요한 재료를 필요한 양만큼 구입한다.
- □ 저장 기간을 고려해 구입한다.
- □ 구입 직후 재료를 손질해 회 분량으로 나누어 보관한다.

✓ 조리 및 식사

- □ 한 끼에 다 먹을 수 있는 분량만 조리한다.
- □ 남은 식재료를 활용해 조리한다.
- □ 음식 간은 되도록 싱겁게 한다.
- □ 국과 찌개의 국물은 되도록 적게 잡는다.

✓ 쓰레기 배출 단계

- □ 음식물 쓰레기는 반드시 분리배출 한다.
- □ 음식물 쓰레기는 1차 건조후 배출한다.
- □ 제출봉투는 가급적 작은 크기로 사용하며 쓰레기 봉투를 일주일에 1개 이상 줄이도록 노력한다.

그림 7-6 음식물 쓰레기 자가점검표

자료 : 환경부

(3) 음식물 쓰레기의 재활용

우리나라 음식물 쓰레기 재활용률은 2000년 이전까지는 50%가 안 되었으나, 그 이후 음식물 쓰레기 재활용률을 높이기 위하여 음식물 쓰레기 자원화 시설을 지속적으로 확충하였다.

우리나라 음식물 쓰레기 재활용률(%)
1998년 : 21.8%
2000년 : 45.1%
2006년 : 94.2%
2007년 : 92.2%

그 결과 그림 7-7처럼 2013년경에는 음식물 재활용률이 94%까지 상승하였으나, 현재는 약간 감소한 90% 정도이다. 또한 음식물 쓰레기 분리배출 의무도 강화하여 2000년 말 약 50%밖에 안 되었던 것이 2009년 약 90%까지 음식물 쓰레기를 분리하여 배출하였으며, 현재는 전 지역에서 실시하고 있다.

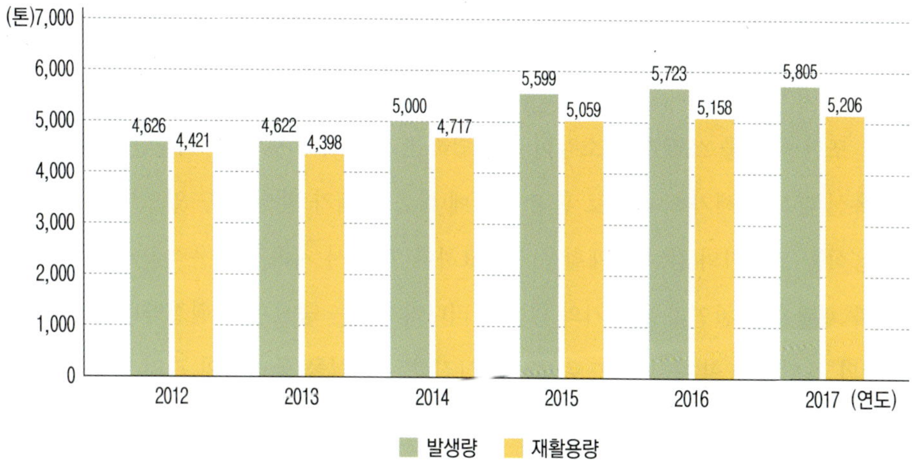

그림 7-7 음식물 쓰레기 처리 현황

자료 : 한국자원순환사회적협동조합(http://www.rfse.or.kr/board/community_05/4063)

재활용을 위해 분리 배출된 음식물 쓰레기는 보통 선별, 파쇄, 가열 처리를 한 후 필요한 영양분을 첨가하여 가축의 사료로 사용하거나 톱밥, 축분과 혼합하여 발효시켜 연료로 재활용하는 등, 음식물 쓰레기를 재활용하기 위한 다양한 기술이 개발되고 있다.

음식물 쓰레기 환산금액
연간 20조 원

음식물 쓰레기 처리비용
연간 8천억 원

2021년 환경부 연구결과에 따르면 버려지는 음식물은 연간 식량자원 가치 20조 원의 손실에 해당하고, 음식물 쓰레기를 처리하는 데 연간 8,000억 원의 예산이

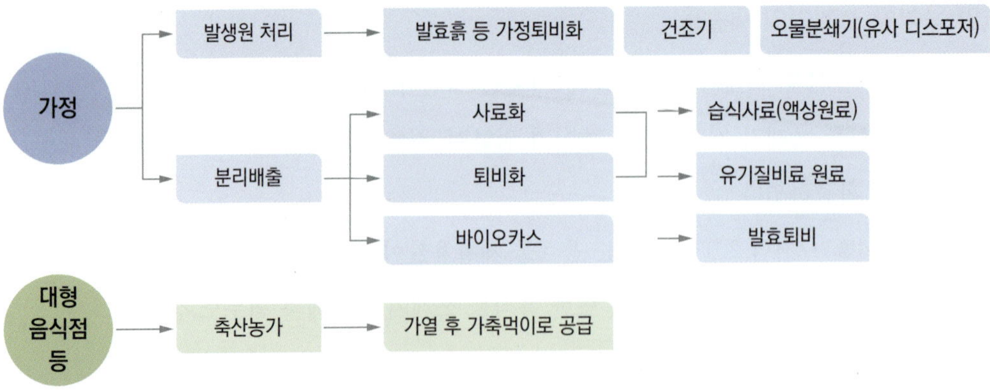

그림 7-8 음식물 쓰레기 처리과정

자료 : 한국자원순환사회적협동조합(http://www.rfse.or.kr/board/community_05/4063)

사용된다고 한다.

또한 음식물 쓰레기를 소각이나 매립하는 과정에서 토양, 지하수는 물론, 다이옥신 같은 유해가스 배출로 환경 전반에 많은 문제가 발생할 수 있으므로, 그만큼 음식물 쓰레기의 감량과 재활용이 중요하다. 따라서 지속적인 음식물 쓰레기 감량과 재활용은 천연자원이 거의 없는 우리나라에서는 중요한 자원절약의 길이며 제2의 자원이라 할 수 있으므로, 좀 더 선진화된 음식물 쓰레기의 관리 및 재활용에 대한 지속적인 노력이 필요하겠다.

(4) 식품나눔문화 확산

현재 식품기부 관련 사업기관으로는 크게 두 종류가 있다. 하나는 푸드뱅크food bank로서 생산·유통·판매·사용 과정에서 발생한 잉여식품을 기부받아서 필요한 사람들에게 제공하는 것이다. 주로 저소득 취약계층, 무료급식소, 노숙자쉼터, 무료급식소 등에 직접 제공하는 시스템이 있다. 다른 하나는 푸드마켓food market인데 기부받은 식품을 마켓에 비치하여 위의 대상자들이 직접 이 마켓을 방문하여 본인이 원하는 식품을 선택할 수 있도록 한 시스템이다.

이는 자원의 낭비를 줄이고 식품 이용률을 높이는 동시에 식품나눔문화를 확산하는 매우 효과적인 방법 중 하나이다. 외국과 비교하면 현재 우리나라는 도입에서 정착 시기로 가는 중간단계라 할 수 있다. 주로 민간기구를 중심으로 사업을 전개하고 있으나 조직체계가 취약하고 예산과 인력이 부족하여 아직은 활성화되지 못했으나, 다방면의 시도가 이루어지고 있다.

그러므로 이러한 사업의 활성화를 위해서는 기탁자와 수혜자를 유기적으로 연결할 수 있는 전산망을 구축하고, 고정인력과 저장·운송시설에 대한 정부의 재정적 지원과 홍보 방안이 절실하다. 이에 2006년에 「식품기부활성화에 관한 법률」이 제정·공포되어 몇 차례 개정을 거쳐 2019년에 개정된 것을 현재 시행중이며, 전 국민 식품기부 나눔운동도 추진 중에 있다. 앞으로 정부부처, 업계, 민간단체간의 유기적 공조체제를 수립하여 효과적으로 수행해야 할 것이다.

(5) 음식물 쓰레기 감량을 위한 종합대책

현재까지 정부가 수립·추진해온 음식물 쓰레기 종합대책으로, 1997년에 환경부에서 음식물 쓰레기 자원화 기본계획을 실시하였고, 2005년에는 음식물의 직매립을 금지하고 분리배출을 본격적으로 실시하였다. 2006년부터 현재에 이르기까지 음식문화 개선 및 친환경 음식문화조성을 추진 중이다.

특히 현재는 음식물 쓰레기를 20% 이상 저감하는 목표로 다음과 같은 세부 실천대책을 세웠다. 먼저 음식물 쓰레기 종량제 도입, 감량 인센티브 부여, 유통체계 개선, 간소하고 품격 있는 한식 상차림 등을 환경부·농림축산식품부·보건복지부·지방자치단체가 협력하여 구체적 실천방안을 추진·실시하고 있다.

요점정리

- 식품위생은 식품으로 인해 일어날 수 있는 모든 위해요인을 제거하여 식중독을 예방함으로써 건강을 유지하고 증진시키는 것으로, 위해요소를 정확하고 과학적인 분석에 따라 관리하는 것이 HACCP 시스템이다.
- 식생활관리자는 주방시설, 기기 · 기물의 오염 가능성을 최소화하는 것이 중요하며, 조리자의 개인위생관리, 조리단계별 위생관리를 위해 노력해야 한다.
- 조리 시 화기, 전기, 칼을 사용함으로써 화상, 감전, 낙상, 절단, 화재 등의 안전사고가 생길 수 있다. 특히 뜨거운 음식이나 기름을 다룰 때 화상의 위험을 조심하고, 바닥에 떨어진 음식물이나 물기 때문에 미끄럽지 않도록 관리해야 한다. 가스, 전기의 사용법과 화재 및 안전사고 시 대피요령을 미리 잘 익혀두어 사고를 예방하고 빠르게 대처하도록 한다.
- 음식물 쓰레기 관리는 처음부터 쓰레기양이 적게 발생하도록 감량화하는 것이 첫 번째이고, 다음은 이미 발생한 쓰레기를 최대한 재활용하는 것이다. 마지막으로 친환경적인 방법을 통한 매립과 소각처리라 할 수 있다. 또한 잉여식품은 식품 기탁 기관 등을 이용하여 적극적으로 나누도록 한다.

CHAPTER

8

식생활문화와 테이블 코디네이션

1. 한국의 식생활문화
2. 중국의 식생활문화
3. 일본의 식생활문화
4. 서양의 식생활문화
5. 테이블 코디네이션

학습개요

우리나라를 비롯하여 중국, 일본, 서양의 자연환경과 사회환경에 따른 식생활문화의 특징과 대표음식, 상차림 및 식사예절에 대하여 알아본다. 또한 식생활을 더욱 아름답고 쾌적하게 하기 위한 테이블 코디네이션에 대한 정의 및 기본, 테이블세팅의 기본 스타일 등을 학습한다.

학습목표

1. 한국의 식생활문화의 특징과 대표음식, 상차림 및 식사예절을 설명할 수 있다.
2. 중국의 식생활문화의 특징과 대표음식, 상차림 및 식사예절을 설명할 수 있다.
3. 일본의 식생활문화의 특징과 대표음식, 상차림 및 식사예절을 설명할 수 있다.
4. 서양의 식생활문화의 특징과 대표음식, 상차림 및 식사예절을 설명할 수 있다.
5. 테이블 코디네이션의 기본 스타일을 설명할 수 있다.

1. 한국의 식생활문화

1) 한국의 자연환경과 사회환경

(1) 한국의 자연환경

아시아 대륙의 북동부(북위 33~43°)에 남북으로 950km에 걸쳐 길게 뻗어 있는 반도 국가이며, 한반도 전체 면적은 약 22만 km^2로 전 국토의 70% 이상이 산이다. 사계절이 뚜렷한 온대성 기후로 여름에 고온 다습하고 일조량이 많아 벼농사에 적합하다. 논과 밭에서는 갖가지 곡식과 채소류, 산에서는 산채류와 버섯류, 바다로부터는 다양한 어패류·해조류 등을 얻을 수 있다.

(2) 한국의 사회환경

조선시대부터의 유교의 영향으로 통과의례通過儀禮에 따른 잔치나 제례음식의 차림새가 정해져 있다. 또한 반상班常을 엄격히 구분하는 계급의식과 어른과 어린이, 남녀를 차별하는 서열의식이 강해 독상, 겸상, 두레상 등의 상차림이 생겨났으며, 중국이나 서구의 시간전개형과는 달리 공간전개형 상차림으로 발전하게 되었다. 그러나 현대에 와서는 경제성장에 따른 산업화, 도시화, 남녀 평등의식의 확산, 가족구조의 변화, 여성의 사회참여 등으로 식생활에 대한 가치관이 다양하게 변화되어 장, 김치, 젓갈 등 전통음식이 산업화되고, 가공식품과 외래음식 이용이 증가하여 식품산업과 외식산업이 급성장하고 있다.

시간전개형 상차림
음식을 먹는 순서에 따라 한 가지씩 제공하는 상차림

공간전개형 성차림
음식을 모두 한꺼번에 제공하는 상차림

2) 한국의 식생활문화의 특징

한반도의 자연적, 사회적 특성이 식생활에 반영되어 고유의 식생활문화가 형성되었다. 한국의 일반적인 식생활문화의 특징을 요약하면 다음과 같다.

① 주식인 밥에 부식인 반찬을 곁들인 것이 한국 고유의 일상식 형태이다. 주식에 따라 반찬을 구성하여 균형 잡힌 한 끼 식사가 된다.

② 반찬의 종류와 조리법이 다양하여(찜, 전골, 구이, 전, 조림, 볶음, 편육, 숙채, 생채, 젓갈, 장아찌 등), 맛과 영양의 균형을 상호 보완해 준다.

③ 국물이 있는 음식이 많아 젓가락만이 아니라 숟가락을 사용한다.

④ 발효·저장식품(김치, 장아찌, 장류, 젓갈, 육포, 어포 등)이 발달하였다.

⑤ 곡류(밥, 죽, 미음, 국수, 만두, 수제비, 떡국, 엿, 술, 식혜 등)와 콩류(간장, 된장, 고추장, 두부, 두유 등)의 다양한 가공 조리법이 발달하였다.

⑥ 음식재료를 잘게 썰거나 다져 한입에 먹기 좋은 형태로 한다.

⑦ 식품 자체의 맛보다 간장, 파, 마늘, 깨소금, 고춧가루, 후춧가루, 생강, 참기름 등의 조미료와 향신료를 용도에 따라 사용하여 복합적인 맛을 즐긴다.

⑧ 음양오행사상에 입각하여 오색재료나 오색고명을 사용한다.

⑨ 사계절에 따른 시식時食과 명절에 먹는 절식節食 표 8-1, 지역에 따른 향토 음식이 발달하였다.

⑩ 음식은 몸을 보하고 병의 예방과 회복을 돕는다는 의식동원醫食同源 사상으로 계피, 당귀, 오미자, 구기자, 인삼 등의 약재를 음식에 사용한 보양식이 발달하였다.

의식동원
질병 치료와 식사는 인간의 건강유지를 위한 것으로, 그 근원이 동일함을 이르는 말

⑪ 음식을 공간전개형으로 한상에 모두 차려놓고 먹는다.

표 8-1 시식과 절식

월	명절명	날짜(음력)	음식	풍속 및 의미
1	설날 (정월 초하루)	1월 1일(원단, 원일, 세수, 신일, 연수)	떡국, 만두, 약식, 인절미, 단자, 주악, 편육, 전, 빈대떡, 떡찜, 누름적, 잡채, 강정, 식혜, 수정과, 나박김치, 장김치, 세주	묵은해를 보내고 새해 첫날을 맞아 새로운 마음으로 집안의 만복을 기원함.
	입춘	동지 후 44일째(음력 12월 말이나 정월 초, 양력 2월 4일경)	입춘채(오신반) : 움파, 산갓, 당귀싹, 미나리싹, 무의 5가지 매운 생채요리, 탕평채, 승검초산적, 죽순나물, 달래장, 냉이나물, 산갓김치	추운 겨울 동안 부족한 비타민 C를 보충할 수 있음.
	대보름 (상원일)	1월 15일(상원일)	오곡밥, 복쌈(김구이), 묵나물(아홉 가지 나물), 약식, 유밀과, 원소병, 부럼, 나박김치, 귀밝이술	달맞이, 쥐불놀이, 답교놀이. 음식이 부족한 겨울 동안 비타민, 무기질, 필수지방산 등을 보충할 수 있음.
2	중화절 노비일, 머슴일	2월 1일	노비송편, 시래기떡, 콩볶은이	온 집안을 청소하고 농사를 시작하는 날

(계속)

월	명절명	날짜(음력)	음식	풍속 및 의미
3	삼짇날(중삼절)	3월 3일	화전, 화면, 수면, 창면, 탕평채, 진달래화채	강남에 갔던 제비가 돌아온다는 날, 들에 나가 봄을 즐김.
4	한식(냉절, 청명절)	동지부터 105일째날	제물(술, 과실, 포, 식혜, 떡, 국수, 탕, 적)	성묘(설, 한식, 단오, 추석), 찬 음식
	연등절(초파일)	4월 8일	증편, 미나리강회, 느티떡(유엽병), 쑥떡, 볶은 콩	불교문화(석가탄생일기념), 연등행사
5	단오(수리날)	5월 5일	차륜병(수리취떡), 제호탕, 증편, 앵두편, 앵두화채	더운 여름을 맞이하는 명절, 창포에 머리감고 단장, 그네뛰기, 씨름
6	유두	6월 6일	유두면(오색밀가루 구슬), 떡수단, 보리수단, 밀쌈, 편수, 증편, 유두면, 깻국, 어선, 어채, 구절판, 생실과, 화전, 복분자화채	물놀이
	삼복절식(초복, 중복, 말복)	초복 : 하지로부터 세 번째 경일(庚日) 중복 : 하지로부터 네 번째 경일 말복 : 입추로부터 첫 번째 경일	보신탕(개장국), 삼계탕, 팥죽, 육개장, 잉어구이, 복죽, 사빙(궁중에서 얼음을 나누어 줌)	보양보신(더위를 이겨내기 위한 음식 섭취)
7	칠석	7월 7일	밀전병, 증편, 밀국수, 육개장, 잉어, 넙치, 복숭아화채, 오이소박이, 취나물, 고비나물	견우와 직녀가 1년에 한 번 만난다는 날
8	추석(가배, 중추, 한가위, 팔월 보름날)	8월 15일	송편, 토란탕, 햅쌀술, 누름적, 화양적, 닭찜, 송이산적, 갖은 나물, 가리찜, 배화채, 햇과일, 밤, 밤초, 대추초, 사과, 배, 감, 배숙	추석다례, 수확감사의례
9	중구(중양절, 중광)	9월 9일	유자화채, 배화채, 국화전, 국화주, 밤단자, 생실과	제비가 강남으로 떠난다는 날
10	무오일	10월 5일	무시루떡, 팥시루떡, 국화전, 연포탕, 타락죽, 신선로, 햇곡술, 무오병, 유자화채, 생실과	말의 날
11	동지, 작은설(아세)	11월 22일	팥죽, 전약(궁중 내의원), 동치미, 생실과, 경단, 식혜, 수정과	작은 설
12	섣달그믐(대회일, 제야)	섣달그믐(음력으로 한 해의 미지막 날)	골동반, 각색전, 완자탕, 주악, 잡과, 떡국, 만두, 전골, 정과, 식혜, 수정과, 장김치, 보쌈김치	1년을 마무리하고 새로운 마음으로 새해를 준비

3) 한국의 대표음식

① 불고기 : 너비아니라고 불렸으며 쇠고기를 한입 크기로 얇게 저며 양념장에 재웠다가 구운 음식이다.

② 김치 : 무, 배추 및 오이 등을 소금에 절여 고춧가루, 마늘, 파, 생강, 젓갈 등의 양념을 버무린 후 젖산 발효시킨 음식으로, 한국인의 식사에는 필수적이며 세계적으로도 인정받은 건강음식이다. 궁중에서는 젓국지·짠지·싱건지 등으로 불렀다.

송편

증편

엿강정

③ 비빔밥 : 따뜻한 밥에 각종 나물을 얹은 뒤 고추장을 넣고 함께 비벼 먹는 음식으로 만들기 편하고, 먹기 좋은 데다 건강·미용식이라는 장점까지 갖췄다.

④ 나물요리 : 채소를 삶거나 데쳐 양념에 버무린 것으로 채소를 많이 섭취하는 데 유리하다.

⑤ 전유어(전, 저냐) : 육류, 어패류, 채소 등의 재료를 다지거나 얇게 저며서 밀가루와 달걀을 입혀 기름 두른 팬에 지진 음식이다.

⑥ 탕류 : 설렁탕, 곰탕, 육개장, 삼계탕 같은 보양요리가 많다.

⑦ 후식류 : 떡, 한과, 음청류 등이 있다.

4) 한국의 상차림

우리나라 상차림은 모든 음식을 한상 위에 차려내며, 상은 원형, 사각형, 팔각형 등을 사용하고, 반찬이 많거나 즉석에서 조리해야 하는 너비아니구이나 전골이 있거나 반주나 후식을 같이 낼 때는 곁상을 더 놓는다.

우리나라의 상차림은 크게 일상의 식생활에서 차려지는 일상식 상차림과 가정의례 및 특별한 행사시에 차려지는 의례식 상차림으로 나눌 수 있다.

(1) 반상차림

반상은 밥을 위주로 차리는 평소의 상차림으로 어린 사람에게는 밥상, 어른에게는 진짓상, 임금님의 경우에는 수라상으로 사람에 따라 명칭이 다르다.

① 반상의 구성 : 밥이 주식, 반찬이 부식인 상차림으로, 반찬의 수에 따라 3첩, 5첩, 7첩, 9첩, 12첩이 있다표 8-2. 밥, 국, 김치, 장류, 찜, 찌개, 전골 등의 기본 음식은 첩수에 포함되지 않고, 첩수에 들어가는 반찬은 구이, 조림, 전, 생채, 숙채, 장아찌, 젓갈, 마른 찬, 회, 편육, 수란이다.

3첩 반상은 서민층, 5첩 반상은 여유가 있는 서민층의 상차림이며, 7첩 반상은 생신, 잔치, 손님 대접용으로 특별하게 차리는 상차림이며, 9첩 반상은 반갓집 최고의 상차림이고 12첩 반상은 궁중에서 임금님께 드리는 상차림(수라상)이다.

첩
뚜껑이 있는 반찬 그릇(쟁첩)을 세는 단위이며, 기본 음식을 제외한 반찬 그릇의 수(첩수)로 반상차림을 구분하였음

표 8-2 반상차림의 구성

<table>
<tr><th>조리법</th><th>구분</th><th>12첩</th><th>9첩</th><th>7첩</th><th>5첩</th><th>3첩</th></tr>
<tr><td rowspan="7">기본음식</td><td>① 밥(수라)</td><td>2</td><td>1</td><td>1</td><td>1</td><td>1</td></tr>
<tr><td>② 국·탕</td><td>2</td><td>1</td><td>1</td><td>1</td><td>1</td></tr>
<tr><td>③ 김치류</td><td>3</td><td>3</td><td>2</td><td>2</td><td>1</td></tr>
<tr><td>④ 장류</td><td>3</td><td>2~3</td><td>2~3</td><td>2</td><td>1</td></tr>
<tr><td>⑤ 찌개(조치)</td><td>2</td><td>2</td><td>1</td><td rowspan="3">택일</td><td>×</td></tr>
<tr><td>⑥ 찜(선)</td><td>1</td><td>1</td><td rowspan="2">택일</td><td>×</td></tr>
<tr><td>⑦ 전골</td><td>1</td><td>1</td><td>×</td></tr>
<tr><td rowspan="12">첩수에 들어가는 음식</td><td>① 구이(적, 더운 구이)</td><td>1</td><td rowspan="2">택일</td><td rowspan="2">택일</td><td rowspan="2">택일</td><td rowspan="3">택일</td></tr>
<tr><td>② 구이(적, 찬 구이)</td><td>1</td></tr>
<tr><td>③ 조림·조리개</td><td>1</td><td>1</td><td>1</td><td>1</td></tr>
<tr><td>④ 전(전유어, 저냐)</td><td>1</td><td>1</td><td>1</td><td>1</td><td>×</td></tr>
<tr><td>⑤ 생채</td><td>1</td><td>1</td><td>1</td><td rowspan="2">택일</td><td rowspan="2">택일</td></tr>
<tr><td>⑥ 숙채</td><td>1</td><td>1</td><td>1</td></tr>
<tr><td>⑦ 장아찌(장과)</td><td>1</td><td>1</td><td rowspan="3">택일</td><td rowspan="3">택일</td><td rowspan="3">택일</td></tr>
<tr><td>⑧ 젓갈</td><td>1</td><td>1</td></tr>
<tr><td>⑨ 마른 찬 또는 자반(좌반)</td><td>1</td><td>1</td></tr>
<tr><td>⑩ 회</td><td>1</td><td rowspan="3">택일</td><td rowspan="3">택일</td><td>×</td><td>×</td></tr>
<tr><td>⑪ 편육(수육)</td><td>1</td><td>×</td><td>×</td></tr>
<tr><td>⑫ 별찬(수란)</td><td>1</td><td>×</td><td>×</td></tr>
</table>

*수라, 조치, 저냐는 궁중에서 사용하는 용어임

② 반상의 배선 : 음식을 상에 차리는 것이 배선이며 전통적으로는 웃어른께는 독상그림 8-1, 그 외는 겸상이나 두레상으로 차렸으나, 요즈음은 웃어른이라 해도 독상은 거의 차리지 않는다.

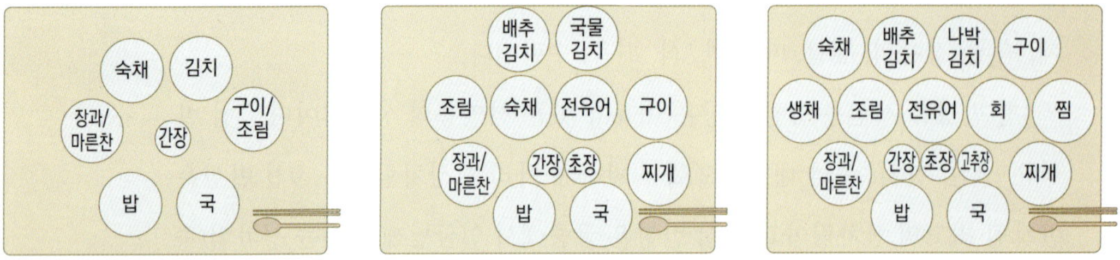

3첩 반상차림　5첩 반상차림　7첩 반상차림

그림 8-1 3첩, 5첩 및 7첩 반상차림(독상)

(2) 죽상차림

죽은 오래전부터 아침대용식, 노인식, 보양식, 환자식, 구황식, 별미식으로 먹었으며, 죽상차림에는 젓국찌개, 국물김치, 마른 찬을 곁들인다그림 8-2.

(3) 면상차림(장국상, 만두상, 떡국상)

일반적으로 경사 때 점심으로 국수를 차리는 상을 면상이라고 하며, 주식으로는 국수, 만두, 떡국을, 부식으로는 찜, 겨자채, 잡채, 편육, 전, 배추김치, 나박김치 등을 놓는다. 또 주식이 면이므로 각종 떡류, 한과, 생과일, 음료로는 식혜, 수정과, 화채 중 한 가지를 놓는다. 술손님인 경우에는 주안상을 먼저 낸 후 면상을 내도록 한다그림 8-3.

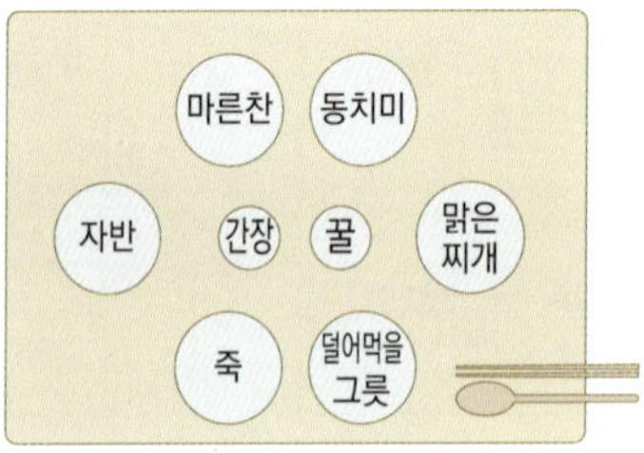

그림 8-2 죽상차림

그림 8-3 면상차림

- 온면상 : 국수(온면), 찜, 전, 잡누르미, 편육, 잡채, 김치, 정과, 떡, 약식, 강정, 약과, 화채, 녹말편 등
- 냉면상 : 냉면, 김치, 전, 쇠고기 전골, 편육, 떡수단, 화채

(4) 교자상차림

교자상은 명절이나 경사 때 많은 사람이 함께 둘러앉아 식사하는 회식용 상차림이다. 중심이 되는 음식을 중심으로, 색, 재료, 조리법, 영양이 조화를 이루도록 한다. 대개 주된 음식이 어육류이므로 숙채와 냉채 외 채소 요리를 곁들인다. 주식은 밥, 냉면, 온면, 떡국, 만두 중에 계절에 맞는 것을 선택하고, 반찬은 7첩 또는 9첩으로 준비한다. 탕, 찜, 전유어, 편육, 적, 회, 겨자채, 신선로, 마른 찬, 수란, 김치, 장류, 각색편, 약식, 약과, 다식, 강정, 숙과, 정과, 숙실과, 생실과, 수정과, 식혜, 화채 등을 놓는다**그림 8-4**.

그림 8-4 교자상차림

자료 : 구난숙 외, 2022

원래 교자상은 한꺼번에 다 차렸으나 요즘은 서양식을 가미하여 더운 음식은 뜨겁게, 찬 음식은 차게 먹도록 내놓는다. 또 후식은 주된 음식을 다 먹고 나서 상 위의 그릇을 치우고 내거나 다른 방으로 자리를 옮겨서 대접한다.

약과

다식

강정

(5) 주안상차림

술을 대접하기 위해 차리는 상으로 청주, 소주, 탁주 같은 술과 함께 전골이나 찌개 같은 국물이 있는 뜨거운 음식과 전유어, 회, 편육, 김치를 술안주로 낸다. 내는 술의 종류에 따라 음식의 조미를 고려한다.

(6) 다과상차림

주안상이나 교자상 뒤에 내거나 식사시간이 아닌 때 손님에게 다과만을 내는 상차림이다. 각색편, 한과, 음청류를 계절에 맞게 차린다.

5) 한국의 식사예절

대접 받는 사람은 고마운 마음으로 잘 먹고 감사 인사를 잊지 말아야 한다. 음식

식사예절

① 어른이 먼저 수저를 든 다음에 아랫사람이 들도록 한다.
② 수저를 동시에 한손에 들지 않으며, 젓가락을 사용할 때에는 숟가락을 상 위에 놓는다. 수저를 그릇에 걸치거나 얹어 놓지 말고 밥그릇이나 국그릇을 손으로 들고 먹지 않는다.
③ 숟가락으로 국이나 김칫국물을 먼저 떠 마시고 나서 밥이나 다른 음식을 먹는다. 밥과 국물이 있는 김치 · 찌개 · 국은 숟가락으로 먹고, 다른 찬은 젓가락으로 먹는다.
④ 음식을 먹을 때는 음식 타박을 하거나 소리를 내지 말고, 수저가 그릇에 부딪혀서 소리가 나지 않도록 한다.
⑤ 수저로 반찬이나 밥을 뒤적거리거나 헤치지 말고, 일부를 골라내거나 양념을 털어내지 않는다.
⑥ 먹는 중에 수저에 음식이 묻어서 남아 있지 않도록 하며, 밥그릇은 제일 나중에 숭늉을 부어 깨끗하게 비운다.
⑦ 함께 먹는 음식은 각자 접시에 덜어 먹고, 초장이나 초고추장 등도 접시에 덜어서 먹는다.
⑧ 음식을 먹는 도중에 뼈나 생선 가시 등은 옆 사람에게 보이지 않게 조용히 종이에 싸서 버린다. 상 위나 바닥에 그대로 버려서 더럽히지 않도록 한다.
⑨ 식사 중에 기침이나 재채기가 나면, 얼굴을 옆으로 돌려 손이나 손수건으로 입을 가려 다른 사람에게 실례가 되지 않도록 한다.
⑩ 먹는 속도가 너무 빠르거나 지나치게 느리지 않도록 다른 사람들과 보조를 맞춘다. 어른이 먼저 수저를 내려놓은 다음에 따라서 내려놓도록 한다.
⑪ 식사 후에는 수저를 처음 위치에 가지런히 놓고, 사용한 냅킨은 대강 접어서 상 위에 놓는다.
⑫ 이쑤시개는 한 손으로 가리고 사용하고, 사용 후에는 남에게 보이지 않게 처리한다.

을 먹을 때에는 옷차림이 단정하고 몸가짐이 의젓하고 자연스러워야 하며, 큰 소리를 내거나 음식 먹는 소리를 내는 것은 예의에 어긋난다.

2. 중국의 식생활문화

1) 중국의 자연환경과 사회환경

(1) 중국의 자연환경

중국의 국토면적은 한반도의 약 44배에 이를 정도로 광대하여, 중부지방의 양쯔강 하류는 온대습윤, 남부지방은 열대다우, 서부지방은 온대몬순, 북부지방은 냉대 하계습윤으로 크게 차이가 나, 지역에 따라 지형, 기후, 풍토가 달라 독특한 식생활문화가 형성된 원인이 된다.

(2) 중국의 사회환경

중국 인구는 14억 4,847만 명(2022년 통계청)으로 세계 1위이며 한족(92%) 외에 55개 소수민족(8%)을 포함하는 다민족국가로 관습도 다양하여 지역마다 특색 있는 식생활문화가 발달하였다. 중국의 음식문화는 2000년 전의 기록이 남아 있을 정도로 오랜 역사를 가지며, 고대로부터 음식에 대한 가치관이 의식동원醫食同源에서 출발하여 불로장생不老長生과 연결되어 발전해 왔다.

의식동원(醫食同源)
동양의학의 보신(補身)과 장수(長壽)에 관한 관념이며 의약과 음식물은 근원이 같다는 뜻. 일상에서의 균형 잡힌 식생활이 병을 예방하고 치료할 수 있다는 생각에서 출발함

2) 중국 식생활문화의 특징

(1) 중국 식생활문화의 일반적 특징

① 폭넓은 재료의 이용 : 거의 모든 것, 예를 들어 곰, 자라, 고양이, 들쥐 등 살아 있는 것은 무엇이든 식재료의 대상이고, 의식동원에 근거하여 발전해 왔다.

② 맛이 다양하고 풍부함 : 간(단맛), 셴(짠맛), 쏸(신맛), 신(매운맛), 쿠(쓴맛)의 다섯 가지 맛을 복잡 미묘하게 배합하여 다양하고 풍부한 맛을 낸다.

③ 숙식이 기본 : 음식의 재료를 미리 손질해 놓고 짧은 시간 안에 익힌다.

④ 기름을 사용한 손쉬운 조리법 : 대부분 기름을 사용한 튀김, 조림, 볶음, 지짐 등 고온 단시간 조리함으로써 재료의 고유한 맛을 유지하고 영양소 손실도 최소화할 수 있다.

⑤ 녹말물 사용으로 음식이 걸쭉함 : 녹말물로 걸쭉한 상태가 되면 음식이 쉽게 식지 않아 기름을 사용한 음식도 맛있게 먹을 수 있다.

⑥ 다양한 조리법과 맛 : 볶음, 튀김, 지짐, 직화구이, 삶음, 조림, 찜 등의 조리법만이 아니라 이들을 조합하여 복합적으로 조리하기 때문에 다양한 맛을 낼 수가 있다.

⑦ 조리기구가 간단하고 사용하기 쉬움 : 훠궈(웍, 중화팬), 사궈(볶음·튀김팬), 러우사오(그물조리), 정룽(찜통) 외에 칼, 도마, 뒤집게, 국자 등이 조리기구의 전부이다.

⑧ 시각적으로 외관이 풍요롭고 화려함 : 채소, 해산물, 육류 등을 조화시켜 만든 음식을 한 그릇에 모두 담고 장식을 한다.

⑨ 향신료와 조미료 등의 향미 활용 : 마늘이나 고추, 진피, 오향분 등의 향신료와 굴소스, 두반장 등의 조미료의 향미를 잘 활용하여 음식에 독특한 향미를 낸다.

(2) 중국의 지역별 음식의 특징

① 상해 요리(샹하이차이, 후차이) : 중국 동부 해안에 위치한 상해(상하이上海)가 중심이며, 따뜻한 기후의 영향으로 농산물과 해산물이 풍부하여 다양한 음식이 발달하였다. 이 지방의 특산물인 장유(간장)와 설탕으로 달콤하게 맛을 내는 찜이나 조림요리가 발달하였다. 기름기가 많아 맛이 진하고 양이 푸짐하며, 모양보다 깊은 맛에 중점을 두어 화려한 장식을 하지 않는다.

그림 8-5 중국의 4대 음식문화권

자료 : 구난숙 외, 2006

② 사천 요리(쓰촨차이, 촨차이) : 중국 서쪽의 사천(쓰촨四川) 지방은 바다가 멀고 더위와 추위가 심한 지방으로서, 예부터 악천후를 이겨내기 위해 마늘, 파, 생강, 고추와 같은 향신료를 많이 쓴 음식이 발달하였다. 맵고 짜지만 느끼하시 않아 우리의 입맛에 가장 잘 맞는다.

③ 광동 요리(광동차이, 웨차이) : 중국 남부 음식을 대표하며 광저우廣州를 중심으로 발달하였다. 광동(광둥廣東)지방은 아열대로 과일, 채소가 풍부하고 축산물이 많이 생산될 뿐 아니라 항구도시로 해산물이 풍부하다. 일찍부터 외국과의 교류도 빈번하여 서양 채소, 토마토 케첩, 우스터소스 등 서양의 재료와 조미료를 쓰는 이국적인 요리도 발달하였다. 담백한 맛이 특징이며, 재료를 지나치게 익히지 않고 간을 비교적 싱겁게 하며, 닭 국물을 많이 사용하고, 기름은 적게 사용하고 곡주, 설탕, 생강 등을 조미료로 사용한다.

④ 북경 요리(징차이) : 북경(베이징北京)은 오랫동안 중국의 수도로서 정치, 경제, 문화의 중심지였고, 궁중음식을 비롯한 고급음식이 발달하여 가장 사치스러

운 음식문화를 이룩하였다. 농작물과 과일 등이 풍부하고 지리적으로 추운 북방에 위치하여 높은 열량이 필요하기 때문에 육류를 이용한 튀김과 볶음이 많다. 강한 화력에서 단시간 내에 기름에 튀겨내는 산동식 조리법의 영향을 받아 대체로 바삭바삭한 느낌이 있다. 간장으로 간을 맞추고 조미료로 마늘, 파, 참기름을 사용한다. 짜지 않고 달지 않으며 시지 않고 맵지 않은 담백한 맛이 특징이다.

3) 중국의 대표음식

① 상해의 대표음식 : 퉁포러우(동파육), 홍사오로우(진간장을 써서 만든 돼지고기), 푸룽칭세(바닷게 요리), 스진사궈더우푸(두부 요리)와 화쥐안(꽃 모양의 빵), 탕바오(만두의 일종), 한 마리의 생선을 가지고 머리에서 꼬리까지 양념과 조리법을 달리해서 맛을 내는 생선요리 등이 유명하다.

② 사천의 대표음식 : 마퍼더우푸(마파두부), 양러우궈쯔(회교도들의 양고기요리), 간샤오밍샤(새우칠리소스볶음) 등이 유명하다.

탕수육

③ 광동의 대표음식 : 상어지느러미찜, 차샤오(구운 돼지고기), 피옌피루주(어린 돼지통구이), 구라오러우(광동식 탕수육), 제비집 요리 등이 유명하다.

북경오리구이

④ 북경의 대표음식 : 북경통오리구이Pekin duck와 피단(삭힌 오리알)이 유명하며, 면류, 만터우(만두), 빙(떡) 등 가루 음식과 쇠고기와 돼지고기의 내장, 양고기, 오리고기, 어패류 등을 이용한 음식이 발달되었다.

4) 중국의 상차림

(1) 손님 접대를 위한 식단

식단을 채단采單이라고 하며 보통 전채요리인 첸차이前菜, 중심요리인 다차이大菜, 덴싱点心, 탕湯의 순서로 되어 있다. 마지막에 백반과 김치 종류인 샹차이(香菜)를 낸다.

① **첸차이**前菜 : 첸차이는 식욕을 돋우기 위하여 처음에 대접하는 찬 음식으로 서양의 애피타이저와 같다. 첸차이는 한 종류만 대접하는 일은 없고 반드시 복수로 나온다. 우리나라에서는 3, 5, 7과 같은 홀수를 좋아하는 반면 중국에서는 4, 6, 8과 같은 짝수를 좋아하므로 4품 냉채, 6품냉채, 8품 냉채 등으로 대접한다. 냉채는 한 접시에 한 종류씩 대접하기보다는 큰 접시에 조금씩 또는 여러 가지를 섞어 담아 대접한다. 냉채요리의 재료는 연회의 수준을 정하는 한 요소가 된다.

② **다차이**大菜 : 전채 후에 대접하는 더운 음식 중 제일 먼저 나오는 것으로 다차이 또는 다젠이라고 하여 이 음식의 재료에 의하여 그 연회석의 등급이 정해진다. 예를 들어 제비집요리가 나오면 최고급의 요리이고, 해삼요리가 나오면 3급 요리이다.

③ **뎬싱(딤섬**点心**)** : 뎬싱은 간식이나 가벼운 음식을 말하며, 단것과 짠것이 다 포함된다. 만두류, 국수류, 춘권, 단 과자류가 모두 뎬싱에 속한다. 그러므로 뎬싱이 반드시 식사의 마지막에 나온다고는 말할 수 없다. 광동식 발음인 딤섬으로 더 많이 알려져 있으며, 딤섬 자체로 하나의 중요한 식사가 될 수 있다.

만두

딤섬

④ **탕요리** : 다차이가 끝나고 나면 마지막으로 국이 나온다. 연회석에서 국이 나오면 식사가 끝난 것으로 생각하면 된다. 여기서 국과 함께 밥이나 죽 또는 만두 등의 후안차이와 김치 또는 장아찌가 함께 나온다. 후안차이는 밥 반찬이 되는 음식으로 손이 많이 가지 않는 것, 즉 피말과 돼지고기 볶은 것 등이다.

⑤ **과일** : 마지막으로 과일이 나오고 차가 나온다. 정식에서 과일이 반드시 식사의 마지막에 나오는 것은 아니지만 근래에 와서는 마지막에 후식으로 나온다. 차는 처음부터 끝까지 대접하는 것이 상례이다.

(2) 상차림

식탁에는 양념접시, 덜어 먹을 수 있는 개인접시, 젓가락과 받침, 숟가락과 받침, 술잔, 물컵, 간장, 식초, 고추기름 등의 양념병 등을 놓는다그림 8-6. 중국음식은

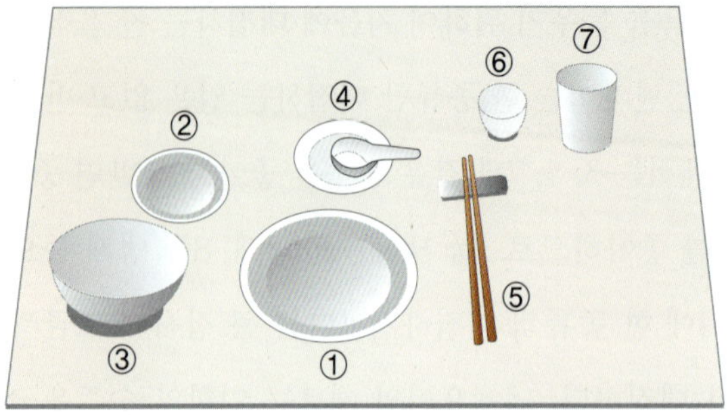

그림 8-6 중국의 상차림

큰 접시에 담아 순서대로 한 가지씩 나오는 시간전개형 상차림이다. 식탁은 사각형이나 원형이며 회전반이 있기도 하며, 회전반 위에 양념병들을 놓는다.

5) 중국의 식사예절

① 좌석 배치 : 주빈이 입구에서 먼 쪽인 상석에 앉도록 하고, 주인은 문 쪽의 말석에 앉는다.

② 주빈에게 음식 배려 : 음식이 나오면 주빈 앞에 놓아 먼저 먹도록 배려하고, 마실 술의 종류도 주빈에게 물어서 정하도록 한다.

③ 수저 사용 : 숟가락은 탕을 먹을 때만 사용하고 사용 후 뒤집어 놓는다. 탕 이외의 음식을 먹을 때는 젓가락을 사용한다. 밥이나 탕이 담긴 그릇은 손에 들고 입 가까이 대고 먹는다.

④ 껍데기가 있는 새우 요리 : 젓가락으로 몸통을 누르고 머리를 잡아떼어 안쪽에 들어 있는 내장을 먹고 난 다음, 몸통의 껍데기를 벗겨 살을 떼어 먹는다. 이때 입속에 들어간 껍데기는 손으로 꺼내도 상관없다.

⑤ 건배 : 주인의 초대에 대한 감사를 잊지 않도록 하며, 잔을 두 손으로 들고 눈높이까지 올린다. 이때 술을 못 마시는 사람도 인사의 뜻으로 입만은 대는 것이 예의로 여겨진다.

⑥ 개인접시 사용 : 음식이 나오면 회전반에 놓고 돌리면서 각자의 앞으로 왔을 때 개인접시에 덜어 먹는다. 몇 가지를 덜어도 상관이 없다. 일반적으로 국, 후식, 소스 없은 음식, 국물이 많은 음식 등은 특히 깊은 그릇에, 기타는 보통의 개인접시에 조금씩 덜어 놓되 음식을 뒤적이지 않는다.

⑦ 차 마시는 법 : 찻종에 1인분씩 찻잎을 넣고 거기에 끓는 물을 부어 뚜껑을 덮어서 낸다. 잠시 두면 차잎이 가라앉는데 뚜껑을 덮은 채 오른손으로 찻종을 집어 왼손으로 옮긴다. 이때 받침 접시가 있다면 받침 접시째 든다. 왼손에 얹은 찻종의 뚜껑을 오른손으로 조금 위쪽으로 밀어서 잡고 그 틈새로 차를 마신다.

차

⑧ 손님 초대 : 손님 초대시에는 반드시 즈단知單이라는 초대장을 보내야 하며, 초대장에는 반드시 주빈의 이름을 맨 위에 적고 초대하는 사람의 이름을 연명한다.

3. 일본의 식생활문화

1) 일본의 자연환경과 사회환경

한반도의 약 1.7배의 면적을 가진 일본은 홋카이도, 혼슈, 시코쿠, 큐슈 등 여러 개의 섬으로 이루어져 있으며, 남북으로 3,000km에 이른다. 기후도 아열대에서 한대에 걸쳐 있고 복잡한 지형과 해류에 의한 영향도 크기 때문에 지역차가 현저하다. 일본은 사계절의 구분이 뚜렷하여 각각의 계절마다 수확되는 작물이 다양하고, 그 작물에 따른 조리법도 다양하게 발달하였다. 우리나라와 마찬가지로 물이 좋아, 음식에 다양하게 물을 이용한다.

우리나라와 중국으로부터 전파된 문화의 영향으로 대륙 음식문화의 흔적이 일본요리에 있어서도 볼 수 있으며, 특히 섬나라의 특성상 생선의 이용법이 다양하여 독특한 식생활문화를 발전시킬 수 있었다.

2) 일본의 식생활문화의 특징

(1) 일본 식생활문화의 일반적 특징

① 주식과 부식으로 구성 : 주식인 밥과 반찬인 부식으로 구성되어 있다.

② 콩제품 활용 : 두부, 유부, 미소, 간장, 낫토 등을 많이 활용한다.

③ 자연 그대로의 맛과 모양 : 조미료와 향신료를 진하게 쓰지 않고, 재료의 자연 그대로의 맛과 모양을 살려 조리한다.

④ 계절감과 시각적인 면을 매우 중시 : 재료와 조리법을 선택할 때 계절감과 시각적인 면을 매우 중시한다.

⑤ 음식마다 다른 색, 재질, 형태의 식기 사용 : 음식의 종류나 계절에 따라 식기를 다양하게 사용함으로써 음식의 시각적, 공간적 아름다움을 살린다.

⑥ 식기는 1인분씩 따로 사용 : 1인분씩 따로 담는 것이 원칙이다.

⑦ 소량씩 기교적으로 담음 : 남기는 예가 없을 만큼 1인분을 소량씩 담기에 푸짐한 맛은 없으나 깔끔하고 담는 솜씨가 매우 기교적이다.

⑧ 채소 썰기가 발달 : 백발 썰기, 솔잎 썰기, 국화잎 썰기, 부챗살 썰기, 꽃 모양 썰기, 화살 모양 썰기 등 그 종류가 30여 종이나 되어 예술적인 감각이 뛰어나다.

⑨ 젓가락만 사용 : 전통 일본음식을 먹을 때는 보통 젓가락만 사용한다.

⑩ 조리법이 서로 다른 음식으로 상차림 구성 : 맑은 국, 날 음식, 구이, 조림으로 이루어진 일즙삼채一汁三菜가 일반적 상차림이다.

스시

소바

(2) 지역별 음식의 특징

① 관서지방 음식 : 카미가따上方; かみがた요리라고도 하며, 간은 그리 강하지 않고 재료의 맛을 최대한으로 살리는 연한 맛이 특징이다. 색과 형태도 그대로 살리며 어느 정도의 국물이 많은 것이 특징이다.

② 관동지방 음식 : 에도(도쿄)요리라고도 하며, 스시(생선초밥), 덴뿌라(튀김), 우나기노 카바야끼(장어구이), 소바(메밀국수) 등이 대표적이다. 관서지방보다

맛이 농후한 것이 특징이다.

3) 일본의 대표음식

일본의 대표적인 음식은 재료와 조리법에 따라 다음과 같은 것들이 있다표 8-3.

표 8-3 조리방법에 따른 대표음식

일본명(일본어)	한글명	대표음식 예
사시미(刺身)	생선회	활어회, 흰살 생선회, 참치회, 모듬생선회
스시(壽司)	초밥	김초밥, 생선초밥, 생선김초밥, 일본식회덮밥
시루모노(汁物)	국	조개국, 흰살 생선국, 달걀국, 백된장국, 닭다시국
야끼모노(燒物)	구이요리	소금구이, 된장구이, 데리야끼, 유완즈께, 오꼬노미야끼
니모노(煮物)	조림요리	생선조림, 쇠고기 간장조림, 채소조림
아게모노(揚げ物)	튀김요리	새우 튀김, 생선 튀김, 야채 튀김, 쇠고기 튀김
무시모노(蒸し物)	찜요리	달걀찜, 생선술찜, 닭고기술찜, 바닷가재찜
아에모노(和え物)	무침요리	채소무침, 생선무침
스노모노(酢の物)	초회	해물초회, 해초초회, 문어초회, 해삼초회, 모듬초회
나베모노(鍋物)	냄비요리	지리, 샤브샤브, 스끼야끼, 냄비우동, 모듬냄비, 오뎅
고항(御飯)	밥	송이밥, 반밥, 굴밥, 공밥, 솥밥, 죽순밥, 주먹밥, 죽류
돈부리모노(どんぶり物)	덮밥	튀김덮밥, 고기덮밥, 돈가스덮밥, 닭고기덮밥
오차즈께(お茶づけ)	차밥	김차밥, 도미차밥, 연어차밥
츠께모노(漬物)	절임류	배추절임, 우메보시, 락교, 나라즈께, 누까즈께 등
오까시(お菓子)	과자	요깡, 모나까, 화과자 등
노미모노(飮み物)	음료	센차, 호지차, 겐마이차, 청주(日本酒)
요세모노(寄せ物)	굳힘요리	요오깡(양갱)
벤루이(麵類)	면요리	우동, 소바, 소면

차밥(お茶漬け)
밥 위에 1~2가지 재료를 올려서 일본차를 부어 말아 먹는 음식. 주로 올리는 재료는 우메보시, 츠께모노, 연이, 김, 생선·조개·해초조림, 젓갈, 산채, 명란, 다시마조림, 연어알, 참치회 등으로 각자의 기호에 맞게 선택함

요세모노(寄せ物)
한천이나 갈분, 젤라틴으로 재료를 굳혀 만든 음식의 총칭이며, 한천으로 굳힌 요오깡(양갱) 등이 대표적. 프랑스 요리에서는 젤라틴으로 굳힌 아스픽(aspic)이 있음

4) 일본음식의 양식 및 상차림

일본에서는 식단을 콘다테献立라 하고, 상차림을 하이젠配膳이라고 한다. 일본은 1즙3채1汁3菜가 기본식단이며 일상적인 상차림이 된다. 일본음식의 양식에는 혼젠

本膳 요리, 차카이세끼茶懷石 요리, 카이세끼會席 요리, 쇼오징精進 요리, 후차普茶 요리 등이 있다.

츠께모노

오꼬노미야끼

오뎅

돈부리

(1) 일본의 일상 식단

일본은 1즙3채가 기본식단이다. 즉 시루모노(국), 나마모노(날 음식), 야끼모노(구이), 니모노(조림) 등으로 구성된다.

(2) 일본음식의 양식

① 혼젠本膳 요리 : 일본의 정식 관혼상제 요리인 혼젠 요리는 정통정식인 정찬차림이다. 상은 50cm 정도 크기의 사각형으로 음식 가짓수에 따라 최대 다섯 개(고노젠)의 상을 차리는 것이 정식이다. 첫째 상을 혼젠, 다음부터의 상에 시루모노(국)가 있을 때만 차례대로 니노젠(둘째 상), 산노젠(셋째 상), 요노젠(넷째 상), 고노젠(다섯째 상)이라고 하고, 시루모노가 없으면 그 음식명을 붙여서 부른다. 식단은 1즙3채, 1즙5채, 2즙5채, 2즙7채, 3즙5채, 3즙7채, 3즙11채 등이 있으나, 현재 2즙5채를 차려내는 3상이 가장 일반적이다. 이때 즙은 국 종류이고, 채는 반찬의 종류이다그림 8-7.

② 차카이세끼茶懷石 요리 : 혼젠 요리를 간소화하여 다도茶道 행사 시 간단하게 먹

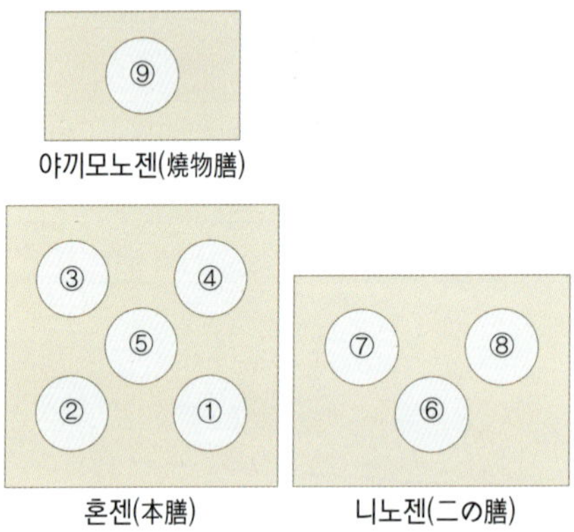

혼젠(기본상)
① 이치노지루(一の汁) : 된장국
② 고항(ご飯) : 밥
③ 츠보(坪) : 니모노(물기가 없는 조림)
④ 나마스(膾) : 초회, 초무침
⑤ 코오노모노(香の物) : 츠께모노(절임)

니노젠(둘째 상)
⑥ 니노지루(二の汁) : 스마시지루(맑은 국)
⑦ 쵸쿠(猪口) : 아에모노 또는 히타시모노(나물)
⑧ 히라(平) : 니모노(조림)

야끼모노젠(구이 상)
⑨ 야끼모노(燒物) : 생선구이

그림 8-7 혼젠 요리의 상차림(2즙 5채)의 경우

도록 한 형식의 요리로 카이세끼懷石라고도 한다. 승려들이 따뜻하게 데운 돌을 품에 품고 다닌 데에서 유래하였다.

③ 카이세끼會席 요리 : 복잡한 혼젠 요리를 결혼식이나 연회용으로 간소화하여 현재 일본의 주류가 되고 있는 코스요리이다. 보통 7품이 많고, 가정에서는 5품, 7품 정도가 적당하며, 밥과 코오노모노(침채류)는 품수에 들어가지 않는다. 맑은 국과 생선회 등을 먼저 내고 다른 반찬을 내는 것이 특징이다.

카이세끼(會席) 요리

상차림 구성은 지역에 따라 차이는 있지만 ① 젠사이(전채), ② 스이모노(맑은 국), ③ 사시미(생선회), ④ 야끼모노(구이), ⑤ 니모노(조림), ⑥ 아게모노(튀김), ⑦ 무시모노(찜), ⑧ 고항(밥), ⑨ 스노모노(초회), ⑩ 후식(과일) 등이다. 주객의 상차림과 부인용 상차림이 다른 것이 특색이다. 카이세끼 요리는 계절에 따라 시각적인 면을 강조하고 양은 적게 준비한다.

④ 쇼징精進 요리 : 어패류·알류·수조육류 등의 동물성 식품과 마늘·파·부추 등의 파과 채소를 전혀 사용하지 않고 콩, 채소, 해조류 위주로 만든 사찰음식으로, 교토京都의 사원을 중심으로 발달하여 민간에 전파되었다.

⑤ 후차普茶 요리 : 기름과 갈분(녹말)을 많이 사용한 중국풍의 채식 요리이다.

⑥ 오세치お節 요리 : 설날 연휴 동안 주방에서 가급적 불을 사용하지 않도록 설전에 미리 조림음식을 만들어 찬합에 담아 놓고 먹는 설날음식을 말한다.

오세치 요리

5) 일본의 식사예절

① 식사하기 전 : 반드시 "잘 먹겠습니다"라는 인사를 하고 젓가락을 든다. 식사 전반에 걸쳐 자세를 바르게 하고 음식 먹는 소리가 나지 않도록 해야 한다.

② 그릇 사용법 : 그릇의 뚜껑은 밥, 국, 반찬 순으로 열어 상 위쪽에 가지런히 놓는다. 뚜껑에 물기가 있으면 국그릇에 따르고 뒤집어 오른쪽에 놓는다. 식사

가 끝난 후에는 뚜껑이 있는 그릇은 도로 덮어둔다.

③ 수저 사용법 : 나무젓가락을 사용하며 손에 쥐는 쪽이 아래쪽보다 굵다. 숟가락은 기본적으로는 사용하지 않으며 젓가락으로 집을 수 없는 죽이나 오므라이스, 카레, 볶음밥을 먹을 때만 사용한다.

④ 음식을 덜 때 : 전용 젓가락을 사용하며 전용 젓가락이 없을 경우에는 개인젓가락을 거꾸로 쥐어 사용한다.

⑤ 먹는 법 : 일본음식은 모양을 중시하므로 섞지 말고 먹어야 한다.

⑥ 차 마시는 법 : 찻잔을 두 손으로 들어 왼손은 찻잔 밑에 받치고 오른손으로 찻잔을 쥐고 마신 다음 뚜껑을 도로 덮어놓는다.

⑦ 식사 후 : 반드시 "잘 먹었습니다"라는 인사를 한다.

4. 서양의 식생활문화

1) 서양의 식생활문화의 특징 및 대표음식

서양 음식은 유럽과 미국 음식의 총칭이며 그중에서 프랑스 음식이 중심을 이룬다. 서구 여러 나라는 풍토·산물·민족성 등에 따라 조리 방법이 서로 다르지만, 공통 특징은 수조육류의 광범위한 이용과 우유와 유제품 및 유지를 많이 사용한다는 점이다. 그리고 음식의 풍미를 높이기 위한 각종 술 종류와 향신료가 발달한 점을 들 수 있다. 재료나 조리 방법에 어울리는 많은 소스류가 있으며, 식사 중에는 각 음식에 따라 어울리는 술을 반드시 함께 대접한다.

(1) 프랑스

① 프랑스 식생활문화의 특징 : 소스가 음식맛을 결정하며, 섬세한 미각이 매우 뛰어나 예술적 아름다움이 있다. 프랑스는 지중해와 대서양에 면하고 있어서 기후가 온화하고, 농수축산물이 모두 풍부하여 요리에 좋은 재료를 제공하고

있다. 프랑스음식의 특징은 소재를 충분히 살리고 고도의 기술을 구사하여 섬세한 맛을 내고 포도주, 향신료, 소스로 맛을 낸다.

프랑스 제일의 특산물인 포도주는 음식과 관계가 깊으며, 산지에 따라 맛·색·향기 등이 다르고 종류가 많다. 일반적으로 백포도주는 생선요리에, 적포도주는 육류요리에 어울린다. 향신료로는 파세리, 후추, 로리에, 셀러리, 너트맥, 사프란 등을 쓰는데, 이를 두서너 가지씩 합하여 사용함으로써 미묘한 맛을 창출한다.

② 프랑스의 대표음식 : 세계적으로 유명한 달팽이escargo 요리, 특수한 조건에서 사육한 거위의 간으로 조리한 프와그라foie gras, 서양송로버섯truffle 요리, 생굴요리 등이 있다.

에스까르고

프와그라(거위간) 테린

서양송로버섯
바닷가 솔밭 모래 속에 나는 버섯

(2) 미국

① 미국 식생활문화의 특징 : 여러 이민족이 모인 국가적 특성으로 각국의 음식을 받아들여 발달하였으나 조리 방법에는 특징이 없다. 그러면서도 현대 음식은 곧 미국음식이라 할 정도로 전 세계의 음식문화를 소화하여 새로운 음식문화를 만들어 내는 것이 미국음식이라 할 수 있다. 편리성을 추구하여 체인점 패스트푸드와 냉동식품, 반조리식품, 인스턴트식품이 발달하였다.

② 미국의 대표음식 : 햄버거, 핫도그, 스테이크가 대표적이다. 특히 햄버거는 독일요리인 햄버거 스테이크를 들여와 양상추, 토마토 등과 함께 둥근 빵 사이에 끼워 먹는 음식으로, 닭고기튀김인 켄터키치킨과 함께 전 세계적인 음식이 되었다.

(3) 영국

① 영국 식생활문화의 특징 : 목축업이 성하여 낙농제품의 이용이 많으며, 아침식사를 중시하여 과일주스, 시리얼, 베이컨과 달걀 혹은 소시지, 훈제청어와 토마토 등 매우 푸짐한 아침식사(잉글리시 블랙퍼스트English breakfast)를 한다. 음

요크셔푸딩
밀가루, 달걀, 우유로 만든 반죽에 로스트비프를 굽고 난 뒤 흘러내린 육즙의 기름을 부어 구워낸 푸딩

식 자체의 맛과 향을 중요시하여 향신료를 많이 쓰지 않고 자연스러움을 강조하는 조리방식이 많다. 감자가 많이 생산되어 다양한 감자음식이 있다.

② 영국의 대표음식 : 로스트비프가 유명하며 흔히 요크셔푸딩을 곁들인다. 집에서 만드는 케이크·비스킷·샌드위치 등이 발달하였고, 흰살 생선을 튀겨 감자튀김과 함께 먹는 피시앤칩스fish and chips가 유명하며 커피보다 홍차를 즐겨 마신다.

(4) 이탈리아

① 이탈리아 식생활문화의 특징 : 이탈리아인들은 식사량이 매우 많아 프랑스인에 비해 뚱뚱한 사람이 많다. 파스타 음식과 어패류 요리가 발달했으며 향신료와 올리브유를 많이 사용한다.

리조또

② 이탈리아의 대표음식 : 듀럼밀을 사용하여 만든 스파게티·마카로니·라비올리·라자니아와 같은 파스타 음식, 리조또, 피자, 송아지고기 커틀릿 등이 대표적이다.

(5) 독일

① 독일 식생활문화의 특징 : 합리적인 가정요리가 특색이며, 감자와 소시지는 독일인의 주식이다. 목축업이 발달하여 겨울 동안 저장음식으로 개발된 햄과 소시지는 아주 맛이 있다.

소시지

② 독일의 대표음식 : 학세haxe(돼지나 소의 발목 바로 윗부분을 이용한 음식)와 아이스바인eisbein(돼지 뒷다리고기를 절였다가 부드럽게 삶은 것)이 유명하며, 둘 다 사워크라우트(양배추 절임)와 맥주와 함께 먹는다. 감자는 독일의 기후에 맞는 작물로 퓨레, 으깬 감자에 버터를 넣어 구운 요리, 감자 팬케이크, 크로켓 등이 대표적이다.

2) 서양의 상차림

(1) 서양식 상차림에 필요한 기물

① 리넨Linen류

리넨은 원래 아마포를 일컫는 말이지만 테이블 세팅에서는 테이블클로스, 러너, 매트, 냅킨 등 식사에 필요한 천 종류 모두를 지칭한다.

- 테이블클로스Table cloth : 흰색의 면이나 마 소재를 주로 사용하며, 크기는 정식 테이블 세팅시에는 식탁 모서리에서 50~60cm 늘어지도록 한다. 가정에서는 식탁 모서리에서 20~30cm 늘어지는 크기가 적당하다.
- 언더 클로스Under cloth : 테이블보 아래 까는 두꺼운 면이나 융으로, 충격이 나 그릇 부딪히는 소리의 방지 기능이 있다.
- 런천 매트Luncheon mat : 일반적으로 캐주얼한 세팅에 사용하는데, 크기는 35 $\times$ 45cm^{2}의 직사각형이 일반적이다. 최근에는 플레이스매트place mat라 하여 캐주얼 스타일 이외의 스타일에도 다양하게 사용되고 있다.
- 냅킨Napkin : 테이블클로스와 같은 천으로 한다. 정찬용은 60 $\times$ 60cm^2, 일반용은 45 $\times$ 45cm^2, 티타임엔 20 $\times$ 20cm^2, 칵테일 잔을 감싸는 냅킨은 10 $\times$ 10cm^{2}이다. 점심과 서녁에는 천 냅킨을 사용하고 아침에는 종이 냅킨을 써도 무방하다. 접어서 위치접시의 가운데 놓거나 포크의 왼쪽에 놓는다.
- 러너Runner : 테이블 가운데를 길게 덮는 직사각형 모양으로 대개 폭이 30cm 정도이며 테이블 밑으로 늘어지는 길이는 테이블클로스와 같거나 약간 짧은 것이 좋다. 러너만 사용할 경우는 30cm 정도 늘어지게 하는 것이 보기 좋다.

테이블클로스

플레이스매트

냅킨

② 식기류Tableware

일반 가정에서는 대개 도자기 그릇을 사용하며, 음식에 따라 그릇의 모양이 다르다. 디너 접시(27cm), 샐러드 접시나 오드블 접시(21~23cm), 수프볼이나 시리얼볼(21cm), 케이크 접시(18~19cm), 찻잔 세트 정도가 1인용 기본 세트이다.

③ 식사용구Cutlery

서양식 상차림에서 수저류에 해당하는 스푼, 포크, 나이프를 통틀어 커트러리 또는 플랫웨어flatware라고 한다. 고급 커트러리는 순은이나 도금제품이 많은데, 이것은 실버웨어라고 한다. 나이프와 스푼은 디너접시 오른쪽에, 포크는 왼쪽에 세팅하는 것이 일반적이나, 디너나이프가 없는 경우는 포크와 스푼을 오른쪽에 함께 세팅하기도 한다. 디저트용 포크와 스푼은 디너접시 위쪽 중앙에 미리 세팅하거나 디저트와 함께 서빙하기도 한다.

④ 유리잔류Glassware

정식 상차림에는 크고 작은 글라스가 3개씩 놓이는데, 오른쪽부터 물잔·레드와인 잔·화이트와인 잔 순서로 나이프 위쪽에 놓는다.

- 고블렛Goblet : 제일 큰 컵으로 물이나 주스, 맥주용으로 사용하는데 요즘은 레드와인 잔을 고블렛으로 많이 사용한다.
- 화이트와인 잔 : 레드와인 잔보다 글라스의 폭이 약간 좁다.
- 레드와인 잔 : 중간 크기로 고블렛 겸용으로 사용한다.
- 샴페인 잔 : 좁고 길게 생긴 것과 넓고 얕은 것이 있는데, 좁고 긴 것은 샴페인

그림 8-8 글라스의 종류

과 같은 발포성 와인 등에 폭넓게 사용한다. 폭이 넓고 얕은 것은 주로 층층이 쌓아 파티용으로 많이 사용하며, 아이스크림 잔이나 펀치볼 등으로도 사용할 수 있다.

⑤ 센터피스Centerpiece

테이블 중앙에 꽃이나 과일로 식탁 위를 장식해 식욕을 돋우어주고, 촛대나 소품으로 식탁의 분위기를 연출하는 역할을 한다.

⑥ 기타

이 외에도 식탁에서 사용하는 소품으로는 양념통, 냅킨 홀더, 네임카드 스탠드, 은이나 도자기 장식품 등이 테이블 세팅을 돋보이게 한다.

(2) 상차림

한 사람이 식탁을 차지하는 면적은 70cm 폭 내외로 한다.

① 정찬 상차림

- 디너파티Dinner party 상차림 : 최고의 격식을 차린 만찬이므로 메뉴도 8코스 이상이다. 즉 전채요리, 콩소메나 수프, 빵, 생선요리, 앙트레, 샐러드, 후식, 차 등으로 구성된다. 인테리어는 물론 리넨류, 식기류, 식탁 장식품, 파티 진행 과정 등에 이르기까지 격조있는 품격이 요구되는 클래식 스타일 세팅이다.
- 서퍼파티Supper party 상차림 : 세미디너 파티의 형식으로 완전히 격식을 차린 파티가 아닌 오후 6시에 갖는 저녁식사 형식의 파티 상차림이다.
- 오찬Luncheon party 상차림 : 정식오찬으로 비즈니스 모임, 외교관부인 모임 등 흔히 열리고 있는 매우 인기 있는 사교의 장으로, 메뉴도 디너에 뒤지지 않을 만큼 잘 차려 놓고 테이블 세팅도 격식을 갖춘다.
- 웨딩파티Wedding party 상차림 : 교외나 정원에서 가든파티 형식이나 세미디너 형식의 스타일로 이루어지는 결혼축하 파티 상차림이다.

② 일상식 상차림

- 아침Breakfast 상차림 : 가족과 함께하는 소규모의 아침식사로, 과일, 시리얼, 달걀, 빵, 베이컨, 음료 등 5가지 정도로 메뉴를 구성하며, 기본적인 테이블 웨어는 제대로 갖추도록 한다.
- 브런치Brunch 상차림 : Breakfast와 lunch가 합쳐진 단어로 아침과 점심을 겸한 식사의 형식으로, 보통 오전 11시경에 한다. 부활절 아침이나 결혼식날 아침과 같은 특별한 날의 모임이나 휴일 아침 가족모임 등 늦은 아침에 여유 있게 갖는 식사 스타일이다. 메뉴는 수프, 빵, 고기요리, 생선요리, 샐러드, 후식, 차, 등으로 구성된다.
- 포트락Potluck 상차림 : 모이는 사람들이 각자 음식을 가져와서 갖는 캐주얼한 파티로 부인들의 모임이나 종교 모임에서 즐겨 갖는 캐주얼 스타일이다.

③ 티파티 상차림

대화를 즐기는 파티로 여러 종류의 차와 간단한 케이크와 쿠키, 과일 등으로 간단하게 상차림한다. 특히 애프터눈 티파티는 파티 중에서 가장 전통 깊고 격조 높은 사교모임이다.

④ 칵테일 파티 상차림

저녁 무렵 디너파티의 저녁 식사 전 2시간 정도 주류를 즐기면서 분위기를 고조시키는 파티로, 안주용의 간단한 음식으로 상차림한다.

⑤ 뷔페스타일 상차림

장소가 좁거나 식기가 모자라거나 모이는 사람들의 시간이 일정치 않을 때, 혹은 서빙하는 사람이 없을 때 적합한 파티 상차림이다. 초대 인원수가 적을 때는 Sit-down Buffet로 음식과 식기를 같은 상에 차리고 손님 각자가 접시에 음식을 덜어서 식탁에 앉아서 먹도록 하고, 인원이 많은 때는 입식 뷔페standing buffet로 메뉴를 줄이면서 음식은 먹기 간편하게 만든다.

3) 서양의 식사예절

서구화와 더불어 양식을 할 기회가 많아져, 서양의 테이블 매너를 익혀 두면 즐거운 식사를 할 수 있다.

(1) 좌석

상석에는 주빈이나 여성이 먼저 앉도록 한다. 일반적으로 입구에서 먼 쪽이나 벽을 등지는 자리 또는 전망이 좋은 곳이 상석이며, 통로 쪽이 말석이다. 앉을 때 테이블과 몸의 간격은 주먹 2개가 들어갈 정도가 적당하다.

(2) 냅킨 사용법

테이블 전체를 보고 전원이 안정된 상태에 들었으면 냅킨을 펴지 않은 상태로 무릎 위로 가져와 조용하게 편다. 냅킨은 입을 가볍게 닦거나 핑거볼을 사용한 후 물기를 닦을 때에도 이용한다. 립스틱을 냅킨으로 닦는 것은 에티켓에 어긋난다. 식사가 끝난 후에는 서너 번 정도 접어 테이블 위에 얌전히 놓는다.

(3) 나이프와 포크 사용법

육류나 채소는 왼손으로 포크를 잡고, 오른손으로 나이프를 써서 적당한 크기로 자르고 포크로 찍어서 먹는다. 나이프는 칼끝 2~3cm 부분만이 자를 수 있는 부분이므로 음식을 썰 때는 칼끝을 사용한다. 이때 왼손에 쥐었던 포크를 오른손으로 옮겨서 먹어도 무방하다. 한꺼번에 다 잘라 놓고 먹는 것이 아니고 잘라 가면서 먹는다.

식사 도중에는 포크와 나이프를 접시 양 끝에 걸쳐놓거나 서로 교차해 놓고, 포크만을 사용한 경우에는 접시 위에 엎어 놓는다. 식사가 끝났을 때는 접시 중앙의 윗부분에 나란히 놓되, 나이프는 반드시 칼날이 자기 쪽을 향하도록 놓는다.

(4) 음식 먹는 방법

디너 순서

- 건배를 한다.
- 찬 버터와 따뜻한 빵을 낸다(잼은 내지 않는다).
- 애피타이저를 낸다.
- 수프를 낸다.
- 메인요리를 낸다.
- 샐러드를 낸다.
- 물컵만 남기고 모두 치운 다음 티타임을 갖는다(티타임용 포크와 스푼은 이때 함께 내도 됨).

① 애피타이저Appitizer(오르되브르Hors D'oeuvre)

- 웨이터가 식전 음료인 세리를 따를 때 글라스는 손으로 잡지 않는다.
- 나이프와 포크는 바깥쪽 것부터 사용한다.
- 다 먹은 후에 나이프와 포크는 접시의 중앙에 비스듬히 놓아둔다.

② 수프

- 처음에는 뜨거우므로 스푼으로 저은 다음 떠먹는다.
- 양쪽 손잡이가 있는 그릇일 경우는 수프가 알맞게 식으면 두 손으로 들고 마신다.
- 납작한 접시의 수프는 앞에서 바깥쪽을 향하여 떠먹다가 조금 남으면 왼손으로 접시를 자기 앞쪽 끝을 살짝 들어 올려 기울여 떠먹는데 이것은 프랑스식이고, 영국식은 반대쪽으로 기울여서 떠먹는다.

③ 빵

- 버터나이프로 버터를 집어 빵접시(본인의 왼쪽) 위에 갖다 놓는다.
- 빵은 한입 크기로 손으로 떼어서 버터를 발라 먹는다. 빵을 입으로 베어 먹어서는 안 된다.
- 빵은 수프가 나온 후에 먹기 시작하고, 디저트가 나오기 전에 마쳐야 한다.

④ 생선요리

- 생선요리가 나오면 레몬조각을 포크로 눌러서 레몬즙을 짜낸다.
- 포크로 생선을 누르고 머리 쪽으로 시작하여 나이프로 지느러미의 가시를 발라낸다.
- 생선의 가운데 부분을 따라 나이프로 가른 다음 위쪽의 살을 위쪽으로부터 잘게 잘라 먹는다.
- 중심부의 가시를 나이프와 포크로 잘 떼어둔 다음 밑 부분을 먹는다.

⑤ 고기요리

- 요리가 나오면 먼저 후추나 소금 등으로 간을 한 후 왼쪽에서부터 한 점씩 썰어가며 먹는다.
- 뼈가 있는 고기요리의 경우, 뼈의 근처를 포크로 눌러 뼈를 따라 나이프를 잘 움직여 살을 발라낸다. 남은 뼈는 접시의 왼쪽에 모아 둔다.
- 함께 나오는 적포도주는 글라스의 밑 부분을 감싸듯이 쥐고 마신다.

⑥ 샐러드

- 드레싱 소스를 샐러드 위에 끼얹는다.
- 포크로 고기요리와 번갈아 먹는다. 포크를 오른손에 바꾸어 들어도 되지만, 접시를 들어서는 안 된다.
- 크기가 크거나 긴 것은 자르지 말고 나이프를 이용하여 잘 접어서 먹는다.

⑦ 과일

- 껍질을 벗기지 않은 과일은 포크로 한쪽을 고정시켜 나이프로 껍질을 벗긴다.
- 과육은 먹기 좋은 크기로 잘라서 한 조각씩 먹는다.
- 핑거볼에 손가락을 씻는다.
- 냅킨 가장자리로 손끝을 닦는다.

⑧ 커피

- 기호대로 설탕과 크림 등을 넣는다.
- 컵의 손잡이는 앞쪽으로 해서 오른쪽으로 돌려놓고 마신다.

5. 테이블 코디네이션

1) 테이블 코디네이션의 정의

테이블 코디네이션은 식탁에서 단순히 음식을 먹는 것에서 더 나아가 식탁의 미를 추구하는 공간예술이다. 식탁 위에 올려놓는 식기, 음식, 수저, 테이블보, 장식물 등 모든 물건의 색, 소재, 모양 등의 조화를 고려하여, 음식을 보다 맛있게 보이도록 하기 위하여 식공간을 기획, 조절 및 연출하는 것을 말한다.

2) 테이블 코디네이션의 기본

테이블 코디네이션의 기본은 식탁에서 식사를 즐기는 사람을 의식하여, 식탁 위의 것뿐만 아니라, 방의 인테리어, 음악, 창밖의 풍경, 빛, 바람의 흐름, 조명, 기온 등 신체에 느껴지는 모든 것을 고려해야 한다.

(1) T.P.O.에 따른 테이블 코디네이션

① Time(시간) : 식사시간이 언제인가에 따라, 즉 아침, 점심, 저녁인가에 따라 음식이 다르고, 식사에 소요되는 시간도 다르다는 것을 감안해야 한다.

② Place(장소) : 식사하는 장소에 따라 준비를 다르게 해야 한다. 실내인지 실외인지, 실내라도 안방, 거실, 다이닝룸, 다이닝 키친, 침대 위 등에 따라 다르며, 야외인 경우라도 정원인지, 야산인지 등에 따라 테이블 형태나 크기 및 높이 등이 달라진다. 또한 식사 인원에 비해 공간이 협소할 경우에는 입식이 가능한 뷔페식의 테이블 코디네이션이 필요하며, 공간이 넓을 경우는 앉아서 먹으면서 담소가 가능한 테이블을 준비한다.

③ Object(목적) : 식사의 목적이 일상인지, 특별한 행사나 초대인지에 따라 다르다. 예를 들어, 생일이나 결혼기념일과 같이 축하의 분위기일 경우에는 기분을 고조시킬 수 있는 분위기와 색상으로 연출해야 하고, 국가 간의 공식의례 행사의 경우, 국제의례준칙world friendship에 맞추면서 다른 나라의 문화나 주변사람에 대한 배려를 고려한다. 또 식사하는 사람의 연령, 친분관계, 기호도, 공식적인 대외행사인지 개인적 친분 모임인지, 혹은 예의를 갖춰야 하는 손님인지를 고려해야 한다.

색과 계절감

- 봄 : 핑크, 레몬색, 라임그린, 파스텔 컬러로 조합하고 계절의 꽃을 테이블 플라워로 준비한다.
- 여름 : 코발트, 블루계, 그레이계 등의 차가운 계통의 색으로 시원함을 연출하거나, 원색을 사용한 대담한 분위기의 연출도 좋다.
- 가을 : 로즈계, 와인 컬러, 갈색, 겨자색계, 자연의 낙엽색을 중심으로 준비하고, 브라운 색은 부분적으로 사용하는 것이 안전하다.
- 겨울 : 자주, 빨강 등의 따뜻한 색으로 따뜻함을 연출하는 것이 포인트이다.

(2) 오감의 조화

식탁에서 가장 중요한 것은 음식의 맛인 미각이지만 테이블의 전체적 코디네이션이 오감, 즉 미각, 시각, 후각, 촉각, 청각을 자극하여 음식의 맛과 조화를 이루어야 한다.

(3) 기본이 되는 테이블 코디네이션 스타일

① 클래식 스타일 : 영국식의 전통적인 스타일로 정식 디너 상차림이다. 클래식 스타일은 엘레강스 스타일과 서로 양분하기 어려운 면이 있다. 사용하는 식기는 도자기 또는 본차이나, 은 또는 금이나 도금된 것을 주로 사용하며, 커트러리도 좋은 품질의 은이나 금, 도금 등을 사용한다. 오랜 역사를 지닌 명품을 사용한다면 더욱 좋다.

클래식 스타일

② 엘레강스 스타일 : 클래식 스타일에 비해 더 우아하면서도 품위가 있어 정식상차림에 어울린다. 식기는 흰색, 엷은 파스텔 색상의 도자기나 본차이나, 잔잔한 꽃무늬와 요란하지 않게 조각된 것을 주로 사용한다. 냅킨은 화려하지 않으면서 우아한 이미지의 흰색과 엷은 핑크색 등을 사용한다. 테이블클로스는 고급스러운 레이스와 수가 돋보이는 것으로 준비한다.

엘레강스 스타일

③ 캐주얼 스타일 : 식사의 처음부터 끝까지 한 개의 나이프와 포크를 사용해도 실례가 되지 않는, 정해진 양식이 없는 스타일이고, 정통의 클래식 스타일이나 엘레강스 스타일에서는 터부시되는 스타일이다. 커트러리는 손잡이가 플

캐주얼 스타일
(어린이 파티용)

모던 스타일

한식 상차림
(퓨전 스타일)

라스틱, 메탈, 나무 등 다양한 소재의 사용으로 경쾌한 느낌이 들도록 한다.

④ 모던 스타일 : 현재 가장 새롭게 느껴지는 도회적이고 세련된 감각의 스타일이 모던스타일이다. 식기 및 테이블웨어 등의 소재, 모양, 색상, 디자인, 장식 등이 기존의 스타일과는 다르며 끊임없이 변화되는 스타일이다.

⑤ 퓨전 스타일 : 최근에는 종래의 클래식 스타일이나 엘레강스 스타일보다는 여러 스타일이 크로스오버cross-over된 퓨전 스타일이 트렌드가 되고 있다. 특히 한식상차림을 현대적 감각으로 코디네이션한 퓨전 스타일이 많이 시도되고 있다.

3) 테이블 코디네이션의 실제

테이블 코디네이션의 스타일별로 테이블과 리넨류, 식기, 글라스, 커트러리, 식탁소품 등은 어떠한 특성이 있는 것들로 사용하면 좋은지를 표 8-4에 요약해 두었다.

표 8-4 스타일별 테이블 코디네이션

스타일	테이블/리넨류	식기	글라스/커트러리	식탁소품
클래식	• 장미목, 마호가니 재질의 테이블 • 장식성이 풍부하거나 은은한 무늬의 테이블클로스(경우에 따라서는 생략가능) • 고전적인 문양의 패턴이나 손으로 수를 놓은 리넨류도 가능 • 전통적인 다마스크 직물 • 벨벳이나 실크로 트리밍한 고급스러운 러너	• 유백색의 디너웨어 • 명품의 본차이나 세트 • 금색 라인의 식기류 • 깊이감 있는 색의 테두리가 있는 것 • 접시 중앙 부분에 무늬가 없는 것이 적합	• 크리스털류의 글라스 • 은이나 은도금 제품 • 손잡이 부분이 고급스러운 느낌인 명품 • 길이가 긴 유럽식의 정찬용 커트러리가 적당	• 은제품 피겨 • 촛대 등을 악센트로 활용 • 일반적으로 냅킨 링은 사용하지 않음
엘레강스	• 등나무나 호두나무 등의 온화한 나뭇결을 살린 테이블 • 흰색을 기본으로 파스텔 톤을 기조색으로 함 • 마, 투명감이 있는 소재나 레이스, 자수 등 우아하고 고급스러운 제품 • 섬세하고 아름다운 볼륨감이 돋보이는 리넨류	• 흰색, 금색, 은색의 자기나 본차이나를 중심으로 파스텔톤의 컬러를 곁들임 • 디너웨어는 세트제품 사용 • 곡선 장식이 있는 식기	• 장식이 유려한 크리스털류의 글라스 • 품위 있는 조각이 있는 제품 • 품위 있는 디자인의 제품	• 은은한 색의 꽃으로 곡선을 살림 • 고급스러운 도자기 인형이나 진주를 이용한 소품 • 은제품의 소금, 후추통
내추럴	• 자연적 질감이 그대로 살아있는 밝은 톤의 테이블클로스 • 자연미가 있는 면, 마, 실크 소재의 리넨류 • 베이지계, 아이보리계, 그린계 등 평온한 톤을 바탕으로 한 통합감 있는 배색의 리넨류	• 도자기, 나무, 대나무 등 자연적 질감이 그대로 살아있는 밝은 톤의 식기 • 무늬가 없거나 풀, 나무 등 자연을 모티브로 한 식기	• 밝고 친근하고 소박한 형태의 글라스 • 나무, 대나무, 등나무 등 소박한 질감의 제품	• 돌과 나무 등을 이용한 다양한 디자인의 촛대 • 돌과 나무, 허브와 같은 식물을 이용한 센터피스
모던	• 흰색의 단순한 형태의 테이블 • 원색의 테이블도 활용 가능 • 무지, 기하학적 무늬 혹은 과감한 스트라이프 무늬의 패브릭 • 모노톤의 흑백이 섞인 면 • 폴리에스테르 등 다양한 종류의 소재도 가능함	• 추상적인 무늬나 기하학적 패턴의 식기 • 스테인리스 스틸 식기 • 두께가 얇고 날카로운 느낌의 식기 • 사각형의 식기를 적절하게 활용	• 스템 부분에 색이 있거나 단순한 선을 강조한 글라스 • 직선을 강조한 제품 • 스테인리스 스틸 소재 등 손잡이의 색상이나 소재가 특이한 제품 • 독특한 디자인의 제품	• 플라스틱이나 아크릴 소품 등 차가운 느낌의 금속 소품 • 부피감이 있는 센터피스는 금물
젠	• 심플한 디자인의 사각 테이블 • 흑과 백 또는 나무색 정도만을 사용한 리넨 • 부드럽고 따스한 느낌을 연출하기위해 모노톤 외에도 밤색, 카키색, 겨자색, 보라색의 리넨류도 사용 가능	• 사각의 도자기를 개인 접시로 활용 • 자연에서 영감을 얻은 색과 형태의 식기 • 은은한 느낌의 식기	• 단순한 라인의 글라스 • 나무젓가락 사용	• 흙과 나무, 돌 등을 센터피스로 활용 • 대나무, 자갈, 갈대, 나뭇잎과 같은 자연소재 사용

(계속)

스타일	테이블/리넨류	식기	글라스/커트러리	식탁소품
캐주얼	• 비비드 컬러의 테이블클로스 또는 다양한 소재의 플래이스 매트 활용 • 체크, 스트라이프, 프린트 무늬 등 다양한 패턴의 리넨류 • 다양한 소재의 냅킨 사용 가능(면, 폴리에스테르, 종이등) • 다색상의 대비로 코디네이트함	• 스톤웨어, 두께가 없는 자기나 도기, 플라스틱, 아크릴, 한국전통 옹기 등의 식기 • 일회용 식기도 무방함 • 원색의 화려한 식기 • 귀여운 무늬나 화려한 장식이 없는 투박한 식기 • 다양한 색조의 식기를 함께 조화시키기도 함	• 스템이 두껍고 장식성이 없거나 유색의 글라스 • 두꺼운 강화 컵이나 모양이 있는 컵 • 스테인리스 제품이나 일회용 플라스틱 제품 • 나무 핸들, 고무 핸들 등 다양한 소재 • 유럽식보다 약간 짧은 미국식 스타일이 적당	• 색이 선명한 꽃의 센터피스 • 화기로는 식기를 사용하여 자연스러운 분위기를 연출하거나 유리 화기를 사용 • 다양한 소재의 냅킨링을 활용 • 조약돌이나 과일을 이용하여 경쾌한 분위기 연출
에스닉	• 서로 다른 톤의 컬러 매치로 화려함이 돋보이는 직물의 리넨류 • 천연 소재인 면, 마, 아프리카풍의 화려한 무늬의 리넨류 • 디테일 처리에 있어 비전문적인 장식기법을 적용하는 것도 아이디어	• 목재, 도기 등 자연 친화적 패턴이나 화려한 색상의 식기 • 천연목이나 칠기 또는 원시 분위기가 나는 식기 • 바나나 잎을 보조접시로 활용 가능 • 무늬가 있는 금속이나 나무 그릇이 일반적 • 거친 질감의 식기	• 강렬한 색상의 글라스 • 조개류, 나무, 동물의 뼈, 대나무 등을 모티브로 한 젓가락이나 스푼	• 지역의 민예품, 동물의 뿔, 대자연 상징물 등 풍토미가 있는 장식물 • 커다란 잎사귀, 나무나 왕골 소품 • 센터피스로 열대과일이나 음료를 담은 바구니, 토분에 담긴 꽃을 활용
한국전통	• 전통미가 있는 옻칠한 테이블 • 테이블클로스나 러너는 생략 가능 • 한국 전통문양의 리넨류 • 한국의 오방색을 사용한 리넨류	• 백자, 청자, 분청사기 등의 분위기가 나는 식기류 • 유기그릇 • 은은한 무늬의 식기류 • 투박한 질감의 질그릇	• 은제품이나 스테인리스 스틸 제품의 수저	• 한국 전통미가 풍기는 공예품 • 전통미가 있는 화기에 꽂은 꽃

자료 : 건축과디자인 교수진, 2007

요점정리

- **한국의 식생활문화** : 상차림은 밥을 주식으로 하는 반상이 기본차림이며 죽상, 면상, 교자상, 다과상, 주안상 등 다양한 상차림이 있다. 반상은 밥, 국, 김치, 장류, 찌개, 찜, 전골을 제외한 반찬의 가짓수에 따라 3, 5, 7, 9, 12첩이 있다. 반상차림은 조리법과 식품 재료가 중복되지 않도록 구성되어 영양의 균형을 이루고, 다양한 음식의 맛과 색의 조화, 찬 음식과 더운 음식의 온도 조화 등 과학적이다.
- **중국의 식생활문화** : 상차림은 보통 전채요리인 첸차이, 중심요리인 다차이, 뎬싱, 탕의 순서이며, 다차이는 접시의 개수를 짝수로 하되 재료가 겹치지 않게 계절식품으로 한다. 맛은 담백한 것부터 농후한 순으로 대접한다. 중국음식은 큰 접시에 담아 순서대로 한 가지씩 식탁에 내놓는다. 식탁은 대체로 원형이며 회전반이 있어서 그 위에 양념병을 놓는다.
- **일본의 식생활문화** : 상차림은 혼젠요리, 쇼징요리, 카이세끼요리 등에 따라 다르다. 연회요리인 카이세끼(會席) 요리는 코스요리로 보통 7품으로 이루어진다. 밥과 츠께모노(침채류)는 품수에 들어가지 않는다. 일상식 상차림은 1즙3채가 기본식단이다. 즉 시루모노(국) 1가지, 나마모노(날음식), 야끼모노(구이), 니모노(조림) 등으로 구성된다.
- **서양의 식생활문화** : 일상식, 정찬, 티파티, 뷔페상차림 등 다양하나 일상식 차림에서 세 끼 식사의 메뉴는 각각 다르다. 정찬은 정식으로 손님을 초대할 때의 성찬으로 점심식사 때 차리는 것을 오찬, 저녁식사 때 차리는 것을 만찬이라 한다. 식사구성은 애피타이저, 수프, 생선, 육류요리, 가금류, 샐러드, 후식, 음료의 순으로 한다. 서양 테이블 세팅은 상차림에 따라 다르며, 특히 포크와 나이프, 유리잔의 위치 등이 정해져 있으므로 테이블 매너를 익혀 두면 즐거운 식사를 할 수 있다.
- **테이블 코디네이션** : 음식을 보다 맛있게 보이도록 하기 위하여 식공간을 기획, 조정 및 연출하는 것이 테이블 코디네이션이며, 기본적으로 장소, 시간, 목적뿐 아니라 오감을 고려해야 한다.

참고문헌

강대훈, 최성웅, 윤인자, 김윤민. 한국음식과 세계음식문화. 진영사, 2008

구난숙, 권순자, 이경애, 이선영. 세계 속의 음식문화, 4판. 교문사, 2017

구난숙, 권순자, 이경애, 이선영, 문세훈. 이해하기 쉬운 세계 속의 음식문화. 파워북, 2022

건축과 디자인 교수진. 건축과 디자인. 배재대출판부, 2007

권순자, 이정원, 구난숙, 신말식, 서정숙, 우미경, 송미영. 웰빙식생활. 교문사, 2006

김경임, 김경미, 정경. 푸드코디네이션개론. 파워북, 2007

김광호, 정지영, 정은자, 신동주, 박규동, 정은실. 식생활과 문화. 광문각, 2000

김기숙, 김미정, 안숙자, 이숙영, 한경선. 식품과 음식문화. 교문사, 2000

김미정, 김금란. 식생활관리. 광문각, 2002

김숙희, 강병남. 세계의 식생활과 음식문화. 대왕사, 2007

김현오, 이영순, 황금희, 윤옥현, 박춘란, 이경희, 남혜영. 식생활관리. 광문각, 2006

나정기. 외식산업의 이해. 백산출판사, 2006

노컷뉴스(2010.12.20). 금값배추, 590원 삼겹살… 올해 '유통 키워드', www.nocutnews.co.kr.

노희경, 박양원, 박영희, 오영준. 식생활 관리. 대경북스, 2007

농림축산식품부. 2018~2022 농업·농촌 및 식품산업 발전계획, 2018

농림축산식품부. 농림축산식품 주요통계, 2010

농림축산식품부. 농림축산식품 주요통계, 2021

농림축산식품부 식량원예정책국 식량정책과, 2021

농림축산식품부, 한국농수산식품유통공사. 2021 가공식품 세분시장 현황 즉석조리식품

농촌경제연구원. 해외곡물시장정보, 2022

단체급식 식재료의 효율적인 검수-I. 축산물편. 국민영양 31(6) : 34-38, 2008

단체급식 식재료의 효율적인 검수-II. 수산물편. 국민영양 33(8): 18-21, 2010

단체급식 식재료의 효율적인 검수 -I. 농산물편. 국민영양 33(7): 15-17, 2010

대한영양사협회. 급식관리지침서, 2007

동아시아식생활학회 연구회. 식의 문화. 광문각, 2004

류경. 조리종사자 위생교육. 국민영양, 2001

류은순, 곽동경. 급식경영 리더양성. FKI미디어아카데미, 2001

문화관광부 한국문화관광정책연구원 조사결과, 2007

박춘란, 김영희, 이선희, 김애정, 백재은. 단체급식. 광문각, 2007

박춘란, 김윤선. 식생활관리. 대가, 2006

배현주, 백제은, 주나미, 윤지영. 급식관리자를 위한 HACCP 이론 및 실무. 교문사, 2006

보건복지부 · 한국보건산업진흥원. 2005 국민건강영양조사 보고서, 2006

보건복지부 · 한국영양학회. 2020 한국인 영양소 섭취기준, 2020

보건복지부 · 한국영양학회. 2020 한국인 영양소 섭취기준 활용, 2021

서정숙, 이혜상, 이심열, 김경민, 김복희. 식생활관리. 신광출판사, 2007

성인을 위한 식생활목표와 식생활지침. 한국영양학회지 41(8) : 887~899

식품등의 표시기준, 식품의약품안전청 고시 제2010-97호(2010.12.30. 개정)

식생활교육지원법, 2009

식품의약품안전청. 식중독예방자료, 2008

식품저널. 식품유통연감, 2008

신말식, 서정숙, 권순자, 우미경, 이경애, 송미영. 100세 시대를 위한 건강한 식생활. 교문사, 2018

신승미 외. 우리 고유의 상차림. 교문사, 2005

양일선, 이보숙, 차진아, 한경수. 단체급식. 교문사, 2021

양일선, 차진아, 신서영, 박문경. 급식경영학. 교문사, 2022

유영상 외. 과학적인 식생활관리. 광문각, 2005

이미숙, 김정희, 손숙미, 이윤나. 영양판정. 교문사, 2021

이미숙 외. 리빙토픽 영양과 식생활. 교문사, 2007

이양수, 김수인. 손맛으로 이어지는 전통음식. 효일, 2007

이정희. 맛있는 우리 음식. 효일, 2006

장명숙, 윤숙자. 한국음식. 효일, 2003

장명숙, 이승현, 문성원. 식생활관리. 신광출판사, 2006

전정원. 아름다운 한식 상차림. 한국외식정보, 2003

전희정, 주나미, 백재은, 배현주, 정현아. 단체급식관리. 파워북, 2018

조미자, 김현오, 이미경, 이순옥, 임희수, 신승미. 고급한국음식. 교문사, 2008

존 로빈스 저, 안의정 역. 음식혁명. 시공사, 2002

주난영 외. 식품위생과 HACCP실무. 파워북, 2021

질병관리청. 2020 국민건강통계: 국민건강영양조사 제8기 2차년도, 2020

통계청. 가구원수별 월평균 가계수지, 2014

통계청. 도시가계연보, 2008

통계청. 연간 지출 가계동향조사 결과 통계표. 2021

최혜미, 박영숙, 이주희. 21세기 식생활관리. 교문사, 2022

한국농수산식품유통공사. 2019 식품산업통계정보 POS데이터

한국농촌경제연구소. 2021 식품소비행태조사 기초분석보고서

한국농촌경제연구소. 2021 식품소비행태조사 통계보고서

한국보건산업진흥원. 국민 만성질환 예방·관리를 위한 식생활 지침의 개발, 2003

한국보건산업진흥원. 국민의 연령층별 식생활지침의 개발 및 보급, 2002

현기순, 홍성야, 임양순, 이애랑. 식생활관리. 교문사, 2004

환경부, 음식물쓰레기 감량·자원화추진계획서, 2002

황재선. 푸드 코디네이션. 교문사, 2003

황지희, 유택용, 나영아. 푸드코디네이터학. 효일, 2002

Wardlaw G. M. Perspective in Nutrition. 4th ed. McGraw-Hill, 1999

岡崎光子 편저, 식생활론, 光生館, 2001

米川五郎. 食生活論. 第3版. 有斐閣, 2002

福田靖子 외. 食育入門, 建帛社, 2005

福田靖子, 小川宣子. 食生活論. 朝倉書店, 2007

山本茂·奥田豊子 편저, 식생활론, 講談社サイエンティフィク, 2000

石倉俊治. 食品のおいしさの科學. 南山堂, 2003

細谷憲政 외, 식생활론, 第一出版, 1989

足立己幸 편저, 식생활론, 医歯薬出版株式會社, 1988

국립농산물품질관리원(http://www.naqs.go.kr)

농림축산식품부 농축임산물 가격정보(www.mafra.go.kr)

대한영양사협회(www.dietitian.or.kr)

더바이어(The Buyer) http://www.withbuyer.com

미국농무부(www. choosemyplate.gov)

미국영양사협회(www.eatright.org)

보건복지부(www. mohw.go.kr)

브리태니커 백과사전

식품의약품안전처(www.mfds.go.kr) 〉법령·자료〉법령정보

영양사도우미(www.kdclub.com)

일본영영사협회(www.dietitian.or.jp)

중국영양학회(http://www.cnsoc.org)

축산물등급판정소(http://www.apgs.co.kr/index.asp[2009.01.30]

한국가스안전공사(www. kgs.or.kr)

한국소방안전협회(www. kfsa.or.kr).

한국전기안전공사(www. kesco.co.kr)

해양수산부(www.mof.go.kr)

환경부 생활폐기물과(lifewaste.ne.go.kr)

[기후 사기 #14] 언론의 기후 사기 0순위, 폭염 [박석순교수의 진짜 환경이야기] https://www.youtube.com/watch?v=h23kzCHcldo

[기후 사기 #15] 언론의 기후 사기 1~2순위, 산불과 가뭄 [박석순교수의 진짜 환경이야기] https://www.youtube.com/watch?v=pAm0S_dvEns

[기후 사기 #16] 유럽 홍수에 등장한 언론의 기후 사기 [박석순교수의 진짜 환경이야기] https://www.youtube.com/watch?v=RYBW2mCX_74

지구 온난화 중단됐다 기후 사기에 속지 마라 [박석순의 진짜 환경이야기 하이라이트] https://www.youtube.com/watch?v=oMvjeETIQEg

빌게이츠가 방귀를 증오하는 이유 https://www.youtube.com/watch?v=RBGljq0JUUE

[초청 강의 시리즈 #2] 환경과 빈부의 두 세계 I [박석순교수의 진짜 환경이야기] https://www.youtube.com/watch?v=-Pp407HHMTM

[초청 강의 시리즈 #3] 환경과 빈부의 두 세계 II [박석순교수의 진짜 환경이야기] https://www.youtube.com/watch?v=LAIMlxhoNoo

[기후사기 #27] 기적의 생명 물질 이산화탄소는 마녀 사냥 희생양 https://www.youtube.com/watch?v=aBS3vWvHWik

[GMO 유전자변형식품] OUT! 모든 사람들을 병들게 하라. 일루미나티- 인구줄이기 전략 https://www.youtube.com/watch?v=OPD3topPGCI&t=29s

[GMO2 유전자변형식품] OUT! 모든 사람들의 DNA를 바꿔라. 일루미나티 전략 https://www.youtube.com/watch?v=Mj0Ty4DJZTc

[GMO3 유전자변형식품] 예방법 모든 사람을 GMO의 악몽에서 건져내라 https://www.youtube.com/watch?v=HHdqMMnhmAo

옥수수를 이용한 GMO 실험으로 충격적인 진실의 발견!! https://www.youtube.com/watch?v=qCd7O8NkSgc

'곡물 메이저'(Grain Major)를 아십니까? https://youtu.be/Bharcm7N2ps

여러분! 이제 '식탁'을 수리해야 할 시간입니다! https://youtu.be/htQOPhL_agg

그레이트 리셋: 음식의 미래를 아십니까?//食べ物の未来を知っていますか° https://youtu.be/j0jrgwYxBC0

여러분! 바이오 농산물의 실체를 아십니까? 유전자 조작 농산물 https://youtu.be/7_CL5jXQ3Ag

[기묘한 이야기] 치솟는 국제 곡물 가격...' 식량 곳간' 바닥난다(?) https://youtu.be/1c1Yi4Q8P5E

[X-파일] 여러분의 '밥상'을 만드는 사람들을 아십니까?//知られざるおもしろい話 https://youtu.be/f_gZmwYiB34

빌게이츠 식량난 뒤에 웃고 있는 그의 치밀한 계 획!!!! [2022. 5. 5. (32:38)]https://www.youtube.com/watch?v=aiMCzpSDXq0

[#567] 식량위기, '지속가능한 농업'에 숨겨진 끔찍한 미래 딥스, "입이 너무 많다! 대부분 없어져야.." https://www.youtube.com/watch?v=apeLHzpNoLc

[지오스톰 제2부] 가끔 마주치는 '잿빛 하늘'의 실체를 아십니까? https://www.youtube.com/watch?v=IKNksUOuMaA

[X-파일] 인공지진-기상변화 무기체계: 미국 공군의 최종병기 https://www.youtube.com/watch?v=p6s2C5gI-R4&t=604s

[미스터리] 인공적 '기상' 및 '기후' 변화 병기(兵器)를 아십니까? https://youtu.be/78IdudyR91g

[하프] 기후조작 프로그램 하프(HAARP) https://www.youtube.com/watch?v=dGDN_HxUGPU

다큐멘터리/켐트레일 : 비밀전쟁/인터뷰포함 Chemtrails : the secret war/with interviews https://youtu.be/tkO7ssxwltQ [2016. 8. 26. (1:00:56)]

다큐멘터리/켐트레일 : 비밀전쟁 Chemtrails: the secret war(인터뷰만 제거한 고화질 버 전) https://youtu.be/E_2mdS1Vtww [2016. 8. 26. (37:09)]

기후전쟁 켐트레일 - 그름을 그립시다. https://youtu.be/Q4v0Of81-IY [2019. 7. 12. (21:37)]

[특별기획] 하늘에서 시도 때도 없이 뿌려대는 흰가루의 정체는? http://www.fntoday.co.kr/news/articleView.html?idxno=271109 [2022. 3. 17.]

[#519] 딥스들의 충격 시나리오 2- 한반도상공에 필사적으로 뿌려지는 흰가루 '켐트 레 일' https://www.youtube.com/watch?v=tJN0a_xrFxU [2022. 5. 12. (5:10)]

[#626] 켐트레일, 드디어 수면위로!? 켐트레일 살포를 조용히 인정한 국가!! https://www.youtube.com/watch?v=xfs7tQvlSw4 [2022. 8. 8. (4:23)]

World Economic Forum brags that China is controlling weather with "cloud seeding" chemtrail operations(세계경제포럼, 중국이 '구름씨 뿌리기' 켐트레일 운영으로 날씨를 조절하고 있다고 자랑) https://www.naturalnews.com/2022-08-11-wef-china-controlling-weather-cloud-seeding-chemtrails.html [2022. 8. 11.]

돈으로 세계를 조종하는 독일계 혈통 로스차일드家4 - 켐트레일 https://blog.naver.com/PostView.naver?blogId=liebela&logNo=222851845228 [2022. 8. 18.]

찾아보기

ㄱ

가사노동시간 87
가스관리 262
가스누출 점검 264
가스자동차단기 264
가식부율 150, 228
가정간편식 54
가정대용식 218
가정 자동화 51
간편 지향 54
감전사고 267
개인 맞춤식 50
개인 위생 257
개인의 식사평가 206
건강식품 39
건강한 식생활 97
건물의 팽창률 150
검수 231
결식률 74
계량기구 148
계절식품 150
고기·생선·달걀·콩류 160
고블렛 302
곡류 158
곡물의 자급률 41
공급업체 231
과일류 164
광동 요리 289
교육행정정보시스템 200
교자상차림 285
구매요구서 231
권장섭취량 72, 102
권장식단 167
권장식사패턴 155
균형성 97
그린 택소노미 32
기능성 식품f 39
기업형 슈퍼마켓 215
기준영양소 값 124
기호도 73
기호도 조사표 209
김치냉장고 243

ㄴ

나노가든 51
나의 영양식단관리 200
낙상사고 267
냅킨 301
냉동실 242
냉장실 241
노인을 위한 식단작성 191
농산물이력추적관리 표시 226
능률 89

ㄷ

다과상차림 286
다양성 98
단백질 108
단위가격 표시 225
대체식품 154
대표식품 125, 158
대표영양가 124
대형마트 215
도매시장 218
독일 식생활문화 300
동네장터 218
디너 순서 306

ㄹ

러너 301
런천 매트 301
로컬푸드 37, 53, 58
로컬푸드 직매장 217
로하스 38, 53

리보플라빈 120

ㅁ

마이플레이트 모형 126
만성질환위험감소섭취량 104
만성질환 유병률 40
맛 76
메뉴젠 200
면상차림 284
모던 스타일 310
목측량 147
무기질 109
무농약농산물 226
무항생제축산물 226
미국 식생활문화 299
미국인을 위한 식생활지침 138
미래형 주방 50, 52
미식 지향 39

ㅂ

바람직한 식생활 55
바이오테크놀로지 49
반상차림 282
발주량 231
발주서 231
변환 16
북경 요리 289
뷔페스타일 상차림 304
비타민 A 115
비타민 B_1 118
비타민 B_2 120
비타민 C 122
비타민 D 117
비타민 E 118
비타민 K 118

ㅅ

사이버밀 49
사천 요리 289
산출물 17
상점상표 215
상한섭취량 72, 103
상해 요리 288
색 75
생물반응기 49
선입선출 방식 241
성인을 위한 식단작성 191
성인을 위한 식생활 실천지침 133
센터피스 303
소독액 제조법 257
소화기 268
손씻기 258
수용성 비타민 118
슈퍼마켓 215
슬로푸드 38, 53
시스템 모형 16
시식 280
식단 143
식단작성 155
식단작성법 181
식단평가 205
식료품비 35
식비 77
식사구성안 123, 155
식사밸런스가이드 127
식사예절 286
식생활 13
식생활 관련 정책 44
식생활관리 15
식생활관리자 22
식생활 교육 61, 91
식생활비 77
식습관 73, 145
식중독 81, 251
식중독 위험도 84, 85
식중독지수 83
식품건조기 244
식품계획 79
식품구매 절차 227
식품구성자전거 97
식품군 섭취 패턴 98
식품군 섭취 패턴 평가표 99
식품기부 274
식품나눔문화 274
식품비 예산 146
식품 선택 80
식품 섭취 다양성 평가표 100
식품 섭취 실태 67
식품안전관리인증기준 85
식품안전나라 200
식품 알레르기 145
식품 오염 82
식품 위해요소 251
식품이력추적관리 표시 226
식품표시 219
실온 보관 241

ㅇ

아동을 위한 식단작성 189
아스코르브산 122
아연 113
안전관리 262
안전사고 265
어르신을 위한 식생활 실천지침 136

어린이급식관리지원센터 196
어린이를 위한 식생활 실천지침 131
언더 클로스 301
에너지 106
에너지적정비율 108
에코쿠킹 58
에코플레이션 48
엘레강스 스타일 309
엥겔지수 78
영국 식생활문화 299
영아를 위한 식단작성 184
영양관리 목표 71
영양권장량 71
영양성분표시 223
영양필요량 145
영유아를 위한 식생활 실천지침 130
온누리상품권 217
온라인 쇼핑몰 218
온실가스 48
와인냉장고 243
완전조리식품 35
우유·유제품류 165
원산지 표시 221
원재료명 및 성분 221
웨차이 289
위생관리 83, 251
유기농산물 226
유기농산물 판매장 217
유기축산물 226
유명상표 215
유아를 위한 식단작성 185
유전자변형 농산물 31
유전자변형식품 표시 223
유지·당류 166
유통기한 220
음식물 쓰레기 268
이탈리아 식생활문화 300
인터넷 주문 배달 218
일본의 식생활문화 293
일본인을 위한 식생활지침 139
1인 1회 분량 124, 158
1일 구매량 산출 229
1즙3채 296
임신·수유부를 위한 식생활 실천지침 135

ㅈ

자연건조법 243
장수·건강 지향 53
재고관리 232
재래시장 217
재치영양사 202
적절성 99
전기관리 264
전통시장 217
절단사고 265
절식 280
정찬 상차림 303
주방기기 51
주방시설 253
주방용품 256
주안상차림 286
죽상차림 284
중국의 대표음식 290
중국의 상차림 290
중국의 식생활문화 287
중국인을 위한 식생활지침 139
중식(中食) 33
지구온난화 38
지용성 비타민 115
직거래장터 218
질감 76
징차이 289

ㅊ

창고형 할인점 216
채소류 162
철 112
청소년을 위한 식단작성 190
청소년을 위한 식생활 실천지침 132
촨차이 289
출고계수 228
충분섭취량 72, 103
친환경농축산물 57
친환경농축산물 인증표시 225
친환경적 농축산업 91

ㅋ

칵테일 파티 상차림 304
칼 가는 방법 266
칼슘 109
캐나다인을 위한 식생활지침 138
캐주얼 스타일 309
켐트레일 32
클래식 스타일 309

ㅌ

테이블 코디네이션 307
테이블클로스 301
통제요소 17

투입물 16
티아민 118
티파티 상차림 304

ㅍ

편의점 216
평균필요량 72, 101
폐기율 228
포장단위 228
푸드 마일리지 38
푸드마켓 274
푸드뱅크 274
품질 감별 232
퓨전 스타일 310
프랑스 식생활문화 298
플레이스매트 301
피드백 17

ㅎ

한국의 식생활문화 279
한국인 영양소 섭취기준 71, 101
한국인을 위한 식생활 시침 61
한국인을 위한 식생활지침 129
행주 256
향미 76
홈 오토메이션 51
화상사고 266
화이트와인 잔 302
화재사고 267
확대가족을 위한 식단작성 192
후차이 288

D

DDS 99
DVS 99

E

ESG 50

F

FIFO 241

G

GMFVD 98
GMO 31, 223

H

HAARP 38
HACCP 85, 251
HMR 54, 218

I

IoT 51

K

KDRIs 71

L

LOHAS 38

M

MyPlate 126
MyPyramid 126

N

PB 215
PDS cycle 15

P

PB 213
PDS cycle 15

S

SSM 215

T

3R 58
T.P.O. 308

저자 소개

권순자 서울대학교 식품영양학과 졸업
일본 동경대학 대학원 보건영양학 박사
현재 배재대학교 식품영양학과 교수

김미리 서울대학교 식품영양학과 졸업
서울대학교 대학원 식품영양학 박사
현재 충남대학교 식품영양학과 명예교수

손정민 서울대학교 식품영양학과 졸업
서울여자대학교 대학원 영양학 박사
현재 원광대학교 식품영양학과 교수

김종희 일본 시즈오카대학 식품영양학과 졸업
일본 동경대학 대학원 영양생화학 박사
현재 서일대학교 식품영양학과 교수

이연경 경북대학교 가정교육과 졸업
경북대학교 대학원 식품영양학 박사
현재 경북대학교 식품영양학과 교수

최경숙 서울대학교 식품영양학과 졸업
서울대학교 대학원 식품영양학 박사
현재 대진대학교 식품영양학과 교수

정현아 숙명여자대학교 식품영양학과 졸업
숙명여자대학교 대학원 식품영양학 박사
현재 대구한의대학교 푸드케어학부 교수

이해하기 쉬운

식생활관리

2022년 9월 1일 초판 인쇄
2022년 9월 5일 초판 발행

지은이 | 권순자 · 김미리 · 손정민 · 김종희 ·
이연경 · 최경숙 · 정현아
발행인 | 유제구
발행처 | 파워북
주 소 | 경기도 고양시 일산동구 호수로 358-25
동문타워 2차 529호
전 화 | (02) 730-1412
팩 스 | (031) 908-1410
등 록 | 1997. 1. 31. 제2014-000067호

정 가 23,000원
ISBN 978-89-8160-483-7 (93590)

잘못된 책은 바꿔드립니다.